中国古建筑营造技术丛书

中国古建筑
油漆彩画

边精一 著

中国建材工业出版社

图书在版编目（CIP）数据

中国古建筑油漆彩画 / 边精一著. -- 2版. -- 北京
: 中国建材工业出版社，2013.2（2024.2重印）
ISBN 978-7-5160-0349-7

Ⅰ．①中… Ⅱ．①边… Ⅲ．①古建筑—彩绘—中国
Ⅳ．①TU-851

中国版本图书馆CIP数据核字（2012）第289017号

中国古建筑油漆彩画（第二版）

边精一 著

出版发行：中国建材工业出版社
地　　址：北京市海淀区三里河路11号
邮　　编：100831
经　　销：全国各地新华书店
设计制作：北京佳美鼎盛图文设计中心
印　　刷：北京中科印刷有限公司
开　　本：635mm×965mm　1/8
印　　张：38
字　　数：492千字
版　　次：2013年2月第2版
印　　次：2024年2月第6次
定　　价：298.00元

本社网址：www.jccbs.com　微信公众号：zgjcgycbs
本书如出现印装质量问题，由我社事业发展中心负责调换。
联系电话：（010）57811387

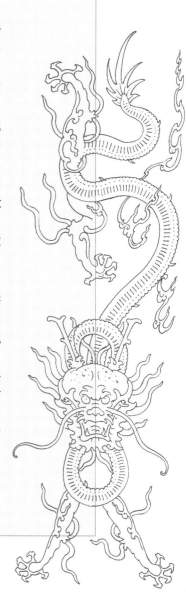

序言

　　中国古建筑，以其悠久的历史、独特的结构体系、精湛的工艺技术、优美的造型和深厚的文化内涵，独树一帜，在世界建筑史上，写下了光辉灿烂的不朽篇章。

　　这一以木结构为主的结构体系适应性强，从南到北，从西到东都有适应的能力。其主要的特点是：

　　一、因地制宜，取材方便，形式多样。比如屋顶瓦的材料，就有烧制的青灰瓦、琉璃瓦，也有自然的片石瓦、茅草屋面、泥土瓦当等。"一把泥巴一片瓦"就是对"泥瓦匠"的形象描述。又如墙体材料，有土墙、石墙、砖墙、板壁墙、编竹夹泥墙等。这些材料在不同的地区、不同的民族、不同的建筑物上根据不同情况分别加以使用。

　　二、施工速度快，维护起来也方便。以木结构为主的体系，古代工匠们创造了材、分、斗口等标准化的模式，制作加工方便，较之以砖石为主的欧洲建筑体系动辄数十年上百年才能完成一座大型建筑要快很多，维修保护也便利得多。

　　三、木结构体系最大的特点就是抗震性能强，俗称"墙倒屋不塌"，木构架本身是一弹性结构，吸收震能强，许多木构古建筑，历经多次强烈地震而保存下来。

　　这一结构体系的特色还很多，如室内空间可根据不同的需要而变化，屋顶排水通畅等。

　　正是由于中国古建筑的突出特色和重大价值，不仅在我国物质文化遗产中占了重要位置，在世界遗产中也占有重要地位。据目前国务院已公布的两千多处全国重点文物保护单位中，古建筑（包括宫殿、坛庙、陵墓、寺观、石窟寺、园林、城垣、村镇、民居等）占了三分之二以上。现已列入世界遗产名录的我国33处文化与自然遗产中，有长城、故宫、承德避暑山庄及周围寺庙、曲阜孔庙孔府孔林、武当山古建筑群、布达拉宫、苏州古典园林、颐和园、天坛、丽江古城、平遥古城、皇家陵寝明十三陵、清东西陵、明孝陵、显陵、沈阳福陵、昭陵、皖南古村落西递、宏村等，就连以纯自然遗产列入名录的四川黄龙、九寨沟也都有古建筑，古建筑占了中国文化与自然遗产的五分之四以上。由此可见，古建筑在我国历史文化和自然遗产中之重要性。

　　然而，由于政治风云，朝代更迭，战火硝烟和自然的侵袭破坏，许多重要的古建筑已经不存在。因此对现在保存下来的古建筑的保护维修和合理利用，显得尤为重要。

　　保护维修是古建筑保护与利用的重要手段，不维修好不

仅难以保存，也不好利用。保护维修除了要遵循法律法规、理论原则之外，更重要的是实践与操作，这其中的关键又在于工艺技术实际操作的人才。

由于历史的原因，长期以来形成了"重文轻工"、"重士轻匠"的陋习，一些身怀高超技艺的工匠技师得不到应有的待遇和尊重，因此古建筑保护维修的专门技艺人才显得极为缺乏。为此中国营造学社的创始人朱启钤社长就曾为之努力，收集资料编辑了《哲匠录》一书，把凡在工艺上有一技之长，传一艺、显一技、立一言者，不论其为圣为凡，不论其为王侯将相或梓匠轮舆，一视同仁平等对待，为他们立碑树传，都尊称为"哲匠"。梁思成先生在上世纪30年代编著《清式营造则例》时，也曾拜老工匠为师，向他们请教，力图尊重和培养实际操作的技艺人才。这在今天来说，我觉得依然十分重要。

今天正处在国家改革开放，经济社会大发展，文化建设繁荣兴旺的大好形势之下，古建筑的保护与利用得到了高度的重视，保护维修的任务十分艰巨，其中至关重要的仍然还是专业技艺人才的缺乏或称之为断代。为了适应大好形势的需要，为保护维修合理利用我国丰富珍贵的建筑文化遗产，传承和弘扬古建筑工艺技术，中国建材工业出版社的领导和一些专家学者有识之士，特邀约了古建筑领域的专家学者同仁，特别是从事实践操作设计施工的能工技师"哲匠"们共同编写了《中国古建筑营造技术丛书》，即将陆续出版，闻之不胜之喜。我相信本丛书的出版必将为中国古建筑的保护维修、传承弘扬和专业技术人才的培养起到积极的作用。

编者知我从小学艺，60多年来一直从事古建筑的学习与保护维修和调查研究工作，对中国古建筑营造技术尤为尊重和热爱，特嘱我为序。于是写了一点短语冗言，请教方家高明，并借以对本丛书出版之祝贺。至于丛书中丰富的内容和古建筑营造技术经验心得总结等，还请读者自己去阅览参考和评说，在此不作赘述。

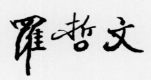

作者的话

随着各界对传统建筑形式、建筑艺术的趋同，社会各界对古建筑及仿古建筑的投入越来越大，相关方面也极为重视，并引起了人们越来越多的关注。2005年，北京市房地产职工大学原建筑系主任刘全义教授（该系古建专业创始人之一），倡导并组织编写《中国古建筑营造技术丛书》，此乃无量功德之举。

余自1985年在该校客座任教"中国古建油漆彩画"，至今已二十余年，对于此事自然有不可推卸之责任与义务。

余自幼喜爱美术，青少年时期坐科于该专业（古建油漆彩画），毕业后又一直从事该工作，先后磕头拜李巨贤（著名彩画大师，全国劳动模范）、周福（京东坝人，官式彩画专家）等人为师从艺。由最初追求大画家的理想而变成领略到此行业之博大精深与他和中国传统绘画的关系，这都是长期实践的结果。在长期从事施工、设计、研究和教学的基础上，得以对油漆彩画技术进行系统的梳理，从中发现很多规律性的东西并形成自己的观点。因此在进行与此相关的各项工作中，如参编古建筑油漆彩画定额（1980年），参编部颁古建筑工程质量检验评定标准（1987年）、编写北京市工人技师行业培训教材（1993年）、承担天坛祈年殿（内檐）彩画设计（1971年）、美国华盛顿"中国城"牌楼彩画设计（1986年）等都能得心应手。

上述工作，对于如何能简捷、概括、系统地把该专业的知识介绍给读者起了重要作用。

建筑彩画包括两个重要问题，一是继承，二是创新，但这都离不开对彩画整体理念的深入理解。因此本书也力求从多方面、多角度阐述彩画的相关理论，以使读者能够举一反三运用自如，而不是只限于模仿书中有限的图例。

本书的图片，是从三千余幅实例中精选

而得，但仍有很多照片未予列载，主要有如下几方面原因：一、宋式彩画，因营造法式已有详尽载例，重复转载有碍篇幅，且目前应用极寡；二、本人早已在杂志上发表过的图样和已发行过的《古建筑彩画选》中的图样，也同样未重复列载；三、有些老照片，虽极为珍贵，但观察起来使读者很吃力，故也未载入本书。

本书除彩画实例照片外，尚有一部分彩画小样照片，这些都是在1999年指导学生做的毕业设计，时年正值世界建筑师大会在京召开，学校应邀在北京古建博物馆（先农坛内）表演，深受各界人士青睐，故亦列之。当然其中某些作品尚有一定差距，甚至偏漏，故均未署名，但并不影响说明某些相关问题；又本书前部之现代油漆材料部分（如国标），因其理念涵盖一切古建油漆涂料的标准与要求，故先介绍，但当时（1985年）曾参考了有关读物，由于时间久远，现已记不清作者和书名了，如有作者发现或能提供相关信息者，请与我联系。

本书的彩画部分，向读者介绍了很多新的观点和画法，这些都是本人多年实践的结果。如彩画保护的理论；彩画与壁画的关系；建筑彩画对中国美术史的贡献；彩画构图中比例、尺度的确定；某些纹饰的变化规律及表现技法；诸多的贴金方法等。这些新的理论、观点、方法，除会引起广大读者的兴趣与探索外，也起到了抛砖引玉的作用，如蒙垂询或引发有关争鸣，这将是对建筑彩画艺术更高层次的推动与弘扬。

古建油漆彩画过去一直被人们视为匠人之职，正如纵观世界艺术风云变化的旅美画家丁绍光先生所言："现在有些人会画个什么竹子、石头、鸟之类的就被冠以画家名头，而你再看看那些敦煌壁画、云冈石窟……那些创作者在中国画史上仅仅被定义为画匠……付出了毕生精力的人，才是真正的艺术家。"（2005年3月，北京青年报）。中国古建筑彩画实在有太多的篇章，太多的精彩，这项国宝等待着更多的人去继承、去开发。

边精一

◉ 重要提示

古建油漆的独特工艺

（1）地仗；（2）贴金；（3）轧线；（4）灰刻；（5）筛扫。

古建彩画的重要方面

（1）材料；（2）工艺；（3）图样（图案和绘画）。

以上三者的完美结合，造就了中国木构建筑的辉煌。

对于图案

我们不但要了解它的现状，还要知道它的来源，并掌握其演变规律与发展趋势。

对于绘画

要求有相应的美术功底和对民俗、文学、历史等相关知识的追求与探索。

彩画设计

一定要符合传统规矩和遵循一事一议的个案处理方式。

目录

第1篇　古建油漆工艺技术

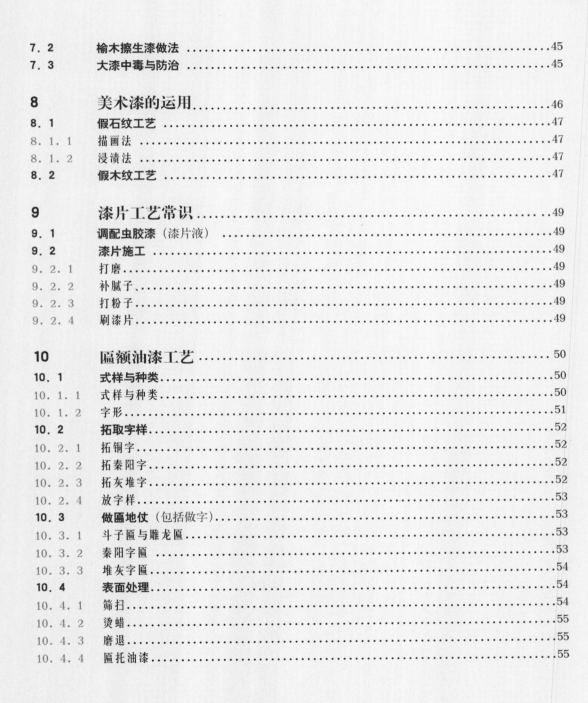

第2篇　古建彩画工艺技术

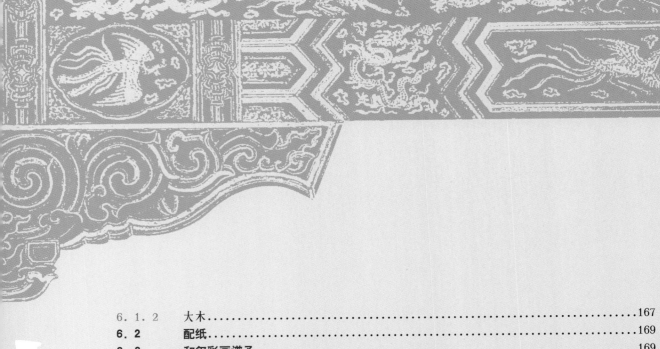

第3篇　油漆彩画问答

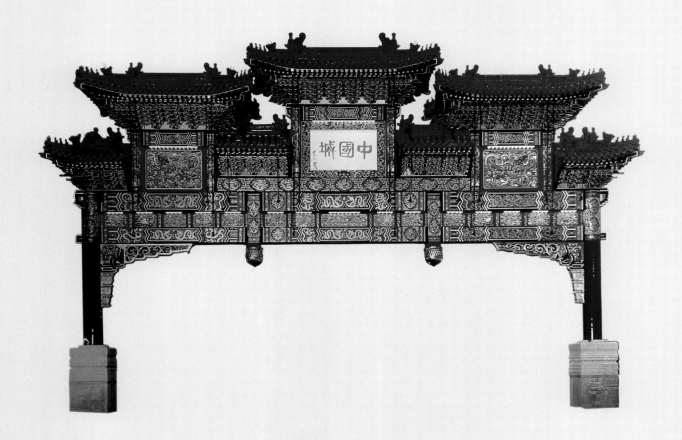

第1篇
古建油漆工艺技术

1 概　述

油漆是一种既起保护作用，又起装饰作用的材料。物体的表面，经过油漆的处理，可形成一层连续的膜，它把物体和外界隔开，从而起到保护作用；又由于各种油漆都有不同的光泽和色彩，所以被涂物表面不仅可以得到保护，又可以增加其美观程度，起到装饰作用。

在我国古代，油与漆分别指两种不同的物质，油是指从桐树上的桐籽中榨出的物质，漆是指从一种树上取得的天然汁液。我国对油漆的运用有着悠久的历史，大量的考证资料证明，我们的祖先在两千多年前就已能成功地运用这两种材料。单从油漆的"漆"字看，即可以得出令人信服而又有趣的答案。将"漆"字去掉"氵"偏旁，其中的"木"字，即树木之意；下面加一个"人"字，即代表在树上划两个斜刀痕；下面的"水"字，即代表从树中流出的汁液。古代的漆字是不加"氵"部首的，即"桼"。由此可证明我国古代对漆的运用的历史，同时证明它是我国的一种特产。"油"与"漆"是具有很好品质的材料，即使在现代各种新型材料不断发展的今天，油与漆的作用仍然占有重要的地位。这两种材料，尤其是桐油用途更为广阔，在北方官式油漆工程中，几乎渗透到各个程序中。

由于科学技术的不断进步，油漆品种也在不断增加，其原料已远远超过"油"和"漆"两种。利用其他植物油和天然树脂来制造油漆，不仅使得油漆品种大幅度增加，又提高了油漆的质量。近几十年来，随着材料工业的发展，各种有机合成树脂相继出现，使油漆原料从天然树脂发展到了合成树脂，油漆产品发生了根本改变。根据使用功能的需求，用合成树脂制成的各种油漆，体现了诸多优越性，如干燥快、漆膜坚硬、光亮度高、涂刷方便等，有些还具有耐酸、耐碱、耐腐蚀的特殊性能，这些都是天然油漆无法比拟的。在油漆材料不断发展的过程中，原有油漆一词的含义已经不能正确代表所有材料了，为此国家现已正式用"涂料"一词或"油漆涂料"一词来确切表达所有的油漆材料，但由于习惯的原因，人们在很多场合仍然沿用油漆一词，如油漆工艺、油漆工程、油漆工等。

在古建中虽然也在不断使用新材料，但由于传统原因，油漆一词长期为人们所沿用。

中国古建筑以木结构为主要特征，这些结构见于室内外，暴露于空气之中，受到阳光的直接照射，经过长期的风吹、日晒、雨淋，空气中的潮气和各种有害气体的侵蚀，以及霉菌、虫蛀等灾害的影响，天长日久就要糟朽损坏，从而失去它的重要功能和作用，同时，裸露的木面也变得非常粗糙，有碍观瞻。为了延长古建筑寿命，同时又符合审美的需求，必然要对其进行油漆处理，使其与周围的空气、水气、日光等隔离，免受上述因素的破坏，起到保护的作用，同时，通过油漆的装饰作用，进一步丰富古建筑的色彩和光泽，增加古建筑精美华丽、雄伟壮观的气势。因此，油漆工程是古建工艺中不可缺少的重要组成部分。

古建油漆工艺与普通油漆工艺具有相同的原理，但也有其特殊之处，主要体现在材料的选用、工艺的组合以及施工方法等方面。其中在工艺组合，尤其是在底层处理上形成鲜明独特的体系。我们知道，大多数油漆工艺都是由两部分组成，即底层处理和表面油漆，古建油漆在底层处理上与普通油漆相比是有很大区别的。众所周知，古建木构件的体量是非常大的，人们常用"肥梁胖柱"来形容我国古式的木构形体。大的构件必然表面粗糙，缺陷也多，有些构件为了达到尺度上的要求，还经常采用"拼帮"成型的办法，此举更加重其凸凹不平的程度，再加上构件的加工与整体的配合极为粗陋，大小缝隙，裸露木筋，所有这些，无疑与平整光滑的最后油漆表面效果形成很大差距，要想达到这一要求，显然是一般工艺所不能解决的。古建油漆工艺经过长期发展，在这方面创造了一套完整的、科学的、系统的工艺体系，它通过复杂细致、多层次而又有机联系的工艺，圆满地解决了上述矛盾，这便是古建筑独特的"地仗"工艺，它既能满足涂刷油漆前对外观形状的要求，又确保其本身的质量，同时施工起来又切实可行。这项工艺具有很高的科学性，其原理并不亚于某些现代工程工艺原理，这实在是我国古代油漆工艺的一大成就。因此，古建油漆工艺广泛用于古建的门、窗、柱、椽望、斗拱、天花、

藻井、栏杆、楣子、屏风以及匾额、神龛、对子、桌案等各个部位，总之一切露明部位，均采用油漆工艺。这里应说明，上述部位中，有在表面进行彩画的部分，如天花、斗拱、檐下大木等部位，它们虽然表面施以彩色，但其底层处理仍系油漆的地仗工艺，所以油漆工艺又是与彩画工艺有密切联系的工艺。古建油漆工艺的另一特点是它具有独特的贴金工艺技术，它应用于油漆与彩画表面的重要部位，与古建彩画配合，使古建筑的装饰达到极高的水平。

由于科学技术的进步和古建施工的需求，古建油漆工艺也在不断发展和改变，现阶段人们一方面利用新材料，采用传统操作方法进行古建施工；另一方面又用传统材料，采用现代施工方法进行施工；更有用新材料、新工艺服务于仿古建筑或古建筑的。所以，传统做法已逐渐和现代油漆技术融合，这些发展和改变，不仅加快了古建油漆的施工速度，而且提高了工程质量，改善了施工条件，为适应大量的修缮、新建的仿古式工程提供了广阔的前景。因此，在对古建油漆工程的理解和运用上，只把某一时期的做法视为不变的，所谓正统的完美无缺的工艺，显然是片面的。但是对文物保护类建筑，为做到修旧如初，则应根据需求采用相应的工艺和材料，用传统工艺、传统材料进行施工。

由于古建油漆具有重要作用，所以其施工质量是相当重要的。对于施工中材料的选用，一些成品涂料出厂前已经经过检验，质量有所保证。对于自配的材料，一定要按规范要求进行，同时，在施工中要因时因地，根据气候的变化、阴阳向背、寒暑风露、室内室外等不同情况区别对待，只有正确地制定施工方案才能确保其质量。

尽管古建油漆工程经过不断的发展与融汇，具有很多优越性，但在适应现代高水平的施工需求上仍存在一些亟待解决的问题，如受气候条件的限制，本身工艺周期较长等，这对进一步提高施工速度，保障工程质量，无疑是个障碍。另外，传统的古建材料在施工中卫生条件差，对操作者本人及环境都有危害，操作者劳动强度较大，这些都是亟待解决的问题。

加入密陀僧的时间因熬制手法不同而不同，也有在出锅后加入的，不需捞出。

在北京地区，尚有另一种熬法，先煎油坯，就是先把苏油子与土籽熬炼，也有先炸土籽，随熬随扬烟试样。试法为：把少量油滴入水中搅散，再以口吹使油珠全部粘在一木棍上，即为煎好。此时将土籽捞净出锅，得到油坯。以油坯加生桐油熬光油时，不需再加土籽，随熬随扬烟试样，试验方法同前，看是否拉油丝，然后改微火出锅，继续放烟，加入密陀僧，凉后即可使用。光油品质与熬油中加入催干剂的多少及熬制时间长短、火候大小都有密切关系。另外，原生油中有无杂质、存放时间长短都会影响熬出的光油的质量。这些多凭经验，所以熬油的经验是十分重要的。

2.3.3　制血料

血料系由生血制成的材料，必须经加工以后才能在工程上正式使用，否则黏度差，也不好用。制血料的过程称"发"血料，发血料有两种情况：　一是用生血发制，二是用血粉发制。前者，血料的质量好，黏结力强；后者，血粉原多做饲料用，袋装，便于运输，但用其发制的血料品质差，既不黏，也不好用，但在无生血的地方，可用其代替生血。现很多地方多有加工好的血料供使用，如自行发制，方法如下：

（1）用生血（血块）发血料

猪血下来以后，凝聚成块状，一般为防止结皮，将其浸泡在水中保存。用时澄出清水，碾细血块，加石灰水即发成。碾细块的方法传统用藤瓢子，将其掺在血块中用手反复捏、搓，血块就会变得非常细腻。加石灰水前可先加一部分清水，将其稀化（要视其浓度而定，不可太稀，否则影响胶结力）。加石灰水时逐渐加入，随时搅拌。在一两小时后，血料便产生泡沫，逐渐往上涨，最后聚结，血料即发成。

如碾细血料时没有藤瓢子，也有用刨花代替的，但刨花的木屑易混在血中，不易除净，需过箩，所以在无藤瓢子的地方要用反复过粗箩的方法解决。血料过箩后将箩及时洗净，切记不能用开水烫，否则不易再洗掉。

（2）用血粉发血料

先将血粉过箩，除去杂质，然后用清水浸泡，水要没过血粉。浸泡一夜后，血粉膨胀、变稠，视其浓度可继续加些清水。点加石灰水法同前所述。

用猪血发制的血料品质最好，牛羊血次之，血粉最次。品质次的血料用在工程上，由于黏性差易产生掉灰粒、灰面的现象，实用中常以多加"满"来弥补。

2.3.4　打满

满用白面、石灰水、灰油调成，调制满的过程称打满。满是古建地仗中的专用胶结材料，是调配地仗灰的主要材料之一，对地仗的黏结力、耐久性、防水性、防潮性、坚固程度起重要作用，因此，满在古建地仗中占有重要地位。满无成品可购，需自制。

满三种材料的配合比为灰油∶白面∶石灰水＝150∶26.7∶100（质量比，作者实测）。

满的自制方法为：先将白面（如有杂质需过箩）与石灰水调和，先少量放入，调均后再加足，随加随用力搅拌。白面在石灰水的烧结下，很快成为糊状，之后再按比例倒入灰油，搅拌均匀后即成。调成后的满为膏状物，呈白色，故也称白满。从一些旧灰层断面看，早些时候有的地仗灰层为灰白色，很坚固，清除掉也较困难，现在的灰层多为黑褐色，说明地仗中满的成分不同，前者即为白满，后者则在其中又加血料，故现有人将加血料后的胶结材料也称满。满具有干燥快、黏结力强、不

▲ 图2-2 梳麻

怕水、不怕油、防潮、防霉等特点。满不仅可以用在古建油漆工程中，也可用于调配古建彩画材料方面，如代替水胶调配沥粉用。

满中灰油与石灰水之比在工程中称油水比，重要的古建地仗工程，其油水比可达2∶1，即俗称"2油1水"。

2.3.5 梳理麻

古建中所用线麻原料有丈余长，麻缕粗硬，皮子、麻根又混杂其中，不能直接使用，需经加工整理，去掉杂质，梳理细软方可使用。目前，梳理麻有机器与人工两种梳法，用机器梳理的麻，麻绒细软，排成较宽的条带状，卷成捆，使用时可任意摘取长度，撕成不同形状后用于各种构件很方便，但机器梳的麻，麻经过细，抗拉能力差。人工梳的麻，麻经较粗，抗拉力较好。

▲ 图2-3 钉板

人工梳麻先将麻适当截短，截成约60～70cm长的段，再将麻拧成卷，按实，用斧剁即可，然后将麻段挂起分梳，去掉皮、梗、杂质，并使麻经细软、直顺（图2-2）。梳时用铁钉刷子，又称钉板（图2-3）。手工梳过的麻，根据构件大小可再次截短。在正式使用前还要弹成"麻铺"，如同弹棉花，用两根竹杆，将麻挑起，然后杆碰杆将麻抖松，最后摆成整齐的卷状即成"麻铺"，待用。

2.4　古建地仗灰的配制

古建地仗灰包括中灰、细灰、粗灰等灰料，这些灰料系由砖灰、满、血料等材料共同调和而成，与前面所述的干粉状砖灰有本质上的区别，但干粉砖灰也根据颗粒大小分为粗灰、中灰、细灰，为了使两者有明确的区别，有人将调制后的砖灰称油灰，但油灰又容易和新建中作为腻子的油灰相混淆，故按习惯，仍称此为中灰、细灰。根据用场不同，概念也不同。

古建木构件有的用于室外，有的用于室内；有的木面表面粗糙，有的较平整；有的部位工作面大，有的则较细小；有的易受日晒、风雨侵袭，有的程度次之；故所选用的工艺及地仗灰材料的配比也不同。

2.4.1　上、下架大木用灰

油漆工艺将古建大木分为上架与下架两部分。上架大木指檐下之檩、垫、枋、角梁、抱头梁、穿插枋等较大的构件，这部分多绘有彩画。下架大木主要指柱子、坎框等较大的构件，多涂刷油漆。这两者事前均做地仗，所用灰料配比均相同。这部分用灰配比主要考虑构件较大，各种缺陷明显（如木筋突出、缝隙大等），同时容易受环境的影响，故灰的强度也相应较大，又因工序多，故灰的种类也多。另外，由于建筑物的其他部位，如椽头、山花、博风、连檐瓦口、大门、挂檐等部位，虽不是大木，但所处环境与大木相同，甚至有些地方如山花、椽头等部位，破裂程度，危害情况与大木相比，只有过之，而无不及，所以这些地方，为使地仗坚固耐久，也用大木灰，只是工艺较简化，使用灰的种类有限。调配古建灰料传统以人工为主，人工调配灰料费工、费力、劳动强度很大，目前已有专门的调灰机械，只要按比例将各种材料投入即可。

（1）捉缝灰

捉缝灰主要用于填补构件中的缝隙和垫找明显低洼不平之处，因其直接与木骨结合，故要求灰的强度要大，不易塌落，附着力好，同时还要能有效地与下道工序的灰层结合，故捉缝灰的特点为灰料籽粗大，满的比例大。配合比为满∶血料∶砖灰＝100∶114.4∶157（质量比，下同）。捉缝灰所用砖灰，不是纯大籽的灰粒，还要加入适量的细灰，使其更为密

实、坚固，能够很好地与木面结合。粗细灰的比例粗灰占70％，细灰占30％。

（2）通灰

又称"扫荡灰"，即满涂裹于木面之上的意思，也与木骨直接接触，故灰的强度、配比仍同捉缝灰，但为操作方便，也有将其中血料比例略为加大的。

（3）粘麻浆

这不是灰料，是把麻、夏布、玻璃布等粘在灰层上的材料，因它夹在灰层中使用，材料也为灰层的胶结料，故也作地仗灰料的材料。粘麻浆用满加血料两种材料调成，黏性很大，防潮、防水、易干燥。配合比为满∶血料＝1∶（1.2～1.37）。粘麻浆调制方法简单，可随用随调，剩余材料还可调灰用。现有人直接用聚醋酸乙烯乳液胶作为粘麻材料，使用方便，亦很牢固，但耐久程度如何尚待考验。

（4）压麻灰

压麻灰为附在麻层上面的灰料，故称压麻灰。如附在布上，不论是夏布还是玻璃布，则称压布灰。灰是一种，配合比均一样。压麻灰所用的籽粒小于通灰籽粒，可用中籽灰，同时加一定细灰，两者比例仍为7∶3。压麻灰各项材料配合比为满∶血料∶砖灰＝100∶183∶221。

（5）中灰

中灰籽粒小于压麻灰，用小籽粒灰，也可按7∶3比例再加入细灰，配合比为满∶血料∶砖灰＝100∶288∶303。

（6）细灰

细灰因用在表面，还要便于修磨，故细灰

灰料应细腻，无杂质，强度不宜过高。调细灰有两种材料配比，一种为满、血料、砖灰三种材料（同前）；一种为光油、血料、砖灰。后者为现在常用配方，其中光油取代满的作用。配合比为光油：血料：砖灰＝100：700：650。另外调配细灰还可适当加入清水，以适当减小其强度，便于修磨。传统把加水的做法称"行龙"，加入水的细灰肯定品质次之，所以不能过多，过多会导致灰壳开裂，附着力差，也不好用；如果不加水，则干后又太坚固，无法修磨成如意的形状。所以两者要统筹兼顾，具体加多少可试验决定，即刮一块样板，一掌见方即可，厚度为1～2mm，夏季一两小时即干燥，用一号砂纸用力打磨，以能掉粉面为准，传统用砂轮打磨，可见其强度。

大木地仗灰、材料配合比见表2－4。

从表2－4中的后半部分，可以看出地仗灰

材料配比之间的变化，以及黏结材料与灰料之间的基本比例。一般黏结材料与干灰料之间的比例在（1.4：1）～（1.2：1）之间，黏结材料质量大于干灰材料质量，而且灰越粗，黏结材料（满与血料之和）所占比重越大。

2.4.2　斗拱、椽望、装修用灰

古建的其他部位，如斗拱、椽望、装修等部分，因构件较小，相对各种缺陷和裂缝都较小，使用大木灰料已不恰当，如捉缝，在有的部位就不能用籽粒粗糙的灰调制，详见表2－5。其中细灰仍加适量水。细灰也可用大木灰料的配比。

天花地仗用灰，根据天花的大小、使用部位和工艺程序而定。如大天花、旧天花、用于室外的天花，可选用大木灰料；新天花、用于室内的天花，可选用装修灰料。

表2－4　大木地仗灰、材料配合比

灰料名称	配合比（质量比）			黏结材料与灰比		
	满	血料	砖灰	满＋血料	砖灰	比值≈
捉缝灰	100	114.4	157	214.4	157	1.37
通灰	100	114.4	157	214.4	157	1.37
粘麻浆	100	137.3				
压麻灰	100	183	221	283	221	1.28
中灰	100	288	303	388	303	1.28
细灰	100（光油）	700	650	800	650	1.22

表2－5　斗拱、椽望、装修地仗用灰材料配合比

椽头地仗用灰				斗拱、椽子、望板地仗用灰			
按工艺选用大木用灰				灰料名称	用料配合比		
门窗、装修用灰					满	血料	砖灰
灰料名称	用料配合比			捉缝灰	100	366	363
	光油	血料	砖灰				
中灰	100	500	468	中灰	100	576	527
细灰	100	1200	1066	细灰	100	1440	1263

2.5　颜料光油的配制

> 颜料与染料不同，颜料为石性材料，不溶于水、酒精、汽油等溶剂，颜料不如染料色彩鲜艳，但颜料性能稳定、耐磨、遮盖力强，具有很好的物理性能和化学性能。配制颜料光油不能加入染料。

（1）洋绿油

洋绿油是传统古建油漆中大量使用的绿色油，由光油与洋绿调成。洋绿是进口石性绿色颜料的旧称，商品名为"鸡牌绿"（德国产）和"巴黎绿"（德国产），也有用氧化铬绿代用的，但后者不如前者色彩鲜艳。

配制方法：将洋绿倒入带釉瓦盆内，用开水沏两遍，开水倒入多少不限，因洋绿体沉，相对密度大，沉于水底，所以沏后还要适当搅拌。洋绿与开水调匀后静置1~2h，洋绿沉入水底，将水澄出。这样反复进行两次（传统油漆行业认为，一些颜料内含有的某种成分，调在油内使用会影响质量，必须清除）。当然水是不能完全澄净的，这没关系。再将光油倒入颜料内搅拌，因光油易与颜料粘合，所以析出水分，故称"出水"。出水一次入油要少，按颜料的十分之一逐渐加入，搅拌，逐渐将析出的水澄出或吸出，这样颜料逐渐变得黏稠。水全部出净后，再加适量的光油调至适合使用的程度。洋绿有毒，作业人员应按防护措施操作。

（2）章丹油

由光油与章丹调配而成，调法同洋绿。传统工艺认为，章丹应用水沏三遍，因颜料内含铅，否则太易干燥，不便使用。古建油漆中，章丹油多用于打底和与其他油调和使用，也用于防锈。现多用成品章丹漆。

（3）白铅粉油

用光油与白铅粉调和，颜料白铅粉又名中国粉、定粉，学名碱式碳酸铅，因成品用木箱包装，故行业中称"原箱中国粉"。调配白铅粉油方法同洋绿，但在加油时更应从少量开始，否则水不易出净。白铅粉光油传统多用于室内油饰，现多用白醇酸磁漆、白醇酸调和漆代替。

（4）广红土光油

广红土，简称红土，为紫红色颜料，原料易得。由于广红土具有耐晒、不褪色、遮盖力强、耐腐蚀、材料细腻不需再加工等特点，所以在古建中用量很大。广红土光油调制方法很简单，只要颜料干净，无杂质，检验纯正即可。调时先把颜料过细箩（约120目），除去杂质，然后把光油徐徐对入，搅拌均匀即成。调制广红土光油不需"出水"，但颜料应充分干燥。否则还要经锅炒，使其水分蒸发干净再用。

在高温气候下，静置数日的广红土光油，其颜料中的大部分杂质均沉于油的底层，这部分色彩不纯正，此时浮于上面的油则变得艳丽纯正，利用这一点将其分离使用，下面的打底，上面的油罩面。

（5）柿红油

调制好的广红土光油加调制好的章丹光油即成柿红油，两种油的比例不同，柿红油会有不同的深度。加红土光油多色深、沉稳，加章丹多色彩艳丽，视不同用场而定。柿红油在传统油漆中用途很广泛。

（6）银朱光油

用颜料银朱加光油调制而成，调制方法基本同洋绿，仍需先出水，但颜料可不用开水沏。入油的颜料银朱质量要好，颗粒细，色彩鲜艳，无杂质，使用时以商标或商品名鉴别，传统用"合和牌"银朱和"正上牌"银朱，现可用"佛山银朱"与"上海银朱"代替。现大部分工程已改用红醇酸磁漆。

（7）炭黑油

炭黑，俗称黑烟子，为极细而轻松的粉末，炭黑加光油仍需出水，方法与洋绿、银朱出水均不同。因炭黑极轻，水倒入后，颜料会漂浮在水面上，很难与水调匀。所以应先用细纱布或渗水性好的棉性纸，将其全部覆盖严、按实，再徐徐倒入酒精或普通白酒，就会很容易渗至颜料中，之后以同样的方法倒入少量开水，使颜料充分浸泡透，再按前法出水入油。入油时，撤去纱布、棉纸，从一处少量加入，搅出水后再逐步多量加入。炭黑体轻，入少量油即成适当稠度，但由于炭黑遮盖力强，又可以多加入些油。具体情况由试验而定，视其覆盖力足够即可。

3 地仗工艺

3.1 清理及基层工艺

"地仗"是指在未刷油之前，木质基层与油膜之间的部分，这部分由多层灰料组成，并钻进生油，是一层非常坚固的灰壳。这部分不仅包括各灰层，还包括麻层、布层。进行这部分工作便为地仗工艺。

在进行地仗工艺之前，还要对构件表面进行适当的处理，使之地仗更为坚固，符合功能要求，但由于构件表面的情况不同，所以采取的处理方法也各异，首先进行砍、洗、挠。

3.1.1 砍、洗、挠

砍、洗、挠即是按不同情况，分别予以或砍，或洗，或挠的处理工作，但都是为使被做地仗的表面干净、坚固，有利于和地仗灰牢固接合。

（1）新木件表面处理

一般新木件表层均很干净，按一般情况是可以直接进行地仗灰工作的，但新木件有以下情况的要事先予以处理。

新木件多为新建的建筑物之结构构件，也有个别添配于旧材中的新木件，但大多为前者。由于施工的原因，柱子及椽望等木件常粘有屋顶滴流下来的沥青涂料，应予以清除。另外，传统工艺认为，为使地仗坚固，除与地仗灰本身的材料强度有关外，木基层表面的形状，对接合力也有一定的影响，即经过刨光的新木面，光滑程度虽能满足审美的需求，但并不利于与地仗灰的接合，所以要将其进行初步糙涩处理。处理方法：用特制的小斧子，将柱子、大门和其他各枋板剁上无数斧迹，这样就会更有利于与灰料的接合。其方法与要求为：斧迹深约1~2mm，

斧迹距约10mm，斧迹横切木丝，与木丝垂直，不能顺木丝进行。此项工作使地仗的粘合材料具有足够的黏结力，如传统中使用的净满调制的灰，则可不砍剁斧迹，但目前使用的地仗材料均配以血料，故砍斧迹十分重要。传统古建施工，木作转到油作是不考虑工艺搭接问题的，新木件刨光之后又要砍成粗糙表面，实为一种浪费。

（2）旧木件表面处理

旧木件处理所遇情况复杂，木件陈旧的程度不同，包括以前曾进行过油漆和进行地仗处理的旧构件，也有未经油漆的旧构件。有的呈现大面积裸露的明显的木筋及水锈，有的是酥裂空鼓的地仗灰层，有的构件旧油皮尚坚固硬挺。有时一座建筑同时存在以上几种情况，如有大木地仗空鼓酥裂，椽望内装修油皮尚坚挺完好，柱子、踏板裸露木筋严重的情况。对各种不同情况，分别按下列方法处理。

1）斩砍见木：适用于存留有油灰皮地仗的部位，将其酥裂不牢的地仗砍掉，这是一项费时费力的工作，砍时要求仅限于砍掉旧地仗，不伤木骨，并排密均匀，用力适中，否则

构件经几次修缮断面尺寸会明显减少。砍工之后大部分皮层全部脱落，但并不能将灰迹全部砍干净，还要进一步挠掉。方法是先用水将欲挠的部分喷湿，不仅可以减少操作时的尘灰，还可以使灰迹变软，加快操作速度。采用特制的弯头刮刀进行，行业称"挠子"。砍、挠后的旧构件应洁白干净，俗称砍净挠白，这也是对工艺和质量的要求。

对于无灰迹，已露木面的部位，大多木筋及水锈明显，也应喷湿，过挠子刮去水锈，露出新木面。

砍、挠在实际过程中同时运用，一般砍活由下至上进行，为了方便，隔扇、推窗等可摘下集中进行，但应事先编号以便顺利归位，对于各种不同楞角的部位，因系地仗灰堆起，所以应事先记其形状、尺寸。砍时考虑复原，所以为使工作具有连续性，由将来担任做线角的人砍这部分。砍活很费斧刃，应备制粗细砂轮、磨石。大量作业，很多人同时操作应注意安全。

2）洗：用化学方法去掉旧油皮的工作，适用于油皮较薄，靠骨油的部位，一般多指椽望，也包括类似其他部位。

火碱洗：将火碱提前一天用清水泡化，浓度略大，火碱：水 ≈ 1：20。用时涂刷在漆表面，可涂数次，使漆膜变软、变滑，之后用刀刮掉，一次刮不净可再覆涂一层进行。火碱损伤木质，洗后应用清水冲洗，缓解其浓度，在建筑物上全部洗掉残留火碱不易。火碱也易损伤皮肤，这种方法在特殊情况下使用。

脱漆剂洗：脱漆剂是一种很好的化学脱漆材料，具有使用方便，脱漆迅速，不伤木骨的特点。使用方法是将脱漆剂刷在被脱漆部位，约20～30min漆膜就会松软、起泡，用刀可很容易地将其除掉，也可用钢丝棉。高级内装修，需露有木纹的部位也用此法。脱漆剂系易燃物质，内含大量苯，对人体有害，造价高，在古建中为安全起见，特殊情况下才使用。

3）烧：这是一种去掉坚固老厚油皮的办法，古建中可参考使有。用喷灯的火焰烧烤，使漆膜起泡变软，然后刮除干净。这种方法很快，不论漆膜多厚，经喷灯烧后数秒钟油皮即变软，不过变软的油皮应及时铲掉，否则凉后又非常坚固。使用喷灯容易将木面烤焦，所以

清漆活慎用。

总之，古建中对旧油皮的处理以砍、挠为主，采用洗、烧的办法应结合实际情况。如果旧构件油皮十分坚固，也可用简单除铲清理的方法，即将个别处的杂物、翘裂部分铲掉，做地仗或再刷油时将其覆盖在下面即可。

3.1.2 撕缝、楦缝、下竹钉

这几种方法是传统地仗工艺中曾不断强调的工艺，多用于大的老旧构件，其缝隙大，裂痕深，如果不进行此工作，在捉缝灰时就会出现以下几种情况：第一，灰料不易进入裂缝的深处，附着不牢；第二，灰料干燥慢；第三，灰料易因木材的涨缩而被挤出缝外。其中，撕缝为一独立工作。楦缝、下竹钉具有相近的作用，现在除特殊要求外很少下竹钉。

（1）撕缝

大的裂缝，将缝口处用锋利的刀子修成八字口，在挤灰时有利于灰料进入缝的深处。

（2）楦缝

很深、很宽的缝隙，不能全用灰料来填充，因过多的灰料在缝中干燥慢，同时灰料本身干后有塌落，故需用木条将缝隙楦满，为了牢固还要加钉钉牢，使其不致松动，否则会影响整个地仗工艺的质量。楦缝时，木条应低于构件的平面，否则影响以后工序进行。

撕缝、楦缝的同时均要将原缝中的旧料剔出，重新换入新料。对于其他部位的木材松动、翘皮，一并钉牢。

（3）下竹钉

下竹钉如同备木楔，多用于新构件，为防止构件涨缩将灰料挤出而设。竹钉用硬竹板截成，钉长约4cm，宽约1cm，扁形，用时根据情况进一步削修。对于大的缝隙，竹钉先下两端，后下缝的中部，如先下中段，两端钉后，中段会被挤出掉下。竹钉间距约10cm。总之，下竹钉要依缝的大小、深浅、长短、宽窄酌定，由操作者本人掌握。

3.1.3 汁浆

汁浆又称支浆，前者指材料，后者指操作。汁浆为一种很稀的材料，由满、血料加水调成，用于地仗灰前，使地仗灰更容易附于木

面上。配比为满∶血料∶清水＝1∶1∶20（参考比）。工艺设计原理为：砍活之后，因木材面、缝隙中浮有灰土、杂物，不利于与灰壳的接合，所以支浆要满支于物件表面，尤其缝隙深处应反复处理。传统方法是用一种特制棕刷进行，反复涂抹稀浆汁。现在，较大工程多用喷涂，经反复喷涂，将缝隙中的浮土、杂物喷出，使木材表面形成一层黏膜，其作用近似新建中的操底油，如不进行此项工作，则灰料易打卷，不易粘牢。汁浆干后，木材表面并没有十分明显的变化，但它会影响整个地仗的牢固程度，十分重要，不能遗漏。

3.1.4　其他准备工作

其他准备工作主要指对不油漆部位的保护工作。古建油漆是各作业最后的工作，为防止油漆和地仗灰料玷污已完成的瓦作墙面、石作柱顶、台基等部位，应事先采取保护措施。可用纸将柱门、柱顶面等易脏部位事先糊好盖严，但不能用化学糨糊及乳胶，用稀糨糊即可，否则工程完后不易揭除干净。传统方法采用灰土暂时覆盖柱顶部位，起到保护的作用。

3.2　一麻五灰工艺

人们常以披麻挂灰来形容古建油漆地仗的特色。一麻五灰工艺，即地仗中包括一层麻和五层灰。古建油漆地仗不仅有一麻五灰工艺，还有一麻四灰、二麻六灰等使麻工艺，也还有四道灰、三道灰、二道灰等不使麻的工艺，但各种不同层次的灰壳工艺，都是与一麻五灰的工艺原理一致的，是一麻五灰工艺的增减，所以一麻五灰的工艺具有广泛的代表性，其规则也是古建地仗的工艺做法通则，只要了解一麻五灰的工艺过程，就会相应变通使用其他用灰工艺，以适应不同的木面需要。一麻五灰包括捉缝灰，扫荡灰，使麻，压麻灰，中灰，细灰，磨细灰，钻生油等几个主要工序，如果需要起楞加线，还要在其中加轧线工艺。一麻五灰灰层厚度适中、不易开裂、塑形性强，适用于较大构件的垫找平，如柱子、坎框、大门、博风、挂檐板、檐下檩、垫、枋、角梁等大木和各种需要塑形起角的部位。现以柱子为工作对象，对工艺程序、特点、施工方法进行叙述。柱子一般为圆柱，另有梅花柱，梅花柱包括起线角（轧线）。柱子所用灰料为相应工艺的大木用灰。

3.2.1　捉缝灰

捉缝灰在汁浆干后进行，为地仗工艺的第一道灰，因捉缝灰籽粒大，黏结牢固，易干燥，所以不仅用于填补缝隙，还用于垫找大的不平部位，如明显低洼不平之处，缺楞短角部分，均使用捉缝灰进行初步垫找，垫至基本达到原构件未损裂之前的形状，俗称找平、借圆。捉缝灰不满刮于构件之上，但如遇柱根等破损密度大，程度严重的部位，则可在局部满上一层，既填补缝隙又垫平借圆。捉缝灰传统操作方法用一掌大的"铁板"进行，实际上是弹性很强的薄钢板，操作者按三个程序达到质量要求：第一，将灰抹至缝内，但实际灰大部分浮于缝口表面，并未进入缝的深处；第二，进一步将灰划入缝隙之内；第三，将表面刮平收净。传统方法对操作方向、拿工具的手势都有规定。捉缝灰未能进入缝隙深处是其弊病，名为"蒙头灰"，灰料干后易掉出，不符合操作规则。

3.2.2　扫荡灰

扫荡灰又叫通灰，在捉缝灰干后进行，是一麻五灰工艺的第二层灰，这层灰需满将构件裹严，灰层平均厚度约2～3mm。在上扫荡灰之前要先对捉缝灰进行打磨，捉缝灰如同新建中的捉找粗腻子，腻子干后要打磨，使其外形与构件形状协调一致、平整、光滑、楞角整齐。捉缝灰干后也要打磨，以后各道灰层都要打磨，但捉缝灰很坚固，用砂纸是打磨不动的，现均用砂轮石片打磨，即使如此也只能对浮籽、挂灰不实、明显出边起楞的地方起作用，并不能使灰层减薄。之后，按如下程序组织施工：

（1）用皮子将灰料抹到工作面上，满抹不留空白，灰平均厚度可超过2～3mm。

（2）用板子将抹灰的地方刮平，过厚的灰收下。

（3）用铁板最后修整灰层，如构件端头、阴阳角处和大面有缺陷处。

作业中，使用皮子、板子和铁板，分别称为叉灰、过板子和捡灰，三人一组，每人掌握一项程序，俗称一"当"。流水作业可适应灰料的干燥速度、程序的搭接，以保证灰面的平整程度和工程的质量。对各程序的要求如下：

叉灰：叉灰者根据工作面要顺向抹灰，敷到构件上的灰开始不一定厚，主要为使灰料与构件贴严、粘牢，俗称"抹严造实"。抹严后再覆上一层灰，使叉灰层有一定的厚度，便于过板子，如果过板子时，板口不能接触整个灰层，则说明灰厚度不够。

过板子：过板子是地仗中很重要的一项工作，决定了大体量的平面平整程度和形状，要求所用的板子要有足够的长度，如过柱子，可选用长50cm以上的板子（图3-1）。过板子要求在保证形状的前提下，灰层厚度尽量均匀，接头处不明显，可把搭接痕迹放在构件背面和其他不明显之处，多余的灰抹下。

捡灰：为扫荡灰中的最后步骤，也是一项很细致的工作，决定灰面的总体平整度和边、角、楞等局部的准确性，对板子起止处、搭接处、漏板处、灰粒划过的明显沟痕进行修补（图3-2）。同时要求铁板刮过的地方，不能高于总体平面，因通灰干后不易打磨，过高

▲ 图3-1　过板子
（柱子通灰过板子找平直图）

容易起埂，不容易找平，如果低些则可在下层灰中弥补，故传统曰："粗灰捡低"。

3.2.3 使麻

使麻是在地仗层上面粘上一层麻，起加固整体灰层，增强拉力，防止灰层开裂的作用。如不使麻，在灰层过厚时，由于各灰层之间的相互作用，地仗很易开裂，因此使麻是地仗中一项非常重要的具有明显传统特色的程序，如同在混凝土中加钢筋。

一麻五灰共五层灰（包括捉缝灰）、一层麻，这层麻在扫荡灰后进行，夹在第二层灰和第三层灰之间。使麻分为开浆、粘麻、砸干轧、潲生、水轧、整理活六个步骤，其中前三项为主，后三项为辅。当然在这之前仍要将前部分工作，即干后的通灰用砂轮石打磨，去掉浮籽后再进行。

（1）开浆

即事先抹上一层粘麻材料——粘麻浆的工艺。开浆用糊刷（同支浆棕刷）蘸取粘麻浆，抹在磨后的通灰层上。开浆多少，视使麻薄厚而定，以麻料粘上、轧实后，能浸透麻层为宜，过多不利于轧压，过少不能将麻全部浸透粘裹牢，形成坚固的纤维层。

（2）粘麻

开浆后，随即用手将弹好的麻"铺"均匀地粘在浆上，麻要横搭木丝，不能顺木纹粘，遇两构件交接之处，麻丝也应按线角连接横粘（图3-3）。粘麻厚度要求均匀，边角整齐，以充分发挥麻的拉结作用。另外，传统做法的经验是，粘麻遇柱顶、柱门等部位时，宁可亏些（约10~20mm），也不要粘到头，因这些部位易反潮，麻又易吸潮、糟朽，同时还会影响上下灰层。但这些部位在钻生油时应予以加强，否则易损坏。

（3）砸干轧

即第一次轧麻。粘麻后，麻很松软地虚附在粘麻浆上，为使其裹实，随即用特制的足形麻压子，依次不断轧压膨松的麻线，使其逐渐塌落，与粘麻浆勾合密实，浆液也逐渐挤压至麻层表面，线麻由白变成紫褐色（图3-4）。

（4）潲生

▲ 图3-2　捡灰（修饰细部）

由于底浆薄厚和麻的多少不同，砸干轧后容易有一部分麻不被浆浸透，仍呈发白现象，干后影响地仗，出现空鼓，这时需重蘸取麻浆，将未砸透的干麻重新拢刷，使表面干麻与底浆勾合。此项工序传统方法采用不加血料的净满加水调成浆液进行，满加水为"生"，现多用加血料调成的粘麻浆，如底浆均匀透过麻层，不必溺生。

（5）水轧

即第二次进一步找补轧麻，用轧子尖或麻针将局部翻起，将多余的浆挤出，干麻包也粘上浆料轧实。

（6）整理

实际是最后统一的检查和找补工作，主要注意以下几方面：第一，是否有窝浆之处；第二，疙瘩是否理平；第三，有无抽筋麻，即轧麻时，由于面积大，轧一部分时将另一部分拉起，有时先轧大面，后轧两窝角时容易出现此种现象；第四，有无虚漏之处；第五，在易受潮的部位，使麻是否留有余量等。

使麻亦为流水作业，在大面施工中，使麻的各个环节按十三人流水作业。配备比例如下：

①开头浆 1 人　　②粘　麻 1 人
③砸干轧 4 人　　④溺　生 1 人
⑤水　轧 4 人　　⑥整　理 2 人

现今很多地方将使麻改为糊玻璃布，玻璃布宽度不同，长度无限，使用时按需要截剪，仍需先开浆，然后糊布、砸轧，由于玻璃纤维不易于浆料及灰料结合，故砸轧应更为透彻密实，而且事前玻璃布应与构件裹贴严实。玻璃布干后仍需打磨，操作要求参见磨麻工艺。

3.2.4　磨麻

将麻粘在构件上，干固之后不能直接做下一层灰的工作，传统认为麻干后，表面的黏结剂——粘麻浆很光滑，不利于与灰层的结合，故需打磨此层。打磨此层的另一目的可使部分麻纤维起麻绒，更有利于与灰层的结合，所以磨麻要求一定要磨出麻绒。传统磨麻均很仔细，用砂石打磨，动作短急，俗称"短磨麻"（长磨腻子短磨麻）。在磨麻过程中，遇被

▲ 图 3—3　粘麻

▲ 图 3—4　轧麻

拉起的麻丝，不能敷衍，需将其刮掉，保持磨层的密实度。磨麻与细灰、扫荡灰不同，在人力运用上，占相对密度较大。参见图3－7。

3.2.5　压麻灰

压麻灰是一麻五灰地仗的第三道灰层，在磨面之上进行，一般磨麻后不宜立即进行压麻，因在麻层磨之后，尚可进一步干燥，约时隔一二日进行。

压麻灰的运用同扫荡灰，人力配置仍为三人一组，前面先叉灰，后面紧跟着过板子，最后捡灰。不过这道灰在某些部位的走向应与通灰走向错开、交叉，以提高灰层的总体平整度。在做柱子时，两次板口接头也应错开，以免出现出节现象，一旦如此，以后工序不易修整。

3.2.6　轧线

古建筑的下架木构件上，有许多边楞和装饰线，如梅花方柱子的梅花线，隔扇大边的"两柱香"（两条平行的半起凸线条），以及坎框的混线、八字线等许多带有边楞和起装饰线的部位（图3－5）。这些装饰线和整齐楞角很多都不是木件的原始形状，因为旧构件经反复修缮，边楞线角已失去原貌，所以大部分都是

由灰料堆起来的，即使是新构件，对某些已起线的部位，传统工艺也不保留，而是根据工艺需要另行处理。传统工艺在做这部分工作时，先在需起线的部位堆一定厚度的灰或抹上灰埂，然后使灰料通过与线型相同的模具，最后成型。这里所用的模具为轧子，或称闸子，工艺称过轧子或轧线。修制轧子的工作称挖轧子，可由竹板、铁片、塑料片等材料制作。轧线可以做成非常准确的各种线型，并且可以加快施工速度，轧线也是由多层灰壳套成，所以夹在地仗灰中进行，开始时用较粗的灰料，以后逐渐加细，所用轧子口径也相应不断扩大，线型不断突出、明显、准确。

传统轧线工艺由三人流水作业，道理同通灰，即一人先抹灰料，堆成灰埂，随后一人用轧子理顺灰埂，并漏出所需线型，最后一人用铁板修理，将不易处理的地方找好，虚边、野灰收刮干净。

目前，除用地仗轧线外，还可用彩画图案起凸的方法（沥粉）进行，但只能用于隔扇的两柱香部位，而且需在最后一层灰上进行。沥粉代替轧线，线型不如轧线准确、明显，干后容易塌落，也不易修磨。框线、梅花线等线型不能用沥粉代替。在轧线之前仍然要先磨前

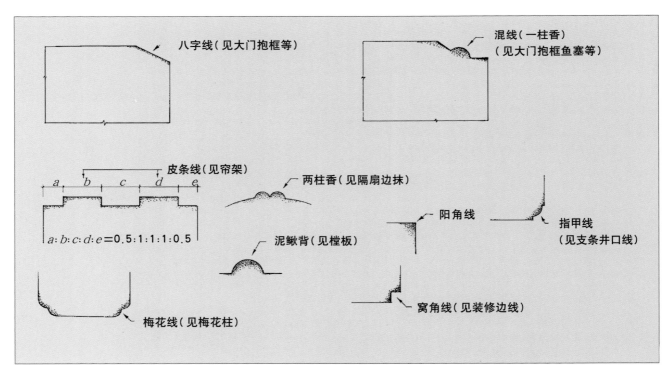

▲ 图3－5　古建地仗灰做各种线型

道灰层，而且应更准确细致。轧线因体量大小不同，程序也有所不同。大面轧线需尽早进行，使以后的灰层厚度更为均匀准确，薄而坚固；细小的线可在较后面的灰层上进行，如隔扇的两柱香，也可由中灰开始。轧线流程（以混线为例）见图3-6。

3.2.7　中灰

中灰为一麻五灰的第四层灰，在压麻灰后进行，压麻灰完成后地仗已初具形状，以后的工作就是使灰层表面一步步趋向细腻、平整，细部更准确。中灰即是细灰前的一层过渡层，以解决粗灰与细灰之间籽粒大小悬殊的问题，所以中灰层不必加厚（加厚反而影响地仗坚固程度），只需薄薄的一层，能将灰料填补于压麻灰籽粒之间即可。施工中，不再用皮子、板子捡灰，只用铁板用力刮一薄层"刻骨灰"即可。对于已轧线的部位，仍要用中灰套轧一层。同时，要求铁板的搭接处要与以前的压麻灰和将要进行的细灰搭接处错开。

3.2.8　细灰

细灰是一麻五灰工艺的最后一层灰，是决定地仗整体灰壳的平整、细腻和准确程度的一项工作，粗灰、中灰无法做准确的楞角，细部都由细灰解决。这就要求细灰干后便于修磨（在材料配比上已事先考虑到此种要求），并具有一定的厚度，一般掌握在1.5～2mm之间，个别处可略厚些或略薄些，磨去的厚度约0.5～1mm。视不同情况而定。

细灰工艺比较细致，在中灰干后要打磨，而且打磨还要求用湿布揎净，以使灰层之间密实结合。做大面积部位时，先用铁板准确地找出边角轮廓，然后填心，大面积填心也是三人流水作业，叉灰、过板子、捡灰。对于叉灰的要求更加严格细致，务必使灰料与中灰密实附牢，不得有蜂窝。过板子同样不能有蜂窝、划痕，细灰的捡灰与通灰正相反，个别部位宁可略高些不可低亏，以备磨时修正，故传统曰："细灰捡高"。

细灰工作亦包括对原轧线部位进行套轧，方法同前。见图3-6。

3.2.9　磨细灰、钻生油

磨细灰、钻生油是一麻五灰地仗的最后一道工序，是为同一目的而设的两个不同步骤，这两个步骤具有极密切的联系。由材料配比可以知道，细灰中所含的胶结材料比前各层灰均少，以血料为主，甚至加水，其灰层组

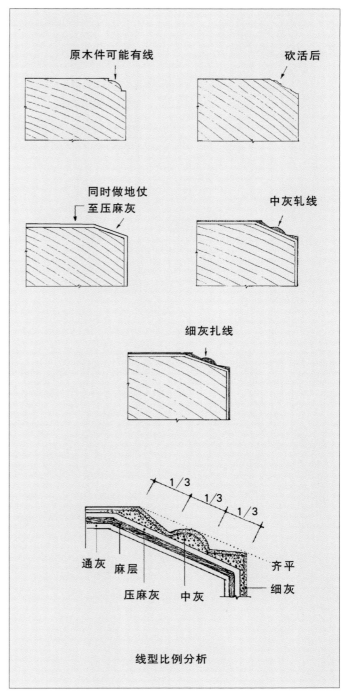

▲　图3-6　轧线流程（以混线为例）

织是相对松散的，便于修磨，但容易修的灰层是不坚固耐久的，这种灰极易酥裂。为解决这一矛盾，在修磨后，需要钻浸进生桐油，使其干后灰壳变得坚固耐久，具有耐水、耐风化的性能。

磨细灰应当用细砂轮石，并辅以1～1.5号砂纸或砂布，同时还要备铲刀，以随时修整线角。要求先磨边、楞、线角，后磨大面，把表面的结浆组织全部磨掉，露出内部的灰迹，否则这部分不能钻浸进生油，一般前面有人磨，后面就紧跟有人钻，因磨后的灰层极易风化，有的十几分钟后灰壳就会出现裂纹。传统钻生油用丝头（蚕丝团有弹性、含油）蘸取生油将其滚抹于物面之上，现多用鬃刷或排笔代替。磨细灰后未钻入生油的地仗为灰白色，钻入生油后为黑褐色，如果钻入生油后，表面又发白，说明油已渗入灰组织中未饱和，还要趁湿复钻，直至饱和不再吸油为止，俗称"喝透"，切不可等干后再找补。有时这样的工作要反复进行2～3次。对于浸透之后表面的余油，要在未干之前将其擦净，否则影响以后的工作，包括在上面进行彩画工作和上腻子进行油漆工作。

钻生油在有条件的场合，多用原生油，但原生油干燥速度极慢，有时十天、半余月也不干，影响以后工作的进展，为此可适当调配生油的配比，如在生油中加入光油，并以适当汽油调稀用，参考配比为生油：光油：汽油＝6：3：1。至此，地仗工作全部结束。

对于较高要求的物面或细灰钻生油后仍有蜂窝孔洞，则还需找补浆灰工作，但如做彩画，其上架部位多不加浆灰，可直接进行彩画。

一麻五灰地仗工艺剖析见图3-7。

一麻五灰工艺是一套科学、系统、完整的工艺体系，从它的工艺原理、材料配比到操作程序、施工方法都有所体现，为了使构件外观完整准确，采取多层工艺；为了使构件坚固耐久，用生桐油浸透其部分组织，甚至渗入木骨之中（传统认为油是树籽榨出的，复钻入木骨，其效用势必显著），使各层结合密切，性能提高。现代柏油路的施工由粗岩石到细石子至喷洒沥青的原理也不过如此，所以一麻五灰工艺是我国油漆工艺的一项重大成就，不仅历史沿革久远，而且适用范围广泛，凡需达到一麻五灰要求的物面，都可使用此工艺，不仅限于建筑、古建筑行业，也适用于木器家具的加工行业。

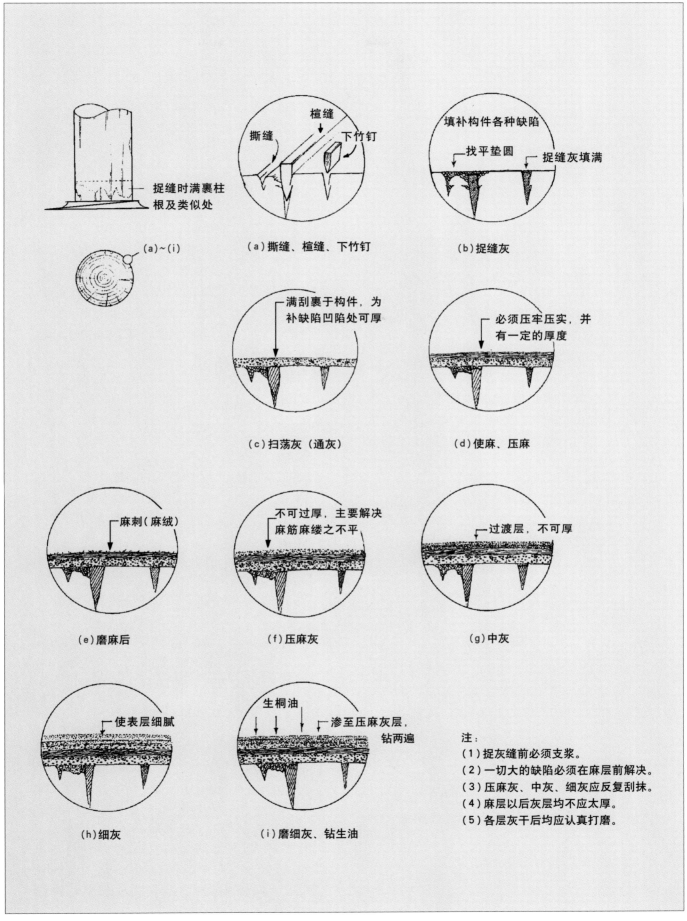

捉缝时满裹柱根及类似处

(a)~(i)

（a）撕缝、楦缝、下竹钉
撕缝　楦缝　下竹钉

（b）捉缝灰
填补构件各种缺陷
找平垫圆　捉缝灰填满

（c）扫荡灰（通灰）
满刮裹于构件，为补缺陷凹陷处可厚

（d）使麻、压麻
必须压牢压实，并有一定的厚度

（e）磨麻后
麻刺（麻绒）

（f）压麻灰
不可过厚，主要解决麻筋麻缕之不平

（g）中灰
过渡层，不可厚

（h）细灰
使表层细腻

（i）磨细灰、钻生油
生桐油　渗至压麻灰层，钻两遍

注：
（1）捉灰缝前必须支浆。
（2）一切大的缺陷必须在麻层前解决。
（3）压麻灰、中灰、细灰应反复刮抹。
（4）麻层以后灰层均不应太厚。
（5）各层灰干后均应认真打磨。

▲ 图3-7　一麻五灰地仗剖析（以柱子为例）

3.3　单披灰工艺及其应用

单披灰即不使麻的地仗，但单披灰做法是有针对性的，主要用于大木，由此大木分为使麻与不使麻两种，不使麻的大木由四道灰完成，即捉缝灰、通灰、中灰、细灰，所以传统单披灰均指四道灰而言。其他部位如椽望、斗拱、花活、菱花的做法，习惯上不称单披灰工艺，但现在人们常将所有不使麻的地仗，均称单披灰。这是概念上的混清，但却逐步为人们接受，包括三道灰，甚至两道灰，不论用于何部位。现仅对不使麻的工艺及其应用予以叙述，不使麻的地仗由于省去使麻、轧麻和其他主要程序，所以具有施工简化、灰壳干燥快的特点，适用于各种不易使麻的细小部位，如椽头、椽身（椽子）、望板、斗拱、连檐、瓦口以及各种雕刻花活（雀替、花板、浮雕云龙）等部位。在某种情况下，外檐上架大木和室内大木也常用此工艺。

3.3.1　椽头

椽头地仗用四道灰工艺，为捉缝灰、通灰、中灰、细灰、磨细灰钻生油几个步骤。所用灰料与大木相应项目用灰相同。椽头大多采用四道灰，因椽头木丝为立荐，灰的层数少时，尤其遇旧椽头，不能达到形状准确、见楞见角、整齐细腻的要求，椽头各层灰的打磨，尤其是细灰打磨，必须用平整的砂石，使其见楞见角。由于椽头处于易曝晒、雨淋的部位及木丝的立荐，所以钻生油一般都需2～3遍，生油很容易渗入木荐，故需反复进行，以保证其坚固性。

3.3.2　连檐、瓦口

连檐、瓦口部位深陷于瓦滴子、猫头之内，施工较困难，可采用四道灰或三道灰工艺。四道灰工艺及用料同椽头，在捉缝通灰时就应适当将大连檐与瓦口之间形成的水缝（油漆术语）垫找成坡形。三道灰工艺为捉缝、中灰、细灰、磨细灰钻生油。连檐、瓦口的钻生油同样重要，瓦口渗漏形成的潮气首先损害其本身，故生油应反复钻透，三道灰用料同椽头。

3.3.3　椽子、望板

椽子、望板不需将灰涨高、垫厚，多随其形状使表面光滑即可，故多采用三道灰工艺，为捉缝灰、中灰、细灰、磨细灰钻生油几个步骤，所用灰料不同于椽头，其中满料配合比相对减少（参见地仗灰材料配比表），主要因其不受日晒雨淋，椽望、望板在缝灰、中灰打磨均不方便，故其操作时应细致准确以减少打磨。细灰打磨多用砂布，不用砂石。

传统油漆作，在进行椽望地仗时，对翼角部分与正身部分处理不同。在翼角部分常将窄密的缝当（椽根部分）填檀木料（工艺中称檐翼角当），便于以后各道工序的操作，但檐翼角当影响结构玲珑剔透的效果，故檐料应整齐并低于椽身，以后由油漆分色进一步分出椽子与望板。如果条件允许，可不檐翼角当，但进行深部处理比较困难。

3.3.4　斗拱、灶火门（垫拱板）

斗拱、灶火门由于构件体量、所处部位均同椽子、望板，故选用工艺与材料均同椽望，为三道灰。另外对灶火门也有使麻或糊布的设计，但效果与三道灰相差无几，且操作困难；较大体量垫拱板有时采用。

3.3.5　天花

天花地仗分使麻与单披灰两种做法，使麻为一麻五灰工艺或一麻四灰及一布四灰工艺；不使麻为四道灰与三道灰工艺，视具体情况而定。如天花体量较大，裂缝、缺陷明显，又用于室外，可选用使麻工艺。如果用于室内，可选用四道灰工艺，一般多选用后者，即不使麻。如果系新天花，又处于室内，还可使用三道灰工艺。天花可摘下来施工，对于要求较高的天花，背面也应简单地予以处理，即采用捉中灰、满细灰、操生油的做法，但大多背面不处理。

3.3.6　上架大木

上架大木多采用使麻工艺，但传统也有很多不使麻的实例，即单披灰做法，用捉缝、通灰、中灰、细灰、磨细灰钻生油来完成，质量好的四道灰工艺，也能经久不裂（也取决于木料的干燥程度），所用灰料同一麻五灰相应项目，施工方法也同使麻地仗的各程序。

3.3.7　花活

花活泛指雀替、花板、云龙匾边、垂头、花牙子等各种雕刻图案，这些图案弧面多、曲线多、形状复杂，不可能一层层叠灰，反复修磨，因此工艺常予简化。对于大体量的，缺楞短角明显的雕刻可在捉缝后再找中灰（不满刮），将图案造型补齐，最后满上细灰。由于事先已对明显缺陷处用缝灰、中灰补齐，又因花活图案复杂，故不再用铁板刮细灰，而用刷

细灰的方法，即将细灰料再加水调至适当程度，用刷子将灰料满涂于图案表面，并使其厚度均匀，传统上将这种方法称"走细灰"。走细灰干后用砂纸打磨，因灰料已加水，坚固程度极差，很易打磨、修整形状（线槽也都用刀剔清磨光），然后扫净，钻入生油，干后灰壳极为坚固。

走细灰的方法在其他很多不易使"铁板"的地方也多采用。

3.3.8　门窗、装修

因隔扇边抹、槏板等处已在一麻五灰中含括，所以这里的门窗、装修均指其中细小而繁密的棱条。门窗、装修视情况而言，由于体量小，大部分采用两道灰工艺，用中灰捉缝，满刮细灰，也可在某些部位先满刮中灰，再满刮细灰，对于菱花隔扇的孔眼，在捉缝之后也用走细灰的方法进行。

总之，各种灰地仗，在实际运用中，常因物面的不同而灵活掌握，包括建筑物所处的环境，物面新旧程度，所处的部位，体量大小，施工可能性，施工期限的长短等，如大木，既有一麻五灰做法，也有两麻六灰做法，也可用一布四灰做法。上架大木也可以视情况而不使麻。再以椽望为例，既有三道灰做法也有两道灰做法，还有捉中灰、找细灰的做法。

4 油皮工艺

4.1 油皮的一般工艺

在地仗完成之后，下步工作将分两部分进行，一部分将进行彩画；另一部分则继续进行油漆工艺，即油皮工作，其中油皮工艺在某些部位又与彩画工艺交错进行，对于进行油皮的部位应首先确定，即进行油漆，传统上都有比较明确的规定。但由于彩画的种类、规格不同，所余留的油漆部位略有出入，所以两种工艺应事前配合清楚。一般进行油漆的部位由上至下包括山花、博风、连檐、瓦口、椽头、椽身望板、柱子、坎框、大门、装修（如棱花窗）、栏杆扶手、雀替、楣子等部位，另外，斗拱的某些细小部位及垫拱板也有油皮工艺，其中椽头只进行飞头油漆，檐椽头不油漆只彩画，以上这些构件油漆部位比较分散。对于檐下大木，视彩画内容而定，如做和玺彩画，则檩、垫、枋均不做油皮；如做旋子彩画则根据等级、规格而定垫板部分是否进行油皮工作（指大式由额垫板）；如做苏式彩画则根据彩画等级，确定檩、垫、枋何处施以油漆，一般在掐箍头及掐箍头搭包袱彩画中，都要留有大面积的油皮部位。

关于油皮的色彩，传统上分大式与小式，二者略有区别。一般大式比较固定，小式变化较灵活，但都不复杂，都为红绿两色穿插配齐，其中红色包括银朱红与氧化铁红两色。对于油皮所使用的涂料，传统以颜料光油为主，现均用各色成品涂料，如醇酸磁漆和各种调和漆，但基本不使用厚漆（铅油），也不使用质量极高但不便于施工的硝基漆类。对文物建筑的修葺，应使用颜料光油。

关于涂膜的厚度与层次，与其他种类油漆的规定基本相同，如同新建建筑油漆一样，基本均以三道为标准涂层，对于要求较高的部位，也可个别进行四道油漆的处理。而对于某些细小部位，也有以两道油完成的情况，主要视具体情况而定，但均要求油皮饱满，色彩均匀，光亮一致。一般三道油工艺从漆膜的厚度、遮盖力、着色力、光亮度、均匀程度以及对物件的保护上已足够。四道油的设计主要针对下架和其他易损部位，如山花博风、连檐瓦口、下架柱子等处，最后一道油多为罩光油。

关于施工方法，因传统使用颜料光油，颜料光油较现在通用的成品涂料黏稠坚挺，所以不用刷子刷和喷的办法施工，而用丝头搓油的办法。这种方法分两步进行，先用丝头团蘸取光油，将光油滚涂于物面，随即用棕毛短密而硬挺的油栓重复理顺、理平油面。现在涂成品漆均改为油刷，方法同普通油漆，对个别部位为提高施工速度，目前也有采用喷涂的方法，但喷涂适用于车间化生产，所以应用面有限。

关于油皮的工艺，基本与新建建筑油漆相同。只是在与彩画工艺搭接上略有出入，均按以下程序逐次进行。这里首先补充一项浆灰工序，并不是在所有需进行油皮的部位均包括此工序，其工艺设计原理为：在地仗磨细灰钻生油之后，按油皮工艺应进行打腻子工作，但腻子粉料极细，而且不如灰料坚固，所以不能形成厚度，只用来添补细灰面的细微不足，是地仗与油皮之间的过渡层，可使油漆涂膜更为光滑明亮。但在实际施工中地仗灰面往往不能由腻子一次补足，有些明显的蜂窝、麻面，还需用砖灰复补一层，因这次工作为刻骨刮，所以称刮浆灰，有满刮与找浆灰之别。浆灰所用材料为极细的灰料加血料调成，不加水（因浆灰后不再钻生油），传统用过淋的方法泡制浆灰，故又称淋浆灰。对于要求精度较高的部位，如下架某些明显易见的大面，即使前层毛病较小，也常加浆灰工序，具体指柱子、坎框、大门、隔扇大边等处。由此看来，

刮浆灰在某些场合也是必备的工序。刮浆灰之前仍要对细灰生油层进行打磨。

（1）攒刮血料腻子

这是生油地仗后，油皮前必备的工作（个别部位除外），常包括在油皮工艺中，腻子为白粉或滑石粉加血料调和而成，调成后为土黄色偏红，很细腻，施工中可用皮子操作，也可用铁板操作，用皮子称攒，用铁板称刮，故工艺称攒刮血料腻子。攒刮腻子之前要对浆灰、细灰进行打磨，打磨生油地仗使用砂纸。对个别部位也可以用走腻子的方法进行。

（2）刷头道油漆

腻子干后即可进行油漆，血料腻子干燥很快，平面部分十几分钟即可干燥，其他部位如窝角部分一日也能干好，之后均匀打磨，扫净，这时表面手感极滑润，可进行涂油。因在头道油之后还有两道油，所以对环境要求不太严格。而且油中可适当加入些稀料，以提高施工速度。

（3）刷二道油漆

在刷二道油之前要先复找腻子，因物面在未涂刷之前有些问题不易显露，刷油之后色彩均匀，问题即突出，故应对其修补。所用腻子为石膏腻子，用光油（或各色成品漆）加石膏，加水调和，方法为：可先用石膏一次加足水后加油调和，也可将石膏与油先调和，后加水。前者迅速方便，后者较慢。之后进行打磨，掸净，再涂刷第二道油漆。第二道油漆应少加稀料或不加。

（4）刷末道油漆

第二道油层干后即可刷第三道油，每道油层约24h干燥，所以隔日即可进行下道油工作。刷第三道油层之前要对第二道油膜仔细打磨，除掉油粒（俗称油瘊子）、杂物，用水布擦净，周围环境还需洒水扫净，以防尘土。气候对末道油也有影响，有风、潮雾之天均会影响油漆涂膜表面的光洁度，施工中均应予以考虑。

油漆涂膜的遮盖力由三道涂层决定，一二道涂膜垫底，它的亮度主要决定于第三道涂膜，所以在实践中，第三道涂膜有时加入一部分清漆涂刷，以提高其亮度，但这必须在头两道涂层有足够遮盖力的情况下进行。

4.2 古建各部位的油漆色彩及工艺

这里首先说明一下表面色彩与底层色彩的关系，在古建中，我们见到各部位的色彩如银朱红色、绿色、氧化铁红色，并不是所有部位由始至终均由一色涂刷三次而成，而是各种色彩依据其特点采取不同方式。

（1）氧化铁红色

如刷成品漆，第一道油至第三道油可用同一色涂刷，如用传统颜料光油可用静置分层法，打底用较暗、较次的涂料刷，表面用其浮漂，色彩美丽、光亮度高。

（2）银朱油

不论采用传统颜料光油，还是成品涂料，打底与罩面均不用同一色彩进行，其中打底（头道垫底油）用粉红油或章丹油，二道油用银朱油，三道油仍然用银朱油。银朱油色彩较浅，遮盖力较差，底层色彩对表层影响很大，如果三道均用银朱油，最后色彩深暗，不鲜艳，所以用粉红或章丹打底，用章丹打底表面会更鲜艳。

（3）绿色

不论采用传统颜料光油，还是成品涂料，三道油均用一色进行，因各种绿色均有足够的遮盖力，底层对表层的影响不大。在个别部位，由于施工环节的关系，垫底的有时为铁红色，表面最后一道涂罩绿色，色泽仍然十分明显，且有足够的遮盖力。

古建各部位具体做法如下：

（1）山花、博风

氧化铁红色。山花的木雕寿带图案与博风的梅花钉传统为贴金部位。工艺为：先刷一遍氧化铁红油漆，整体打磨；再刷一遍氧化铁红油漆，整体打磨，此道打磨要着重进行；在第二道油漆之后，贴金；对不贴金的部位继续刷第三道油。

（2）连檐、瓦口、雀台

银朱红色。这几个部位没有贴金及彩画工艺，按刷银朱油的方法进行，其中，第三遍可根据材料略加些清漆或光油以增加其亮度。

（3）椽头

只做飞檐（飞头）椽头，绿色。钻生油后，不刮腻子，由彩画按图案沥粉，干后略加打磨，连同彩画沥粉线条将椽头满涂刷成绿色，干后打磨再涂第二道绿油，二道绿油干后不再打磨（特殊情况除外），开始贴金，按贴金工艺进行，先用滑石粉满拍呛油面。之后按图案打金胶贴金（详见贴金工艺），贴金完毕后，再对不贴金的地方继续描涂绿油，称扣油，参见扣油工艺。

（4）椽子、望板

望板为铁红色。椽子分椽帮与椽肚（侧立面为椽帮，底面为椽肚），其中椽帮上半部分铁红色，下半部为绿色，椽肚前大部分为绿色，根部为铁红色，不论方、圆椽子，以侧面五分之二处为界，其中上半部的五分之三为红色，余下底面为绿色；进深方向由椽子端部（椽头下楞）开始至后面的任何相交处（飞头）为闸当板，檐椽为燕窝，前五分之四为绿色，后五分之一为红色，即飞檐椽（飞头）靠闸当板处为红色，老檐椽靠檩部为红色。闸当板随望板为铁红色；翼角、翘飞处的分色，同正身，按比例斜伸展过去即可。施工方法为：

1）头道铁红油：由大连檐下楞起至檩部，包括飞檐、老檐、椽子、望板、小连檐、闸当板一并刷成铁红色，不分红绿，一律以红色垫底。

2）二道铁红油：第二遍方法部位完全同第一遍，也不分色。

3）第三遍铁红油：这遍铁红油可把绿色的部位大致留出，这时除绿色部位，其他地方已满三道油。

4）刷绿椽肚：由椽帮分界处开始向下刷，事先需弹线，弹椽肚，使其总体平顺一致，椽帮可用线具划出痕迹，之后按线及痕迹涂刷绿色油漆，品质好的油漆一遍基本可以盖地（底）。如露底色，可再进行一遍。现在进行这部分工作多用泡沫海绵代替传统油刷，事先剪成合度的尺寸，粘在木板卡子上，蘸油后不用参考椽帮痕迹尺寸，涂过之后非常准确，既加快速度，又保证质量，非常实用。

红绿分色主要为使檐头部分色彩更丰富，其比例规则也可灵活掌握。如以檐椽为例，其根部可适当放宽尺度，一则施工方便，二则不易将油涂至檩部（按工艺搭接，这时檩部已进行彩画），但必须做到总体平顺一致。

（5）盖斗板

传统为银朱红色，现多为铁红色，三道油涂成，个别情况也可涂两道，因这部分窝陷太深，效果不明显。

（6）荷包、眼边

即雕刻部位的拱眼及拱臂坡楞，均为银朱红色，三道油刷成，第三道在斗拱贴金后进行，与彩画的施工配合如互不影响，可采用两道油刷成，粉红垫底，银朱盖面。

（7）灶火门（垫拱板）

银朱红色。分有彩画图案与无彩画图案两种，彩画图案指沥粉贴金图案。

1）沥粉贴金灶火门：做法同椽头，先在生油底层上沥粉，然后垫底色油，粉红色或章丹色，干后刷银朱油，银朱油干后用粉布拍打"呛活"、贴金。最后，将不贴金的部位再涂一遍银朱油。

2）素红灶火门：可在生油干后满垫粉红油或章丹油，然后再涂一至两遍银朱油罩面。

（8）雀替

雕刻图案的起凸部分做彩画，凹槽部分为银朱红色，二至三道涂成。

按一般工艺，涂膜均应为三遍，但荷包、眼边、灶火门、盖斗板、雀替这些部位都不突出，体量都较小，又与彩画工艺配合，故常有用两遍油涂成的情况，视具体情况，由设计人员确定。

（9）吊挂楣子

分为大边与步步锦菱条两部分。大边为银朱红色，因菱条多为彩画工艺完成，凡与彩画相交错的油漆部分，多为银朱红色，故大边也为红色，三道油涂成，一道粉红或章丹垫底，二道银朱油罩面，最外一层可加少量清漆。

（10）柱子

不分大式与小式，按方形与圆形确定色彩，方柱子（梅花柱）主要用于游廊，为绿色，三道油涂成。圆柱子大多为铁红色，三道油涂成，其中在大式建筑室内，柱子根据不同情况可涂成银朱红色。

（11）坎框

同柱子，铁红色，三道油涂成。

（12）大门

凡带门钉的大门，均为铁红色，三道油涂成。屏门多为绿色，三道油涂成。

（13）隔扇

均为铁红色，包括大边、堂子心、菱花，隔扇施工可以刷，也可以喷涂，尤其是菱花部分，喷涂用醇酸磁漆加稀料，道数不限，直至色泽丰满，表面光亮为止。

（14）窗屉

包括游廊的窗屉和支摘窗，不分大边与菱条均为绿色，三道油涂成。

（15）坐凳面与坐凳楣子

坐凳面色彩随柱子，如游廊柱子为绿色，则坐凳面也是绿的；亭子柱子为红色，坐凳面也为红色。坐凳楣子色彩与坐凳面按红绿区分开。

（16）巡杖栏杆、望柱、扶手

均为红色或铁红色，花瓶有彩画相配，余者为红。

总之，古建油漆色彩比较简单，只红绿两色间差运用，但它与彩画相配以及贴金装饰之后又非常艳丽，其中大式檐下彩画部分以下，均为红色，显得古朴、庄重、大方。小式檐头部分比较固定，装修及柱子色彩变化较大。实际工程中也常搭配黑、棕，以协调为准。现文物建筑的油饰，铁红色应采用二朱油色。

5　贴金工艺

中国古建筑的雄伟壮观与辉煌华丽是离不开金的装饰的。将金装饰到建筑物上去需用特殊的方式，我国在金的运用上有悠久的历史，方法众多。在建筑上，装饰金有镏金、贴金、扫金等工艺。其中镏金现已属一专门行业，贴金按传统一直是古建油漆工艺的主要内容，扫金等是与贴金工艺有密切联系的，是一种辅助工艺，实际运用以贴金为主。

以装饰效果按部位划分而论，金箔装饰分两大部分，一部分装饰于彩画图案之间，这在金的用量上占很大的比重；另一部分装饰于油漆部位，即用于突出各构件的装饰线上。由于贴金关系到油漆与彩画总体的工艺配合，故其仍属油漆作的范围。

金是众所周知的昂贵物质，古建筑贴金所耗用金的数量是相当惊人的，一座大型建筑往往要耗费数千克黄金，因此，掌握有关金箔的常识以及系统、正确的施工工艺与方法是十分重要的。

5.1　金箔

5.1.1　金箔的厚度

贴金都用金箔，它是一种加工捶打得很薄的金片。在对金箔的加工上，我国历史上已有很突出的成就。传统工艺与现代科技相结合的加工方式，使其厚度、品质均已达到极高的水平。目前大多使用的金箔的厚度只有 0.13μm 左右，即一万张金箔叠落在一起，只有 1mm 多厚，这样薄的金片，其特点已与整块的金大不相同，已变得比纸还轻盈，甚至人们呼吸时产生的空气流动都可将其"吹跑"、或碎裂、或折皱，如果不用特殊的包装和方法是不能将其拿起和移动的。用特殊的方法将金箔对着阳光照射，会看到无数密密的小孔，而且金箔呈现很深的翠蓝色。所以，金箔出厂时都是经过特殊包装的，即用两张很薄的棉纸，将金箔夹在中间，以备使用。

5.1.2　金箔的成色与规格

古建中使用的金箔有两种，一种为库金，一种为赤金。传统使用的金箔均为南京金陵金箔制造厂的产品，其成色与规格如下：

（1）库金

库金含金量为98%，故又称九八金箔，其余2%为银及其他稀有材料，均是制作金箔必不可少的成分。由于库金含金量高，色彩表现为纯金色，色泽黄中透红（故古书记载称"红金"），沉稳而辉煌。南京金陵产金箔为正方形，每张尺寸为 9.33cm × 9.33cm。

库金因品质稳定，耐晒、耐风化，不受环境影响，色泽经久不变。用于室外时，十数年宝色不见大减，所以在古建中人们常采用库金装饰。

（2）赤金

俗称大赤金，含金量为74%，故又称七四金箔，其余物质为24%（主要是银）。赤金色泽黄中偏青白，比库金色浅，且发白，但亦很光亮，延年程度不如库金，如果用于室外容易受环境影响，逐渐发暗，光泽锐减，甚至发黑，一般光泽仅保持在三五年之内，品质差的赤金光泽延年性更短。赤金每张尺寸为8.33cm × 8.33cm。

库金、赤金规格与生产厂家有关，古建计量均以以上两种规格为准，其他厂家还有5cm × 5cm 与 10cm × 10cm 不等。另外，库金含金量有的厂家为95%。

金箔计量少量为张，大量为具，一具等于一千张。由于包装不同，施工中又将具分为把（绑）、帖，因为包装时每十张金（包括护金纸）叠落在一起，故称为一帖，每十帖金叠落在一起，用纸捻捆绑称一把，另外五把金包在一起为一包，五包金装在一盒共2500张（图5-1）。常用进位制为：

1具＝10把＝100帖＝1000张

1把＝10帖

1帖＝10张

由金箔的规格、厚度计算可得，一具库金

约用黄金17.8～22g，白银0.5g左右。在古建工程上，计量金箔均以具为单位，特殊少量者除外。

5.2　银箔与铜箔（附铜金粉）

银箔与铜箔是代替金箔而使用的两种材料，传统多用银箔，现多用铜箔，但银箔的使用也只限于室内装修部分，如佛龛、影壁、屏风、銮架（金爪、金斧、钺等仪仗物品）等，而铜箔则更接近金箔的光泽，故多用于室内外的各部位。由于银箔系白色，故使用后表面还要涂漆以改变其色彩，漆中加有呈现黄色的物质，且仍能使漆保持透明。使用铜箔时，由于铜箔极易氧化变黑，故也需在表面涂以防护涂料，使其既能保持色泽，又能防止氧化变黑，但其延年程度仍然有限。

铜箔比金箔要厚得多，但也能飘飞起来，也是由两层（或一层）棉纸裹一层铜箔使用。铜箔的规格大小不等，有10cm × 10cm，也有12cm × 12cm 和 14cm × 14cm 等数种。

铜金粉简称金粉，系由铜、锌、铝组成的黄铜合金，经研磨、抛光而成，呈极细的鳞片

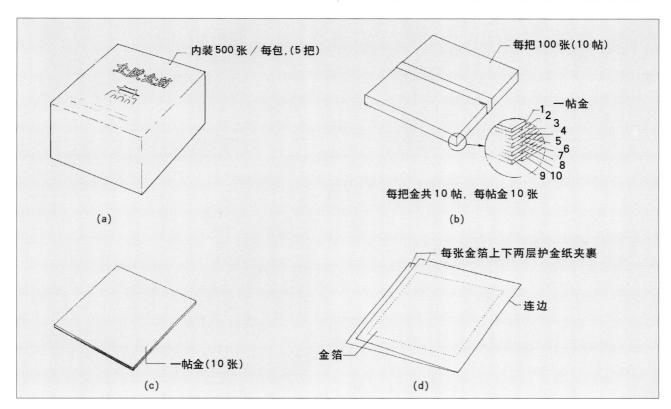

▲ 图5-1　金箔包装与进位制示意图

粉末状，外观微带红色或青色，传统建筑均不用此种材料，现在勉强运用，效果不理想。目前国产金粉虽已达到一定细度，如品种由200～1000目不等，但色泽及延年程度均极次，故偶用于临时性装饰，使用时加清漆调和稀释，干后还要罩清漆防止变黑。

鉴于金箔的昂贵以及装饰的需求，目前正在以各种方式寻找理想代用品。

5.3　贴金的部位

如前所述，古建筑贴金主要运用于彩画图案之间，以增加彩画的辉煌效果，同时也用于下架装修，以突出其轮廓使各部位界线分明。在彩画部位贴金，应了解彩画图案特点以及贴金的部位，同时要与彩画工艺进行配合。识别彩画贴金部位一般以沥粉来确定，即凡彩画沥粉的部位均贴金，所以有经验的人，在彩画未绘制完毕，也不知道彩画名目的情况下就可以确定贴金的多少。因沥粉就是专为贴金而设计的工艺，它呈凸起的线条，金箔作用于沥粉线条之上后，光泽被凸起的楞线反射得光彩夺目。

贴金的彩画也根据规则与等级不同，按大致贴金多少为序。贴金的彩画有：金龙和玺彩画、龙凤和玺彩画、金凤和玺彩画、金琢墨石碾玉彩画、龙草和玺彩画、金线大点金或烟琢墨石碾玉彩画、金琢墨苏式彩画、金线苏画、墨线大点金彩画、墨线小点金彩画，其中和玺彩画贴金最多。各种彩画的特征及贴金的具体部位详见彩画工艺。

油漆部位贴金，由上至下包括：博风板的梅花钉、山花寿带的雕刻平面、飞檐椽头、大门门钉、隔扇菱花扣、绦环、云盘线（有时门钹面页也贴金）、框线等，也根据建筑物规制而定（图5-2）。

5.4　贴金的方法

5.4.1　调配金胶油

金胶油即把金箔粘到物面上的黏合剂，从一定角度上说，任何普通油漆都可以作为粘金材料，但在实际运用上，为保证金箔的亮

框线及隔扇的两柱香、菱花扣、绦环、云盘线贴金

群板夔龙雕饰贴金

皮条线及云盘线等贴金

▲　图5-2　油漆的贴金部位（一）

山花寿带及博风梅花丁贴金

片金西蕃莲大卷叶草柱子（天坛祈年殿）　　　　　片金西蕃莲草柱子（天坛皇穹宇）

▲ 图 5-2　油漆的贴金部位（二）

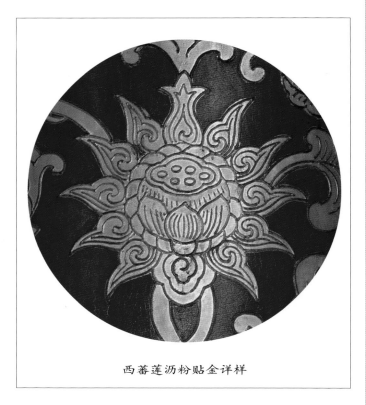

西蕃莲沥粉贴金详样

▲ 图5-2 油漆的贴金部位（三）

度且适应工艺的特点，金胶油需具备以下特性：第一，油的稠度要大，这样抹到物面上的油膜才会饱满，结膜厚，而且使用时不流坠，贴金后才能光亮；第二，具有适当的干燥时间，即在一定时间内结膜均有黏度，以便金箔能从容地粘到物面上。传统金胶油用品质极好的光油制配，并加入少量半干性油，如豆油，以延长其干燥时间。加入豆油的多少，视气候和工艺所要求的干燥速度而定，可配成十几小时表面结膜的油，也可配成几小时表面就结膜的油。前者可在第一天抹，第二天贴金，所以这种金胶油又称隔夜金胶；后者必须当日及时贴上，所以称"暴打暴贴"金胶。隔夜金胶在正常气候下，第二天结膜均匀、光亮，黏度适当，所贴出的金箔光泽度也高，暴打暴贴金胶油参考配比为光油∶调和漆＝10∶(3～5)，结膜时间约3～5h，最好为油性调和漆。

5.4.2 打金胶

将金胶油抹到需贴金的部位上的工艺称"打金胶"，打金胶分在彩画部位进行和在油皮上进行两种情况。在彩画上进行，因彩画颜料多为水性胶与粉料合成，干后色彩渗油，打金胶后油膜丰满程度和黏度均达不到贴金要求，所以传统均打两道金胶油，现在彩画工艺已将其中包胶工序（包胶为标明贴金部位的工序，传统用黄颜料涂抹）改为油质涂料，已起到打一道金胶的作用，故只需打一道金胶油。

在油皮上打金胶，不会发生喝油现象，故只打一道即可，但油膜易吸金，即贴金时，未打金胶的油膜也粘上金箔，很不整齐美观，为此打金胶前需用粉包将油膜呛过。打金胶的工具为各种规格的小刷子，要求鬃毛短、有弹性、细密、硬挺而又含油，传统多用头发制成，现多用油画笔改制，效果很好。

打金胶是一项费时细致的工作，贴金的整齐与否决定于此工序，另外还要根据气候和人力组织施工，确定工作数量，以免造成浪费甚至影响质量。

5.4.3　贴金

贴金之前要先试金胶油的干燥程度，即黏性。方法为：以手触碰油膜，油膜发黏，但又不粘手。除有粘声外，手上并无油迹。进一步用金箔实贴试验，如果金箔能够很轻易地粘到油膜上，而护金纸却很自然地飘离，这时贴金为合度。如果用棉花轻轻擦拭贴过的金箔，金箔极为光亮、均匀，无漏金胶油处，而且不粘棉花，说明金胶油黏性极为合适。如果用力贴、按，金也粘贴不实，再用棉花擦过，部分金箔被擦下，说明金胶油已干燥过度，俗称"老"；反之如果将护金纸也粘上，而且用棉花擦后，棉绒被油粘下来，金也被擦混、不亮，说明油尚"嫩"。过老过嫩都会

影响金箔的质量，过老虽亮，但不均，易"花"，过嫩金箔不亮。

关于贴金的手法、方式，我国各地区不尽相同，其中以北京地区的传统方法最为简便，而且施工速度也快。

（1）准备

金夹子（图5-3）、大白（粉、块均可，滑石粉亦可）、棉花。其中金夹子用来夹金箔用，是贴金的工具，用竹子制成，形同普通竹夹子，长约17～23cm不等，视不同部位运用，可备两个不同长短的规格，要求夹口平滑、严密，合并后不漏缝。大白在金夹子吸金时使用，因贴金时金夹子易碰到金胶油，使金箔粘到上面，而损坏金箔。可用大白擦拭，使之变滑。棉花在贴金后走金用。

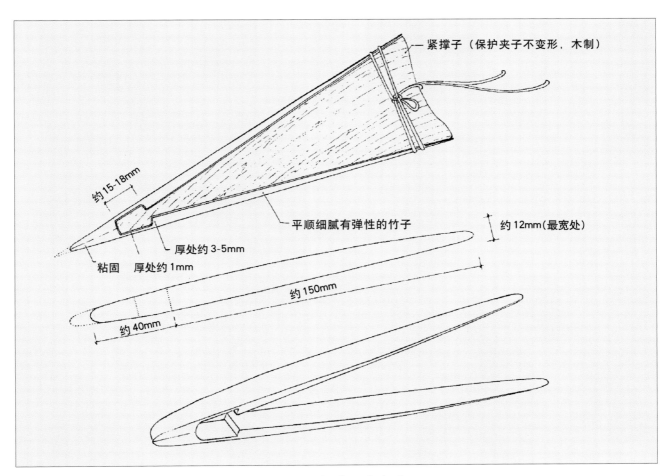

紧撑子（保护夹子不变形，木制）

约15-18mm

平顺细腻有弹性的竹子

约12mm（最宽处）

厚处约3-5mm

粘固　厚处约1mm

约150mm

约40mm

▲　图5-3　贴金用金夹子

（2）过程（图5-4）

1）先叠金箔，将10张一帖，联边朝一侧，然后不等分对叠，用量多，可事先叠出数帖备用。

2）按图案及线条的大小、宽窄，将金撕成不同宽度的"条"，实际是10张一起上下通撕，每条宽度略宽于图案。图案体量大时可以不撕，整张使用。之后用夹子将对叠处

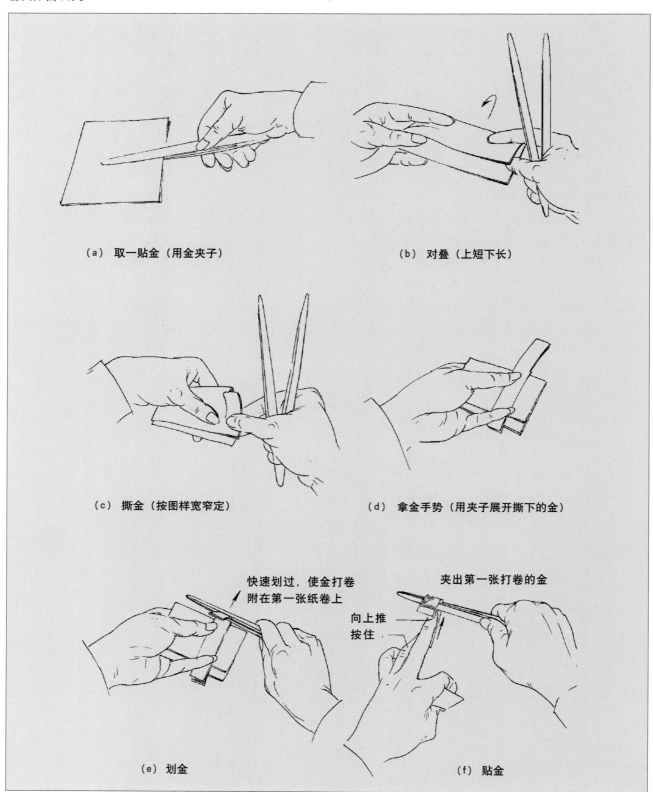

（a）取一贴金（用金夹子）

（b）对叠（上短下长）

（c）撕金（按图样宽窄定）

（d）拿金手势（用夹子展开撕下的金）

快速划过，使金打卷附在第一张纸卷上

夹出第一张打卷的金

向上推
按住

（e）划金

（f）贴金

▲ 图5-4　贴金方法

展平，并前后划金，使金箔连同护金纸打卷，这时只是一张纸卷露出金。

3）连同护金纸将金夹出，迅速准确地贴到图案上，同时用手指按实，手脱离后，护金纸自动飘离，金箔牢固地粘上。

5.4.4 走金

护金纸脱落后，各张金箔相互衔接之处，名为接口，有重叠也有不严之处，飘挂很多金箔。在贴的过程中，每张金箔也容易有断裂之处。金箔宽于图案线条，加上用手撕，所以贴上后，会有明显的不规则飞边，金贴上后个别处附着不实。解决以上这些问题需"走"金，即用棉花轻柔成团，沿贴过金的地方轻拢，柔擦。第一，可将飞金拢下，使图案整齐；第二，可将部分飞金拢至棉花内，走金时，这部分金又被粘在漏贴处。走金时如遇过嫩的金胶油已贴上金，可暂时不"走"，用棉花轻按待干，干后再"走"。干燥适当的金胶油可随贴，随时走金，不要间隔（图5-5）。

5.4.5 扣油

扣油是辅助贴金工艺的一项必不可少的程序，是在贴完金后，将粘到图线外的金箔用油漆压掉的工作，所以扣油都是用在油皮贴金部位，而不是用在彩画颜料上面，彩画上面的齐金工作由彩画工艺完成。扣油所用油必须与金箔周围的油从品种到色彩完全一致，对大面积的扣油部位，如山花、博风、大门等，扣油即为第三道油皮。另外，在某些场合也可使用清漆代替扣油，如金箔表面需罩油，底层油膜已具有足够的遮盖力，金箔贴得较严实、规矩，可用清漆满刷过去，速度极快。

5.4.6 金箔的罩油

金箔罩油是为了保证金箔光泽的持久，主要依金箔的成色而定，贴库金，由于成色高，不罩油也能保持光泽的持久，即使在山花等易受日晒雨淋的部位，也不必罩油。金箔罩油主要针对赤金和铜箔而言，尤其是铜箔，必

▲ 图5-5 贴金（右）与走金（左）
（干燥适当的金胶油可随贴金随走金）

须罩油，为工艺中不可缺少的项目。对于某些已贴库金的彩画部位，为防止彩画色彩遭雨淋损坏，在对彩画罩油时，同时对金箔一并罩过，并不是为保护金箔而罩（虽然起到一定作用）。

对于贴铜箔，不论用于何处均需单独罩油，现多用清漆，只描铜箔本身部位，所以称描清漆，材料以丙烯清漆最好，施工严格，可保铜箔数年不变黑。如果贴铜箔的彩画罩油，因油质稀，起不到保护铜箔的作用，仍需先描丙烯清漆。赤金罩油视具体情况而定，如用于室外，亦应单独罩油——描清漆，用于室内时可不罩。

5.5 贴金注意事项

为了保障贴金的质量和节约用金，在金箔使用中要注意以下几点：

（1）金箔要放在干燥处保存，不能受潮，受潮后金箔与护金纸粘连，使用时，金与纸不易分开，金箔易撕裂，一部分粘于纸上，既浪费又影响施工速度，如果受潮需事前烘干或自然干燥后再用。

（2）在有风的地方贴金很困难，而建筑物的屋檐、廊下均是走风之处，为顺利进行施工，故需在贴金前对一些有风部位进行遮挡，传统用布幔帐，称金帐子，现也可用塑料布，帐子有扣眼，可以拴挂在架子上的任何地方挡风。一般有三级风就需搭金帐子。

（3）气候对贴金的质量影响很大，尤其对打金胶，如果天气过冷或空气中湿度过大以及大风天气，都会使金胶油失去光亮，甚至出现皱纹，此时不可贴金。出现这种现象应重新打金胶。

（4）贴金按打金胶的先后次序跟进，以保证金胶油黏度的一致。贴不同形状的图案时要先贴大处后贴细部，先贴直线后贴曲线，先贴宽处后贴窄处，先贴外部后贴内部（以免蹭金胶油），既加快速度，又节约用金。

6　镏金常识

古建筑上的许多装饰，大到建筑物的宝顶、华盖、金瓦面，小到门上的门钹、面页、匾额上的字，以及建筑群中的蹲狮、坐象、麒麟等动物，其金碧辉煌的效果已不是贴金工艺所能完成的，而是采用镏金工艺。镏金就是把一种含金的材料（金与汞）抹到银、铜器表面，然后用火烤，蒸发其中的汞，使金牢固地镀在物件表面上的工艺。镏金与贴金相比，具有金色饱满、光亮度高、耐磨、耐撞击、耐风化、长久不变色的特点。工艺简述如下。

（1）杀金

即把黄金溶于水银的工艺，用以做准备抹金的材料。方法是：把金箔剪碎（金箔厚度在1mm以下即可），放入烧红的坩埚内，随即倒入水银，黄金与水银之比约3∶7或3∶8（质量比），摇动坩埚），用木炭搅动水银，黄金即被水银溶解，溶解时水银会因蒸发而冒白烟，冒小气泡，之后将金与汞的溶液倾入盛有冷水的瓷盆中冷却，金和汞便沉于水底，呈浓稠的发白的泥状物，用手捞起捏成团状或条状待用。这种黄金与水银的混合物俗称"金泥"。

（2）抹金

有了金泥，即可在铜器表面上抹金，抹金的铜器这时称"铜胎"，事前必须将铜胎表面清理得十分干净、光亮，不留任何杂质、油垢、氧化皮层，有时事先还要反复打磨，露出光亮的铜质，否则结合不牢，易起皮、起泡。抹金的方法：用镏金棍（表面已蘸好水银的铜棍）沾起金泥，再沾等量的盐、矾的混合液体（现用浓度70%的硝酸代替），往铜器上抹"金泥"，然后再用细油漆刷沾盐矾混合液（现用50%硝酸液），把抹上的"金泥"刷匀，行业术语称"拴"，拴得薄厚，是否均匀，直接影响镏金的质量和效果。

（3）开金

即把金泥中的水银蒸发掉，使抹金后的铜器表面由白色变成黄金色的工艺。方法是用盛有炭火的铁笼子烘烤，水银就会蒸发，留下黄色，但留下的黄金层与铜器表面结合尚不牢固，还需用硬棕刷在上面捶打，趁热进行，直到铜件冷却，再进一步重复烘烤、捶打，反复三至四次即可将金中水银全部蒸发掉，黄金牢固地与铜胎表面结合。

（4）压光

开金时，在水银蒸发后，黄金易呈附着不密实的颗粒状，有小孔，为使其进一步与铜件牢固结合，并更为光亮，必须用坚硬、光洁度高的石头压光，传统用玛瑙或玉石进行，压光需反复进行，费时费力。

镏金所耗用的黄金量是相当大的，按清代有关资料规定："平面素镀金活每长一丈、宽一寸，用金四分五厘。"折合每平方米用金4.39两（16两制），等于137g。此用量与贴金相比，完成同样面积，镏金所用黄金量为贴金用黄金量的50倍。镏金虽然用金量大，但如果操作不当，或勉强减少金的耗量，效果反倒适得其反，甚至变黑更快，如果镏层厚度适当，变黑之后可用淡酸清洗，金可重现光泽。

镏金需烘烤于铜、银胎之上，故在彩画部位与油皮之上不能运用。施工时，需将小型被镀物件取下进行，如门面页、匾字等，以免烤坏木面，大的宝顶、华盖一般施工中也随建筑的拆安而取下，故也多在下面施工，如不能取下，需加以特殊防护。

镏金的过程中，有大量的水银蒸发，对人体的危害极大，当时并不明显，但后果非常严重，操作人员一定要有安全防护措施。

7 大漆工艺常识

大漆施工为我国传统工艺，它与普通油漆施工工艺不同，大漆施工受环境限制，即在普通的环境中，大漆的漆膜不会自行干燥，必须在一定的温度下，湿度较大的环境下才能干燥，根据我国气候条件，北方地区的古建筑用大漆施工较为困难，应用受到限制，但由于大漆所具备的优良品质，在某些场合，为了确保某些部位，甚至一座建筑的质量要求，人为地制造适应大漆干燥的环境，即通常所说的入"窨"，即在非常潮湿的环境下施工或把被漆物放到非常潮湿的地方，窨可根据所漆物的大小，支搭严密的棚架，棚内悬挂数层湿布。棚架大者如房屋，小者只可以容纳所漆物，当然用房间或地下室作为固定入窨场所更好。

在北方古建筑中，大漆工艺多用于室内外的陈设，如神龛、佛像、靠背、家具、桌案、匾额等。室外建筑则少见使用。运用上分为：

①做地仗的大漆工艺，表面多为黑色，俗称推光漆做法；

②贴银箔、罩漆面，漆干后透明，银箔呈黄色光泽，称银箔罩漆做法（也可以用漆片泡制）；

③不做地仗，大漆面，半透木纹，表面紫黑色，称榆木擦漆做法。

现主要介绍第①、③种工艺。

7.1   做地仗的大漆工艺

以做大漆牌匾为例：

（1）底层清理同一麻五灰地仗，事前也需砍、挠、撕缝，视物面情况而定，保证其干净、牢固、平整。

（2）操生漆：以生漆顺木纹满刷一遍。

（3）捉缝灰：以生漆加土籽灰刮至缝隙，并补楞。

（4）溜缝：以三成生漆，一成土籽灰调成糊布漆，按缝（已捉过缝灰部位）糊布条（夏布），压实。

（5）扫荡灰：用捉缝灰材料满刮。

（6）糊布：用溜缝的糊布漆，满糊夏布于扫荡灰之上，压实贴牢。

（7）细灰：生漆加细土籽灰满刮，比例同捉缝灰（土籽灰过筛），厚约2mm。

（8）操生漆：满涂生漆一遍。

以上为地仗部分，在每项程序之后，均需打磨、扫净，之后再进行下道工序。

（9）浆漆灰：材料同细灰，做法同一麻五灰油皮"浆灰"，干后磨光，掸净。

以上所用土籽灰也可改用瓷器打碎、碾细、过箩，非常坚固。

（10）漆腻子：生漆加团粉（淀粉）调成，配比为生漆：团粉＝1∶1.5（质量比），满刮，干后用零号砂纸打磨，水布掸净。

（11）涂生漆：用漆栓满涂、入窨，干后用水砂纸打磨。

（12）涂生漆：满涂，入窨干后用细水砂纸水磨。

（13）上推光漆：推光漆为生漆经细加工而成，用牛角翘将推光漆满批在物面上，用漆栓理顺，直至漆面由褐色变为乌黑色为止。入窨，表干为12h，干透约二至三天，干透后用旧的、细水砂纸轻磨漆面，更为考究的办法是用头发蘸取极细的淋浆灰反复推磨，如同擦打砂蜡。

（14）可进一步涂上光蜡，擦亮，直至光亮照人。

7.2　榆木擦生漆做法

此法是天然漆施工较为细致的一种，成活后物面色泽明亮，如同木质透出的光泽，此工艺不做地仗，程序为：

（1）清理底层：除用一般办法除去油污、残胶等脏物外，对个别木质还需用热水烫，使木刺棕眼孔冒出来，以利打磨。

（2）打磨：可先用1.5号木砂纸或砂布打磨，大面处用砂纸包木块打磨，直至光滑，线角、花纹处用竹片顶砂纸修磨、剔磨干净，最后再用细砂纸全部满磨扫净。

（3）上色：可用品色，根据需要而定，如用品红加少量墨汁及品绿，三者放入锅内加水煮热，边煮边用干净刷子涂染木件，使色彩入木，如不均匀或有色浅的部分，可再局部涂染一遍，直到木面色彩一致。

（4）刷一遍生猪血：染色干后，不用打磨，直接刷生猪血一遍（不用发过的血料）。如生猪血在碾细后有泡沫，可用少许豆油消散泡沫，之后用油刷涂匀。

（5）细磨：生血干后，用细砂纸（用旧的）轻轻打磨一遍，不至将色彩磨掉。

（6）满批腻子：腻子用石膏加水色加生漆调成，以刮时不打卷、易粘木面为宜，否则多加生漆。腻子干后很坚固，不易打磨，所以刮时需刻骨，表面腻子收净，只要保证棕眼缝隙内有即可，缺陷处用较硬的腻子垫起。

（7）细磨：用1号木砂纸打磨、满磨，打扫干净，如果仍有不平之处，再次嵌补腻子，并用砂纸打磨至光滑平整为止。

（8）修色：用酒精将品色浸化，用棉花蘸色满擦一遍。修色后，未擦漆前不能打磨。

（9）擦漆：生漆过滤干净后倒入碗中进行擦漆，逐面操作，如觉得生漆干燥较快，发黏，可在漆内加少许豆油，擦到物面上只留下一层很薄而均匀的漆层即可。入窨或放入潮湿处待干。干后用旧砂纸打磨光滑。

（10）上面层漆：使用的生漆与擦漆相同，但可根据气候和漆的质量情况，适当加入少量豆油，以增加漆膜的光亮度且便于操作。为使漆层均匀而薄，要用极细密的漆刷理漆。

上漆后漆面开始发黑，呈黑褐色，以后逐渐变红，成为酱紫红色，古朴典雅，干后光滑平整，光亮如镜，而且越擦越亮，经久耐用。

专做榆木擦漆尚可采用另一种简单的方法，即：

（1）清理打磨同前。

（2）满刮批腻子同前。

（3）上色、染品色方法同前。

（4）擦洗：先用漆刷蘸取生漆涂至物面，满涂均匀。无遗漏，漆遂渐干燥与物面结合，随即用粗布擦漆膜，直至光亮为止。

（5）二次擦漆。同第一次擦漆，直至漆膜光亮同时又饱满。

7.3　大漆中毒与防治

大漆有毒性，施工时要注意"漆咬"，即漆中毒。中毒表现为头、脸、手部发生红肿，身体发烧，严重者还会化脓。在用手操作后，不要再用手触摸身体其他各部。一旦中毒，要用樟木块泡在开水中，待凉后涂洗患部。

现有一种改性生漆，即改变生漆的原有性能，不但可以解决干燥和中毒问题，而且保留了生漆的其他优良性能。改性生漆有透明漆，也有各种色彩的漆，兼有生漆本身和掺入成分的性能，具有耐酸、耐碱、不怕沸水烫、无毒性、自干快、附着力强、漆膜坚硬的特点，其烘干效果更为优良。正因为这种漆具有上述优点，所以它可以更方便地用于古建筑施工。

8 美术漆的运用

　　所谓美术漆是指漆膜在物面上形成的一种具有特殊装饰效果的材料或工艺。现代某些油漆材料用喷、刷、烘烤等普通方法就可以产生区别于一般油漆面的装饰效果，如皱纹漆、裂纹漆、金属闪光漆等。但有些装饰面，为达到某种装饰效果，只用某种材料是不能解决的，必须用特殊的工艺来完成，如在木面上做成石纹效果或在石料、金属面、品质差的木面上做成理想的木纹面效果，俗称假木纹或假石纹。假木纹与假石纹在古建中都是经常用的工艺，比如我们见到的某些彩画，是画在木纹很明显的大木上，其木纹便是假的。又如，某些铺面柱墩为明显的大理石效果，其中也有假的。这些假木纹、假石纹在按一定的工艺完成后可以乱真，当然，这也与操作者本身的艺术修养有关。如北京颐和园"石舫"基座上的"石柱"便是用以下有关工艺完成的（图8－1）。

▲ 图8－1 油漆做假大理石纹木柱（北京颐和园石舫）

8.1　假石纹工艺

石纹，指大理石纹，用普通油漆涂刷，经描绘而成，方法很多，根据所制纹理与效果不同，可运用以下几种方法。

8.1.1　描画法

描画法有两种：一种是用黑白油漆描画而成，另一种是用油漆与干粉颜料描画而成，后者彩画工艺多采用。

（1）黑白漆石纹

做大理石纹必须在平整、光洁的白色或灰色油皮上进行，有关底层及油皮（二道即可）处理按普通油漆工艺进行。描画时先准备毛口整齐的油刷及画笔（油画笔即可）各两把（支），规格视工作面大小而定。涂刷时方法也有两种：一种是先用白漆将物面满涂，随即在白漆未干时，再在局部涂灰色漆，所涂部位和面积不拘，按预想的纹理而定，可中间多些，也可边角多些。之后立即用棕刷按纹理方向往返拉刷，使纹理基本形成，最后再用画笔以较重的色，在灰色部位的纹理上画些细的石纹线，同样再用灰色刷按纹理将黑线重复一遍，使纹线与灰色纹理入合。此法由于在上灰色漆时，局部一次先后共涂两道漆，容易造成漆膜结皮，这部分不能太厚，要理平理匀。另一种方法是，如果物面较大，白、灰两色漆可分开交错成纹，相接处用刷拉匀之后点画黑色纹理，方法同前。

（2）干粉擦画法

此法所做大理石纹，纹理清楚，效果逼真，操作从容，多被采用。材料最好采用油性调和漆（醇酸磁漆也可），另准备少许滑石粉（或大白粉）、钛白粉、炭黑（黑烟子）、细棉花。步骤如下：

1）用普通油漆工艺先得到洁白、光滑、平整的物面（用醇酸磁漆刷两道即可）。

2）漆膜干透后，用零号细砂纸满磨，去掉油痒子等。

3）用棕毛细密、整齐、干净的棕刷，满涂白漆一遍，油面要均匀，无刷缕痕迹，用油性调和漆。

4）在油膜未干时（八成干），以滑石粉、钛白粉各半略加少许黑烟子，调合成灰色粉料，用棉花沾粉料，按纹理轻轻擦至白漆面上，擦时灰色干粉可随用随调，色彩可深可浅，略有变化。

5）再调一些较深的粉料（黑中略加白），用细竹棍裹棉花沾上颜料，在已画灰纹理的部位之中或边缘点画细纹理线，增加石纹的真实感。

6）用大团棉花，多沾白色（钛白粉＋滑石粉），将涂纹理的部位和未涂纹理的白色部分满擦一遍，使石纹面光泽均匀。最后用干净棉花将多余的粉满擦去，物面即呈现质地细密、纹理清晰、美丽逼真的大理石纹。

在按此工艺施工的过程中，第4)项与第5)项次序也可颠倒，即先画深的细石纹线，后画大面积的灰纹理。

8.1.2　浸渍法

这种做法必须移动物面，因此不适合固定部位，但其效果却极为美丽生动、自然流畅，几乎可以乱真，故可用于高级部位的装饰。

此法选用调和漆、磁漆均可，漆料的相对密度越轻越好（由油中颜料的性能决定）。先将各色漆调至适当稠度，用木棍陆续滴在水中，使其在水中漂散开，薄薄地浮于水面之上，占水面面积50%～80%左右，为形成纹理，可以用木棒微微拨动，或用口吹动，使各色漆按预想效果成形，之后将已涂好白漆的物面，面朝下按入水层中，这时各种颜色的纹理就会沾到上面，及时捞出，物面便沾上花纹。花纹干后，再满罩一层优质清漆保护纹理。重复运用要经常换色、换水，否则各大理石花纹风格效果不统一。现有一种"油漆画"即用此法完成。

8.2　假木纹工艺

是仿透木纹的清漆工艺，由于所仿的木质不同，假木纹在色彩纹理上也有很大区别，现以一种普通方法为例，运用时可根据工艺原理，举一反三，灵活掌握。

（1）将物面处理干净之后，上浅色油漆至

不透底子且达到均匀为止。色彩根据所仿木质的深浅而定，一般真木纹的清漆工艺棕眼内略深，假木纹所定浅色，按棕眼外的颜色定，应较浅，涂成米黄色或浅土黄色。

（2）画木纹的色要比底色深，略有一定反差，一般用土黄，需要加深时再加入赭石或黑色。颜色可用油色（油漆涂料调稀）也可用水色颜料，但不能用染料。在画之前还要对物面打磨，如用水色画为防颜料打滑，还需用石膏粉反复擦抹数遍，收净后进行。

（3）为取得真实感，可用笔或刷子先画树心部分，大面纹理直顺，可用干涸的棕刷或排笔破成小缕，蘸色通长拉顺，也可用"胶皮"事前剪成不规则的锯齿形拉木纹，所拉画木纹的色彩要薄，不要出埂。

（4）为使做出的木纹与真清漆木纹工艺更相近，可再上一道油色，油色更要清淡，薄而透明，应能清楚地透出木纹的色彩，这样可使木纹与底色更协调。

（5）油色干后，可用零号细砂纸轻轻打磨，之后满罩醇酸清漆加以保护。

另外，为了取得真实的效果，也可以在画木纹之后，用硬棕刷或草根刷点拍棕眼，按棕眼的方向且趁木纹未干时进行。

9　漆片工艺常识

漆片工艺也是油漆工艺的基础知识之一，它可以单独（只用漆片）完成对物面的装饰，也可利用其干燥快，封固作用强，不怕油脂浸蚀，施工方便的特点，与其他油漆交错运用，漆片广泛用于新建和家具油漆中，古建筑的一些装修工程也经常采用。现按单独成活工艺介绍，运用时可灵活掌握。

9.1　调配虫胶漆（漆片液）

无成品虫胶漆出售，使用时需提前配制，其方法为：将漆片放入工业酒精中，酒精浓度在96%以上，浸泡一天，漆片即溶解，摇匀后即可使用。配比为酒精：漆片＝10：（2.5～3）（质量比）。漆片有无色透明和有色半透明两种，前者品质较高。浸泡出的漆片液前者透明，后者半透明，呈赭红色，使用时可直接运用也可再掺加颜色。漆片浸泡后，根据使用的需要还可以进一步用酒精稀释。

9.2　漆片施工

这里介绍一种漆后透木纹的工艺。

9.2.1　打磨

仅用于漆片施工，所选木质均较好，不用复杂的腻子工艺，但需事先精心打磨，使木面光润，楞角圆滑。由于漆后透明，打磨时应顺木纹进行，否则涂色后纹理紊乱。

9.2.2　补腻子

补腻子又叫补灰，但这不是地仗所用的砖灰。腻子用虫胶漆与大白粉调和成膏状，用于木面较明显的缝隙、钉眼等孔洞和个别缺楞短角处。高级漆片活大的缺陷仍用原质木料补齐，腻子的色彩应与木材面一致，其中可加些颜料。腻子干后仍需精心打磨。

9.2.3　打粉子

又名生粉子，即用水将大白调稀，再加入颜料调成粥状，不必加胶，以棉丝蘸取粉子涂擦物件，使粉子进入木面棕眼内，同时也使木面染上粉子的色彩，擦后棕眼内留有粉子，表面应干净光滑，对于较大物面的生粉子工序应两人进行，一人涂粉子，一人擦，面块多的部位应分块分面进行，否则色彩不易一致。

打粉子可用汽油加清油调粉料（称油粉），方法同生水粉，但油粉干后坚固，所以在趁湿擦时一定要擦干净，否则涂漆之后木纹清晰度不均匀，影响美观。

9.2.4　刷漆片

使用时，把溶解好的漆片按需要加入各种颜色，可加入品色，也可加入石性颜料，如杏黄、青莲、黑烟子、红土粉、地板黄、石黄、立德粉等，按需要调对，主要起找色作用，之后再用无色漆片涂若干遍，直至成活。

由于漆片工艺的优点，它可做古建装修、牌匾作的辅助工艺。它的着色作用、快干作用，常为各种高级装饰提供得心应手的工艺。

10　匾额油漆工艺

匾额在古建中占有重要的地位，是建筑物画龙点睛的部位，油漆工艺十分重视，故作为一项特殊工作处理。

在匾额制作中，其油漆工艺与普通油漆，包括大木、装修等部分的油漆不同，它除包括地仗、油皮、贴金等工作内容外，还包括拓放字样、雕刻和筛扫等项目，在地仗处理上也与普通地仗略有出入。

在油漆工艺中，对匾、额、楹、抱柱对子的处理方法相同。为叙述方便，以"匾"称呼为例。实际应用中横为匾，竖为额。

10.1　式样与种类

10.1.1　式样与种类

匾额由木作、雕作等工艺初做成型，然后，由油漆工艺进行表面处理，按油漆工艺的特点，以做法不同，将匾分为斗子匾、雕龙匾、平面匾、清色匾、花边匾、各种如意匾（奇形匾、杂式匾）、纸绢匾等。各种匾的式样及色彩如下所述：

（1）斗子匾

因其形状似斗而得名，斗的底部为匾心，四帮为匾边，匾边不是平口形，而是弯曲、对称上有纹线的边口。这种匾的匾心大多为群青色，斗形四边的里口为银朱红色，匾边的装饰线为金线。匾心中的字多为铜胎金字或镏金或贴金，大多为镏金。斗子匾造型及色彩具有庄重大方、古朴典雅的风格，很多宫殿、宫门、城楼建筑上的匾即为此种。

（2）雕龙匾

基本形状同斗子匾，匾心为群青色，上面的字为镏金贴金铜字，区别在于匾边，它的边框周围雕有很多浮雕云龙，五、六、七、九条不等，单双均有，重要建筑大多雕九条龙，边框相对厚重，匾边彩色云龙贴金，白眼睛，黑眼珠，红舌头、浮雕的衬地部分，有贴金的也有银朱红色的，此种匾高雅华丽，显珍贵而精致，北京天坛祈年殿，故宫储秀宫、堆秀亭匾额即为此种。

（3）平面匾

这是应用最普遍的一种匾，无四边框部分，只一块平板，有一定厚度，四边称"口"，匾的表面为黑色或金色，其落款色可同大字，印章为红色，同字画印泥色。这种匾造型简单，字迹清楚，具有清秀典雅的效果，十分朴实。在很多小式建筑上、园林的亭榭上以及铺面上多有所见。

（4）清色匾

泛指各种透木纹的匾，也多为"平面匾"，这种匾木质均较好，依木质及上色的不同，也有深浅之分。匾字的色彩有多种，金、绿、白等色彩均有，一般多为艳绿色字，此匾高雅清秀，古色古香，多用于斋馆外檐和室内厅堂。

（5）花边匾

匾心为平面，四边无明显高起的边框，但有整齐凸起的花纹，花纹厚度一致，多为规则性图案，如回纹、万字等，落槽深约1~2cm，花边宽依匾大小而定。这种匾匾心有黑色、绿色不等，个别也有金色。黑、绿色匾大多为金字，也有红字，匾边图案大多贴金，扣油地。此匾清秀华美，多用于室内，抱柱对子多为这种格式。

（6）各种奇形匾

指根据建筑物的功能和从情趣出发而设计的各种不规则，但又有一定意义和具体内容的匾。如卷书形匾、册页形匾、扇面形匾、连环套匾等。由于

形状无确定法，油漆工艺对奇形匾的处理也较灵活，色彩也相对丰富，但都以底色（匾心）和字的色彩从深浅到光泽都具有明显的区别为准，如黑地金字、红地金字、绿地金字、黑地红字不限。

（7）纸绢匾

这实际上是真迹直接书写在纸或绢上的匾，多为长方形，四边木框较窄，油漆只对木框装饰。

10.1.2　字形

这里的字形不是指真草隶篆，也不是指颜柳欧赵等字的形体，而是指匾心中字的起凸断面形状，其中有用灰刻而成，也有虽不是灰刻但与油漆工艺有关联的内容，如铜字。

（1）铜字

即斗子匾、雕龙匾上的字，这种字用铜雕切而成，断面呈"▰▰▰"形。铜字除笔划之间相互连接之外，尚有铜带将分离的笔划在背面连接，称"扒掌"。扒掌低于铜字。

（2）木刻字

用于清色匾上的字，在木基层上直接刻出，断面多呈半圆形凹落，根据字的大小，凹落深度也不同。较大石匾上面的石雕字，断面也同此，为"▨"形。

（3）灰刻字

是在地仗灰上刻出的字，由于受地仗灰层厚度的限制。字的断面深度有限，约3mm，为取得立体感效果，笔划的边缘略向内斜落下去，中间部分逐渐凸起，因大多字的笔划较宽，所以笔划中间多为平坦的表面，呈"▱"形断面，这种字在油漆灰刻字工艺中称"圈阳字"，也有称"秦阳字"。落款小字断面呈"▱"形，可称"两撇刀"，印章断面呈梯形突起，同普通阳刻印章或阴

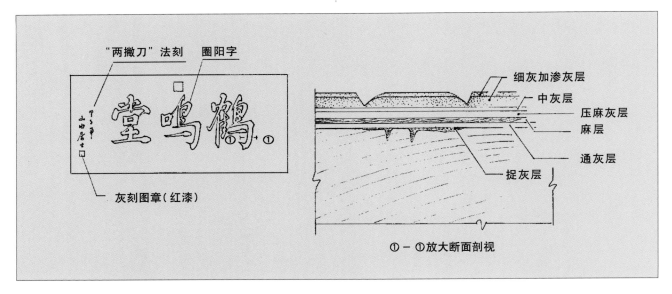

▲ 图10-1　平面匾灰刻字型

刻印章（图10-1）。

（4）灰堆字

即用地仗灰堆在匾平面上的字，断面凸起较大，根据笔划的宽窄而不同，但同一匾上的字，字的断面起凸差别不大，灰堆字立体感极强，感觉饱满，断面呈"◠◠"形。

10.2　拓取字样

拓取字样分旧匾、新匾、铜字等几种情况。旧匾指灰刻字旧匾，由于旧匾在砍活时，将原字迹砍掉，所以需事先拓取留样，待重做时使用。对于铜字，虽然在施工中不会砍坏，但为了记取原来的位置，以及字背面的扒掌与字的关系，也需事前拓样，新写的字有时需放样。

10.2.1　拓铜字

拓铜字方法较简单，因铜字笔划清楚，楞角突出，虽经反复修缮也不走样。拓时先备一张纸，最好用高丽纸，大小同匾心。将高丽纸铺于匾心之上对正固定，用棉花直接蘸黑烟子揉擦纸面，字的边楞便清楚地现于纸面。拓下铜字样之后，还要进一步拓"扒掌"，在铜字取下后进行，将铜字放在已拓好的字

样上面，"扒掌"接触纸面，再将"扒掌"勾于字样上面成为一体。字样与扒掌拓勾好之后，将纸翻过来，在背面的字迹部分处用白粉（铅粉即可）平擦一边，也可用碳铅笔勾勒字与扒掌的轮廓，字样留下待用。

10.2.2　拓秦阳字

方法基本同拓铜字，也是事先备一张足够大的纸置于匾心之上，但秦阳字不如铜字清楚易拓，为了能清楚地将字拓下，可将纸喷湿，上面再覆上一层干纸，之后用刷戳打字迹，这时纸便塌落在匾面之上与字槽之内，将上面的纸拿掉，待下面的纸干燥之后，用棉花外包纱布，干沾油墨或墨汁，在有字处顺序拍打，凹槽部分不沾油墨为白色，平面部分为黑色，黑白分明十分清楚，这种方法也可拓取非常小的字迹，如落款印章部分，均十分准确，拓碑文也可用此法，传统多在纸上面覆盖毡子捶打，纸与毡子不沾也不易将纸捶坏。

10.2.3　拓灰堆字

灰堆字，字面圆清，不能直接拓，需将字起掉留下字"根"后再拓，字根心较粗糙、有楞，可清楚地拓在纸上，用前两种方法均可。

10.2.4　放字样

新写的字有的按匾的规格进行，也有的小字需放大，前者要将宣纸上的字过到普通高丽纸上，并修整笔锋，原样仍需保留，刻字时参照。后者需放大，有时小字书写后并未考虑四边空量，放字时应按匾面规格计算好字的大小再放。

10.3　做匾地仗（包括做字）

10.3.1　斗子匾与雕龙匾

（1）砍活，起铜字

做斗子匾及雕龙匾多系旧匾，进行砍活及清理基本同砍大木地仗，直至砍净、挠白、清理干净，雕龙匾边如不易砍，可进行除铲清理，较简单。砍活中，需同时取下铜字，应注意不能砍坏和起坏。

（2）做地仗

基本同大木一麻五灰工艺，捉缝灰前仍需事先撕缝、汁浆。各程序的要求如下：

1）汁浆不易过浓；

2）捉缝灰衬平补缺；

3）通灰：大面前后过板子；

4）使麻横粘木纹；

5）压麻先用铁板压小地方及边角，后用板子压大面；

6）磨完压麻灰后，要打扫干净；

7）中灰楞角直平；

8）磨中灰后支水浆；

9）细灰一面一面做；

10）磨细灰要断斑（磨掉表面浆膜）；生油钻透表面余油擦净；

11）磨生油后要满刮浆灰；

12）磨浆灰后打扫干净。

（3）拓字

地仗做完之后，需把原铜字样拓到浆灰面上，以便按字迹安放铜字。原字样如果背擦有白粉，拓时正面用铅笔勾勒铜字样的轮廓，浆灰面上即印上很清楚的白色笔道，如果背面已先用碳铅笔勾描清楚，拓时用力擦纸的上面即可。前者极为清楚，后者需仔细辨认。

但均不影响后续的工艺。

（4）剔槽上字

字拓好后，扒掌的印痕要进一步勾划清楚、准确。把铜字摆在已拓好的字迹上，固定用笔勾划铜字的"扒掌"轮廓，不用勾字。之后用木凿子按扒掌轮廓剔槽，槽的深度略大于扒掌厚，然后将铜字按字迹摆上，使扒掌卧于槽中，再用木螺丝钉将扒掌拧紧，铜字便固定于灰面之上。

（5）找补地仗

剔槽装字后，扒掌的部位表面需用灰补平，根据槽深，可用粗中细灰填平，然后再钻生油，并刮浆灰，使其与匾面相同，无补灰接痕。

10.3.2　秦阳字匾

即在灰地仗刻字的平面匾，故灰层需满足刻字的要求，习惯做法及要求如下：

（1）砍活、撕缝汁浆、捉缝、通灰、使麻、压麻灰几道工序不分匾的正面与背面，每道工序前后同时做，待压麻灰干燥。

（2）压麻灰干后暂不做正面，背面继续进行中灰、细灰、磨细灰钻生油、腻子及油皮工作，直至完成。

（3）背面完成后将匾翻过来做正面，接着进行中灰工序。

（4）中灰干后做渗灰，渗灰是为做刻灰字匾而设的一道专用程序，以增加细灰的厚度，材料同细灰（如果不做渗灰，只用一道细灰满足刻字的厚度，则灰面易开裂）。渗灰按匾的正面满上，使其均匀，薄厚一致（灰厚约3mm）。为了能与其后的细灰层密实结合，渗灰后，趁未干时再将表面做成粗糙的效果，通常用糊刷蘸水处理，使表面有很多划过的痕迹，但不能破坏匾面灰层总体平整的效果，之后阴干。

（5）渗灰干后，进行细灰，主要为找平，同时增加灰层厚度，使表面细腻，易于刻字，这层细灰应十分干净无杂质，之后再阴干。

（6）阴干后用细砂轮石打磨，同时对楞角大面处进一步找平，之后浸透生油，这层生油一定要浸泡得十分深入，由于操作时匾多平

放，故生油可以渗至灰层深处，浸一两小时之后，将表面浮油收下擦净，阴干。

（7）生油基本干后，用零号砂纸细磨，过水布擦净，然后再将拓好的字样贴到生油层上，用稀面浆糊，以备刻后能容易地将纸润下。

（8）字样干后即开始刻字，按字形先刻四边，然后逐渐修整坡面，使其圆滑过渡，刻时刀口深浅一致，同时不能将底层中灰籽粒露出。

（9）字刻完后，用清水将纸润湿起掉、擦净、晾干。然后在刻字的沟槽内再次补钻生油。

（10）复补生油干后，打磨、撣净，满刮浆灰，可连同刻字部分同时刮过，再剔出字沟内的余灰。浆灰干后用零号砂纸细磨即成。

10.3.3　堆灰字匾

（1）砍活、撕缝、支浆、捉缝灰、通灰、使麻、压麻灰几道工序同时完成匾的正面与背面。

（2）暂停正面，背面进行中灰、细灰、磨细灰钻生油、腻子油皮工序，直至完成。

（3）背面完成后，正面进行中灰、细灰、磨细灰钻生油、浆灰工序，不进行渗灰。

以上各项规制要求均同灰刻字平面匾。

（4）匾平面处理好后进行拓字，方法按拓铜字斗子匾法进行，不要把纸粘上，之后用颜色鲜明的笔勾勒清楚。

（5）字拓好后，按笔道宽度做字胎，用木条修制，宽度略小于笔道宽，因之后还要在字上做灰。为使字胎能牢固地与地仗结合，可将匾面的字样事先用刀铲出沟槽，再把木胎用油满粘在地仗上，然后打眼、抹胶、下竹钉。干固后，修整木胎随字形。

（6）字胎钉完后，在字胎上按字形做地仗，地仗包括捉缝、通灰、糊布条（用夏布或绸布）、压麻灰（用中灰压）、细灰。通灰时为使字胎笔划相顺随字形，可用闸子进行（月牙闸子）。在压布中灰磨后，需打磨修整字形，使其准确。撣净，上细灰，上细灰时不用闸子，按字形用布条勒裹光滑。细灰干后用零号砂纸细磨、钻生油。生油干后刻骨上浆灰，堆灰匾字及地仗即全部告成。

10.4　表面处理

在字与地仗完成之后，根据需要，表面需涂以各色油漆或进行贴金、描字、烫蜡、筛扫等工艺，其中筛扫工艺为做匾的特有工艺。

10.4.1　筛扫

筛扫具有特殊的装饰效果，它没有笔道痕迹，没有贴金后金箔之间的搭接粘口，筛扫面层色彩均匀、鲜明，能保持颜料的本色，色彩沉稳庄重，像绒面一样，并经久延年。筛扫分扫金、扫青（群青）、扫绿、扫蒙金石，还有扫玻璃渣。其原理为利用油漆的黏性，把干粉颜料粘到匾面或匾字上。筛扫中，扫青、扫绿等方法一致，扫金略有区别。

（1）扫青、扫绿

所用青、绿颜料必须干燥、细腻、无杂质、色彩纯正、鲜艳，否则影响筛扫后的效果。方法为：

1）所筛扫的部位，事先需刷好打底油，传统多涂刷光油，一般为两道，每道都要打磨光滑平整。由于常在不需筛扫的部位有贴金或涂漆工艺，所以前两道打底漆可互相借用，如匾面扫青、匾字贴金、涂头、二道光油时可同时涂上；匾地为黑色，匾字扫金，涂黑漆时也同时涂上匾字部分。

2）涂第三遍光油之后将群青放入箩内。在匾面之上，徐徐摆动，使颜料落入光油面上，不要等光油干后进行，要在光油刚涂完很嫩、粘手的情况下进行，否则粘不上。颜料落入匾面上，油即缓慢渗至颜料层中，为使油的黏性大，易与颜料粘合，传统在洒上颜料后还要将匾移至太阳光下晾晒。洒得薄，油即渗到颜料表面，色彩不一致，能看出来，所以要洒足，留余量。

3）静置一日，等光油干后，用轻软毛刷将表面的余粉刷掉撣干净。

扫蒙金石、玻璃渣等方法同扫青、扫绿。

（2）扫金

扫金用金箔，金箔事先需做碎，然后再结合扫青扫绿法进行。步骤为：

1）箩金筒箩金：箩金筒为制扫金粉的专

用器具，为竹筒，两层合起，中间有一层细箩，下层封闭。将金箔放入筒上部，用毛笔轻柔金箔，使其落至筒底，根据需要而定，一般按贴金每方用量的三倍计算，实际可略有剩余。大约每平方米用库金三百余张，赤金四百五十余张。

2）打金胶油：传统扫金多为金匾黑字，所用金胶多为大漆金胶，现可用各种合乎规格的漆代替，少量使用可用普通金胶油，油不可过嫩，比贴金的油老嫩程度还要干，微有黏性即可，否则耗金量太大，而且不亮。

3）扫金：扫金前需将不扫金的部位四周围好，以便回收金粉，扫金需在室内进行，洒金时不用箩筛方法落下金粉，而是先把金粉倒在扫金部位（匾）的一侧，然后用细软毛刷轻轻拢、推、扫着金粉至另一端，金粉不够要继续加制，不要空扫，否则将前功尽弃。

4）金扫过后，不要触摸，注意保护。

（3）扫铜金粉

扫铜金粉的方法同扫金，如底膜光亮，铜金粉也十分光亮，但铜金粉易变黑，在一些临时性场合，如展览会多用此法。

10.4.2　烫蜡

传统清色匾面多做烫蜡工艺，配以扫绿字，古色古香。方法为：

（1）将匾面打磨光滑。

（2）将硬蜡刨成碎屑，均匀地洒到匾面之上，对匾字部分，要用毛笔将其中的蜡屑扫出剔净。

（3）用炭烘子将蜡烤化，使蜡液渗至木层之中，同时趁热擦涂使其均匀，凉后用牛角板将多余的蜡刮干净后，再用短毛硬棕刷反复打擦抛光。

10.4.3　磨退

这是处理匾面的又一项工艺，一般黑匾不论是金字还是红字，大面部分均用磨退工艺，磨退工艺表面平整、光亮、无刷缕痕迹，质感效果非常好。基本程序为：

（1）地仗完后，表面满刮浆灰和腻子。

（2）腻子干后打磨光滑，涂刷头道漆，一般用黑醇酸磁漆。

（3）头道油干后，对个别部位复找石膏腻子，干后用细砂纸满打磨一遍。

（4）刷二道油漆，干后用水砂纸打磨。

（5）刷第三道、第四道漆，干后用细水砂纸轻轻打磨。

（6）第三、四道漆干后，用砂蜡打磨、擦净，用光蜡出亮。

为取得饱满、均匀、光亮的漆膜，有时要涂漆五遍以上，直至合度为止，因漆膜过薄在用水砂纸或砂蜡磨后，油皮厚度在找平过程中要减薄。在磨退工艺与贴金工艺配合时，要先磨退，再打金胶贴金字。清色匾扫绿字也可以用磨退工艺，即不烫蜡，在底层打磨光滑之后，表面打粉子、刷色（透明色）之后再逐层上清漆，一定厚度之后即可磨退。做磨退匾面除常用醇酸磁漆外，也可采用喷硝基清漆的工艺，基本做法同醇酸漆，只是硝基漆干燥快，多采用喷的办法施工。喷的次数同样以漆膜干后丰满光亮为度。

10.4.4　匾托油漆

匾托用于托支平面匾，在平面匾下部一边一个，体量较小，上有雕刻花纹。花纹多为木雕刻，并有彩画工艺加以装饰，但大多匾托均需贴金，有只贴雕刻凸面和满贴两种，大多为前者，工艺为：匾托的地仗可用二至三道灰工艺，之后表面部分走腻子，打磨，打扫干净后满涂两道油。大多数匾托为银朱红色，头道用粉红油打底，第二道银朱色，干后拍呛油面，然后打金胶贴金，金贴完后，凹槽部分再扣银朱油（参考贴金工艺）。匾托如固定在坎框之上，可随总体地仗工艺同时带下，贴金扣油也一并完成。

匾额在制作完毕后需用纸包裹好，扫金匾面纸内还应垫干净棉花，然后再包好。其作用有二：第一，保护匾面和字，以防搬运、移动、挂匾时碰脏弄坏；第二，传统上为表示隆重，在匾挂上之后，不立即揭下所封的纸，待举行仪式时，再把纸揭下，名为揭匾。

有关匾面、匾字、扫青、扫绿、扫金、贴金、磨退、烫蜡各部分工艺之间的程序，参见贴金扣油章节及油皮有关工艺。

11 粉刷及裱糊常识

11.1 粉刷常识

粉刷与油漆同属一类工艺，粉刷系指用水性涂料对室内外墙面及顶棚进行施工的工艺，俗称"浆活"。

在古建中，粉刷的运用，见于室内和室外两部分，室内多用于白色墙面，俗称四白落地，传统顶棚多为裱糊大白纸工艺，不做浆活。室外多用大墙涂刷，基本为红土色，如天安门的大红墙。

11.1.1 喷涂大白浆

大白浆可喷、可刷，传统均刷成活，现在刷喷结合或滚涂成活，工艺基本为：

（1）清理、找补底层墙面

以新墙面为例，虽然经抹灰后，表面基本平整，但难免个别处仍有缺楞短角的情况，大面之中也常有磕碰的坑洞，尤其是某些部位会出现较大裂缝，应予事先补齐，大的部分用白灰抹补，小的部分可用水石膏找补。水石膏即用水加石膏，未等硬结凝固即抹到墙面上。补水石膏之前对该补的部位事先掸扫干净，且要刷水之后进行。

（2）满披腻子

腻子指大白腻子，可用不同胶料调成，其中以龙须菜熬取的胶液调配大白腻子最好用，另外也可用火碱面胶腻子、纤维素腻子，使用方便。纤维素为一种白色、轻松近似石棉纤维状的物质，事先用十倍纤维体积的水，将其浸泡一夜，搅拌均匀即可做胶。腻子粉料除用大白粉外，也可用滑石粉代替，两者均可。披腻子又称攒腻子，将腻子满抹于物面之后即刻收下，一部分、一部分进行，使其厚度均匀，一般墙面腻子厚约0.1～0.5mm即可，披腻子除找平、填补墙面细小缝隙的作用之外，还起着挂浆的作用，如不披腻子，在刷浆或喷上浆之后，浆容易流坠。腻子干后复找大白腻

子，之后用1.5号砂纸打磨，掸扫干净。现多用成品腻子粉，加适量水，调和后即可使用。

（3）喷刷大白浆

传统均用排笔刷成。浆料材料配合同腻子，只是加水量大，其中刷浆要比喷浆稠些。以后多用喷的方法成活。所喷次数不限，以墙面色彩均匀、洁白为准，在每喷一遍之前均需要打磨，后几遍可略微打磨个别部位。一般刷两遍成活，如果底层腻子平整、干净、洁白，也可刷一遍成活，喷的遍数约3～4遍。现多滚涂成活。

内檐大墙粉刷，在墙边往往加砂绿和红白线，也有加彩画图样的例子。图样为切活做纹样，也有沥粉贴金纹样。参见图11-1。

▲ 图11-1 内墙粉刷及墙边沟填切活

11.1.2 外墙大红浆

方法基本同内墙。材料传统用红土籽粉加血料、盐调成大红浆，用排笔刷。也有用光油加石灰水调成油浆使用的情况，主要防止被雨水冲掉，现多用乳液胶加氧化铁红调成水性涂料，以喷涂或滚涂的方法进行，施工速度快，干后不

怕雨水。另外，目前已有很多专用的外墙涂料，性能比自调的要高，用于大红墙喷涂滚涂质量很好。

11.2　裱糊常识

传统小式民居建筑屋内顶棚多裱糊大白纸，分三步进行：

（1）生栓

先定吊顶的高度，一般以室内大栿上皮为界。选用秫秸杆事先均缠上纸。在室内各主要吊点，从檩枋等高位构件将秫杆钉在上面，使长度垂下后略长于吊顶（大栿上皮），之后再拉横杆，并用事前的垂吊秫秸勾拉住，各交点用线扎住，使其平齐，横杆之间距离比大白纸的宽度略小2～3cm。

（2）打底

生栓吊顶，骨架形成之后，用较粗糙但有一定拉力的纸先打底，浆糊事先抹到秫秸杆上，之后将打底用纸粘到骨架上，纸要拉紧，基本平整。

（3）罩面

即糊第二层纸。第二层纸为大白纸，一面事先刷有大白涂料，另一面为净纸，可以刷糨糊，刷时将大白纸翻过来满刷背面，之后用杆将纸挑起传至顶部（二人操作，一人在下刷糨糊，一人在上裱糊），按部位摆齐对准，用棕刷迅速扫贴在打底纸之上。第二层罩面纸贴上后，开始不平，逐渐干燥，将底纸逐渐绷平。

在高级古建筑室内，传统有裱绫子的工艺，但事先需把绫子背后托好纸，裱时也是先裱打底纸，之后再把裱有纸的绫子贴上，由于绫子价格昂贵，后来逐渐改为贴印花纸，现此工艺较少运用。裱绫子及裱印花纸多见于墙面。

在重要的古建筑中，裱糊工艺十分复杂，一般不用秫秸，而用木架子做成顶篦，裱糊层数可多达五、六层，其方法、原理也有不同的设计（图11-2、图11-3）。

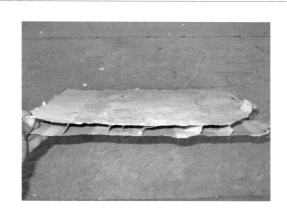

▲　图11-2　顶棚裱糊残片
撒鱼鳞做法（伸开后）

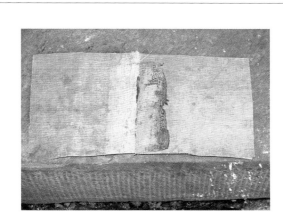

▲　图11-3　顶棚裱糊残片
糊有夏布（麻制）的裱糊层

第2篇
古建彩画工艺技术

- ⊙ 彩画概论
- ⊙ 颜料和材料
- ⊙ 彩画基本工艺
- ⊙ 局部花纹的表现形式
- ⊙ 彩画的规则
- ⊙ 起谱子
- ⊙ 彩画的绘制工艺
- ⊙ 彩画设计
- ⊙ 中国古壁画绘制技法
- ⊙ 新式彩画

1　彩画概论

中国建筑彩画是中国建筑上特有的一种装饰艺术，它具有悠久的历史和卓越的艺术成就。人们可以从现存的古建筑及仿古建筑上领略到它的风采。北京的故宫、天坛、颐和园长廊等处的彩画都是有代表性的作品，给人们留下了极其深刻的印象。

建筑彩画起源于何时，中国美术史为我们提供了答案。人类最初的美术活动，不可能以纸绢为载体，也不可能是丝竹，而是墙壁、洞窟、岩壁等载体。人们追溯岩画到石器时代，这也正是建筑彩画的起源。但今天，这些对于我们已经不重要了。

早期的花纹，人们可以从古陶以及后来的青铜器上寻找。当时社会分工尚未形成，画者，不论是在建筑上或是在器皿上，其表现形式都是一样的。同样这些也不是我们今天所要探索的彩画模式。

现在人们对彩画的认识，是定型的木构架上的装饰形式，有一定规律和特性的图样。

历史为我们提供了较清晰的描述，春秋时期有如下描述：鲁庄公"丹桓公之楹，而刻其桷"是见于古书关于鲁国的记载的。还有藏文仲"山节藻棁"之说，素来解释华美建筑在房屋构件上装饰彩画的意思。从楚墓出土的精美纹饰来看，春秋时期建筑上已经有一些图案，这是很可能的，至于秦汉在建筑内外都应用华丽的装饰点缀，在文献中就有很多的例子了。"西京杂记"中提到"华榱壁珰"之类，还说"橑檐皆绘龙蛇萦绕其间"和"柱壁皆画云气、花萼、山灵鬼怪"。上述考证足以证明我国建筑彩画的渊源历史，为我们了解中国古建筑彩画的成就打开了思路的大门。真正较翔实地提供建筑彩画实例和记载的是唐时期敦煌遗迹和宋"营造法式"。前者仍然是洞窟的墙壁和窟顶的藻井，图案与绘画并存，与现在建筑彩画表现形式完全一致。"营造法式"则以建筑专书的形式提供建筑构件上的图案做法（色彩、式样、材

料）。从法式中可以看出，它的装饰遍及梁柱、大小枋板，而且做法也有许多种，如人们较为熟悉的六种主要做法，即：①五彩遍装；②碾玉装；③青绿叠晕棱间装；④解绿装；⑤丹粉刷饰；⑥杂间装。法式中还记载了许多精致的花纹实例，如各种华（花）纹、琐纹、云纹、飞仙、飞禽、走兽等。由此可以看出，宋代彩画已经发展到了极为成熟的阶段，而且花纹和表现方法都有极高的水平，其中对同一种图样的不同处理（表现方式），奠定了今天彩画的分级方法。这是我国建筑彩画方面最宝贵的遗产之一，至今还有着旺盛的生命力，影响着某些彩画的构思、设计与绘制。明代彩画虽实例不多，但纹样保持完整，如北京东城区智化寺、石景山区法海寺的明代彩画都很完好，这些彩画以另一种格调出现，较之宋代彩画中常出现的热烈繁密的花纹相比，显得素雅宁静，色彩以青绿为主，花纹整齐大方，明代的彩画是清代某些彩画定格的前奏。清代建筑彩画可以说是我国建筑彩画发展的繁盛阶段，现存的以及建筑上正在描绘的绝大部分为清代或清式风格的彩画，清式彩画继承和发展了历代彩画的优良传统。从构图、彩画内容、施色特征及装饰方式上都极为成熟，在建筑装饰方面充分体现了中国传统彩画的成就以及中国传统文化特点，清式彩画为中国建筑彩画的代表，在一定意义上也可以理解为"中国建筑彩画"。

当我们对中国建筑彩画有一个全面简略的回顾之后，我们可以进一步理解建筑彩画是装饰在梁枋等木件表面的美术，它的色彩鲜明突出，图案与建筑巧妙的结合且融为一体，它的内容体现了中华文化的一个侧面，它区别于任何一种形式的装饰与绘画，它是我国建筑装饰艺术上的一支秀丽花朵，是具有强烈民族风格的装饰艺术。

建筑上为什么要装饰彩画，这里有历史的原因和功能上的需求。历史上的原因即它是由与油漆工艺的配合中演变而成的，功能的需求则是多方面的，但这两方面都离不开人们审美的需求。我们知道，中国的油漆工艺具有数千年的历史，在建筑物上涂以桐油、黑漆也是很早的事了，最初是为了保护木结构，使其免受风化侵蚀，为防潮、防蛀等，但仅这些是很难满足人们审美方面的需求的，于是很自然地便在油饰的同时加以适当的美化（这也是至今油漆与彩画工艺有着不可分割的联系的原因）。比如，在油漆的同时，在其中加入适当可以入漆入油的颜料，分色涂装在不同部位，并可以进一步复杂些，产生运用一些图案。这种彩画装饰起着保护与装饰构件的双重作用，当然以后更偏重于装饰作用。在建筑上装饰彩画也是纯美化的需求。我们可以很清楚地体会中国木构建筑的特点，尤其是梁枋大木，在一些建筑中它既露明又突出，而这些构件的外观又基本是平面一致的，变化不大，甚至毫无变化。试想，这样的效果，如不加以必要的装饰，仅以简单的油漆处理，势必极其呆板、单调。

已经彩画的建筑与未加彩画的建筑相比尤为突出，在这方面中国建筑的木结构的"平板"外形，不仅提出了应彩画的课题，同时也提供了可能性，即"平板"的木构表面恰好成为彩画构思与构图的理想的画面，使其在上面可进行充分的发挥与创造，表达多种装饰意图。中国建筑装饰彩画还可以从下面的情况理解，即：中国建筑的屋顶瓦面，尤其是琉璃瓦，有各种色彩，而且艳丽夺目，纹饰华美；檐下大木间的装修同样也有精致的雕刻花纹，如门窗隔扇的棱纹、花罩、挂落的木雕刻，而且被加以精细的油漆工艺处理；台基部分其栏板、望柱等处同样可见在汉白玉的石料上刻有精美的花纹，整体效果如此，似成前题，大木仅饰油漆，会明显相形见拙，形成配合、呼应上的不足，所以我们所见到的彩画花纹，其线条、色块的比例、尺度、花纹疏密程度总是与总体建筑装饰相协调一致的，当然各种装饰是互相影响、借鉴的，彩画装饰反过来同样也影响其他装饰的效果与格式。另外从使用角度上看，装饰是体现建筑的特殊"符号"（图案内容），起着烘托建筑功能的作用，如我们常见到宫殿都装饰有象征皇权至高无上的龙凤图案，庄重华丽；庙宇多装饰显示其神密色彩的花纹；园林宅第中的彩画多以"本家"的爱好、审美情趣进行设计，在这方面，审美和功能的需求有机地结合在一起。在建筑功能改变之后，其他有关装饰形制不加变动，只在彩画上加以内容和格式上的描绘，同样可以适应新的使用需求，这也是彩画常被运用的原因之一。

中国建筑彩画作为一种具有独立体系的装饰艺术，有如下特点：

（1）中国建筑彩画的色彩是无比鲜艳的，能给人们留下极其深刻的印象。人们将很多简单的"原（原料的意思）色"，如大青（蓝）、大红、大绿、黑、白等都不加调对而直接用在构件上，形成明暗反差大、艳丽夺目的装饰效果，充分体现古代画师驾驭色彩的胆识与能力。运用这种色彩的原因有二：第一，彩画作为室外装饰要与周围环境协调，建筑物的瓦面、油漆、台基、大墙等部位已形成既定的红、黄、白、紫等极为强烈鲜明的色彩，因此彩画的色彩必然要以重彩、艳丽来与之协调。第二，彩画多为高部件的装饰，人们以较远的视点观赏，这就要求色彩之间有鲜明的对照，强烈的反差，如果色彩过于接近，反而看不出图案的层次、格式，就连檩梁上的绘画也一样，色彩同样要强烈而且反差明显，无怪乎行业常自称为"颜色匠"。过分强烈的色彩对照，会形成生硬的艺术效果，但后来彩画的发展解决了这一问题，即在彩画中增加退晕的层次和加上金色点缀。退晕可解决色彩的过渡问题，使之不至感到突然、生硬，由于金的特殊作用，使彩画统一在一种效果之中，这实为传统匠师们的极大艺术成就。

（2）中国建筑彩画的图案是多样的，而且不同部位有不同的图案，如椽头有椽头的图案，天花有天花的图案，每个部位的图案都可达十数种甚至数十种。仅清式椽头彩画图样就多达二三十种，如万字椽头、栀花椽头、金井玉栏杆、福字、寿字、十字别、福庆、福寿、百花椽头等都是人们常见的图案。而最有代表性的图案乃是装饰在大木之上的不同格式、风格的图案，这些图案有总体的特点，有分类的特征，又有局部的差异，这里不乏有人们非常熟悉的一些图样，如和玺式彩画格式、旋子彩画、苏式彩画的总体格式等，这些总体格式配以不同式样的局部图案，更形成了千变万化的彩画装饰手段，大大丰富了梁枋图案的内容与效果。

（3）中国建筑彩画的内容极为丰富，从彩画悠久的历史可以想象到，现在常见的画题内容就有上百种之多，如在图案方面有回纹、万字、宝珠、虎（龙）眼、栀花、水纹、云纹、锦纹、飞禽、飞仙、瑞兽、龙、凤、火焰、佛梵字、博古、莲花、各种卷草花纹等。而每种图案又有多种变化和做法，其项目无法罗列，不胜枚举。至于住宅园林中的彩画就更丰富多彩了。因为它有很多绘画的题材，使建筑彩画的内容在一定程度上无所不包括，只要是人们喜闻乐见的画题都可以运用。各种画题充分反映了人们的审美习尚和意识倾向。在反映人们的意识倾向中，尤其注意表达人们对吉祥、喜庆的追求。很多画题都加喻意化，这在设计中画师们称"讲"，如将牡丹（牡丹又称富贵花）与玉兰画在一起可称"玉堂富贵"，与白头鸟画在一起称"白头富贵"，将瓷瓶中安插一枝小戟，再挂一个玉磬称"平安吉庆"等。现见到一些较早时期的作品，画的内容不解其意即是这种原因。这种"讲"可以反映一定时期的人们的思想观念，极有趣味和意义，同时现在人们又在不断创造一些具有新意的"讲"。

（4）中国建筑彩画是有规制的，宋营造法式的几种做法就是规制的一种体现，提到某种做法，行业人员即可绘出带有某种特征的装饰。清式彩画的规制则更具体、鲜明，它把彩画分成类、等级，各类各等级的彩画都有相应的格式、内容、工艺要求与装饰对象，彩画的规制表达了等级高低、使用功能的标准，因此规制又可以称为彩画的制度。彩画的规制在实际施工绘制上有十分重要的意义，它同传统的木作、瓦作规则一样，可减少若干设计程序，在大规模施工中使同行业人员能配合默契地操作，从而加快施工的速度，从施工的备料、价格估算上都有积极的意义。但作为艺术，过分强调彩画的规制，反而束缚了人们的创造性，这是消极的一面。尽管如此，由于规制诸方面的积极意义，使它一直在彩画的绘制过程中占有重要的位置。

（5）中国建筑彩画的工艺是独特的。这也是区别于其他任何一种装饰艺术（包括绘画艺术）的标志，从原始材料的泡制，使用的工具，以至绘制程序的编制都自成体系，目前仅常用的工艺就多达十几种，如沥粉、刷色、剔地、包胶、拉晕、拉粉、压老、攒色、退晕、行粉、纠粉、作染、拆垛等都是有代表性的极有特色的工艺，这些工艺在特殊的施工环境中，在表达特殊的装饰格式上起着特殊的作用，它能使很多难以表现的效果得以实施完善。另外，彩画工艺强有力的表现力，还可以代替某些其他工艺所产生的效果，如用沥粉代替油漆地仗中的起线（轧线）工作，现已成为较普遍的代用工艺，设计中很多进行雕刻的部位，用彩画工艺进行简单的模拟同样可以取得较好的效果。

在彩画的发展演变过程中，凝聚着很多默默无闻的匠师的辛勤汗水，但他们并没有在作品上留有记载。这些匠师的艺术水准，丰富的文化底蕴，常令人仰慕与钦佩。仅近几十年确有可证的事例就足以说明他们的非凡功力。如上世纪五十年代，有前往前苏联去为某项工程施工彩绘的某些画师，他们被看作东方艺术大师，得到非常高的礼遇，其某些作品，后已被列为"国宝级文物"，不得随意抹煞、更改。更有匠师获得全国劳动模范称号的殊荣，受国家主席接见的例子。他们都是几十年如一日地攀登在架木上，不断奉献自己的才艺。有的匠师，一天可以画数十幅聚锦人物故事，全部出自记忆、经验和即兴发挥。有些匠师不但功艺高超，而且极具文学底蕴，在谈起古代名著，如《红楼梦》、《三国演义》，其对人物出现场合，装束表情，情节展开，前因后果，谈起来如数家珍，倒背如流。讲起《东周列国》、《聊斋志异》，娓娓动听，交待确切，十分熟练。有些画师擅长多种画法，不但对国画技法掌握娴熟，而且对西画造诣也颇深厚，透视、光线、色彩运用都合情合理，非常逼真。有些画师还经常参与传统照像背景的绘制，令人身临其境。有些画师，画起云龙，真如行云流水栩栩如生，各种姿态的龙，如行龙、升龙、降

龙、坐龙，常拿起笔，不加思索，一气呵成，也仅十数分钟，令人叹为观止。有些画师的绘画，如现颐和园、故宫某些廊心墙心画（壁画），其人物造型、构思构图、笔墨技巧、衣纹线条，不亚于当今或历史上一些著名画家、大师。

很多画师，不但画艺高超，而且可以自调颜料和自制工具。现山西永乐宫元代壁画，其线条长顺令世人惊叹，但很多画师用其自制的工具却能轻松平静地再现。他们在彩画颜料的配制方面，多怀有尚佳的绝技，使我们今天看到五六百年前的古壁画仍艳泽如初。他们为中国古建艺术的发展做出了不可磨灭的贡献，同时也为中国画技法的积淀提供了宝贵的经验。

北京西山模式口法海寺大雄宝殿明代壁画，现为国家重点文物保护单位，世人瞩目，国内外知名，媒体多有渲染。但它们都是彩画画师所绘，与梁枋彩画同出一辙。只是所画部位不同，其用色、用料、技法、工艺，万法归一。其彩画技法现称"硬抹实开"。所称画士官苑清福等人也是梁枋彩画的绘制者，探考可见寺中经幢记载。

中国建筑彩画是一项珍贵的历史遗产，千百年来服务于中国古式木构建筑，对这份遗产给予必要的重视有积极意义。今天，令人高兴的是这项古老的装饰艺术不仅用于古建筑的维修、复原及仿古建筑的装饰上，而且，更重要的是它与现代建筑装饰相结合所展示出来的生命力，如建国以来，北京很多大型公共建筑都不同程度地进行了彩画装饰。其中包括首都机场的候机楼、人民大会堂、农业展览馆、北京火车站以及钓鱼台国宾馆等重要建筑，都取得了较理想的效果，这些彩画运用传统工艺，但以崭新的格调出现。它们装饰于混凝土板、柱、梁、墙上及顶灯的周围，与其周围环境十分协调，既体现了建筑的高雅，又充分展示了艺术风格特色，成为彩画发展的方向。我们相信，在当代各种装饰手段相互映衬的环境中，古老的彩画艺术结合某些现代化表达手法，必将有更多、更好的作品展示在人们面前。

2　颜料和材料

2.1　颜料

古建筑彩画材料主要指绘制彩画所用的颜料。包括两个部分，一部分是图案部分大量使用的颜料，一部分是绘画部分用量较少的颜料，对于用量大的色，彩画行业界称为大色，用量少的称小色，大色全是矿物质颜料，小色有矿物质颜料也有植物质颜料和其他化学颜料，但主要也用矿物质颜料，现代成品国画颜料，集中地代表了小色的种类和特征。另外，在彩画中某些图案花纹体量很小，用的颜料也不多，虽然也使用大色调配（一般较浅）也称小色。

彩画在绘制前颜料分为若干层次，同一种颜色，可分为深浅不同的几个层次，其中常用的为在原颜料中加入白色调和成较浅的各种色，彩画称为晕色。加入白的成分少些，比晕色深的色，彩画称二色。晕色、二色用量较大，但不叫大色，如果用在体量小的部位上则称小色，也是矿物质颜料调成。

除颜料之外，由于装饰和工艺的需要，彩画还包括一些其他材料，如纸张、大白粉、滑石粉、胶、光油等，这些统称彩画的颜料材料，只用颜料或材料一词均不能确切表达彩画的全部用料。金银装饰作用于彩画图案之间，因在油漆工艺中已结合其特点介绍，故不重述。大白粉、滑石粉、光油等材料也已在油漆工艺中叙述过。

人们认识颜料常将其分类进行，如有按用途分类的，有按化学属性分类的，也有按色系分类的。传统彩画根据工艺的特点，常分为矿物质颜料与植物质颜料两大类。实际上，植物颜料在彩画中用量极少，品种也有限，尚构不成类，主要还是应用矿物质颜料，故我们按色系分类，这也是现在颜料分类常用的方式。对于各色的颜料，传统每一种色只选用一种颜料，鉴于历史和地区的原因，同一种图案所选用的同一种色其品种是不一样的，故按色系的分类中尽可能地包括各种常用及实用颜料，对于哪些是北京地区清官式彩画中常用的色彩、颜料，在下文介绍中说明。

2.1.1　白色系

（1）钛白粉

学名二氧化钛，分子式：TiO_2，钛白粉的化学性能相当稳定，遮盖力及着色力都很强。折射率很高，是一种重要的白色颜料。纯净的钛白粉无毒，能溶于硫酸，不溶于水也不溶于稀酸，是一种惰性物质。钛白粉在传统彩画中很少运用。由于品质的优良，现在彩画中常作为主要白色运用。

（2）铅白

俗称白铅粉，学名碱式碳酸铅，分子式：$2PbCO_3 \cdot Pb(OH)_2$。铅白为白色粉末，有毒，体沉，相对密度为 6.14。不溶于水和乙醇，有良好的耐气候性，但与含有少量硫化氢的空气接触，即逐渐变黑。国产白铅粉具有很好的质量，为区别于立德粉，彩画中常称"中国粉"，中国粉包装采用木箱，故又称原箱粉，原箱粉常为结块体与粉末体混合，味微酸，但不影响使用。传统彩画以这种白用量最大。

（3）立德粉

学名锌钡白，分子式：$ZnS+BaSO_4$，立德粉是硫化锌（ZnS）和硫酸钡（$BaSO_4$）的混合白色颜料。硫化锌含量越高，遮盖力越强，质量越高，一般商品含硫化锌 29.4%，相对密度为 4.136～4.34。遮盖力比锌白强，

但次于钛白粉。立德粉为中性颜料，能耐热，不溶于水。与硫化氢和碱溶液不起作用，遇酸溶液能产生硫化氢气体。彩画中对立德粉使用较慎重，虽然该颜料遮盖力强，但用于室外时受光暴晒性能差，与其他颜料（主要是彩画中的绿色）相配不稳定。对于一些临时性的彩画装饰可以运用。

（4）轻粉

采用水银、白矾、食盐加工而成。古代多用作白色颜料，制作佛像有用之，现在基本不用。

2.1.2 红色系

（1）银朱

俗称汞朱，学名硫化汞，分子式：HgS，银朱系带有亮黄与蓝光的红色粉末，颗粒极细，大约$2\sim5\,\mu m$者带有亮黄色，$5\sim20\,\mu m$者带有暗蓝色，相对密度为$7.8\sim8.1$。具有相当高的遮盖力和着色力及高度耐酸、耐碱性，仅溶于王水产品，一般含硫化汞98%以上。彩画对银朱用量较大，因其色彩纯正，是主要的红色涂料。国产银朱有上海银朱、佛山银朱与山东银朱，其中彩画多用上海银朱。

（2）章丹

又名红丹、铅丹，为红色颜料，略呈桔黄色，体重，有毒。色泽鲜艳，遮盖力强，不怕日晒，经久不褪色，彩画中多有运用，可单独使用，也可与其他颜料调和使用或打底用。

（3）氧化铁红

俗称铁红、铁丹、铁朱、锈红、西红、西粉红、印度红、红土、广红土等，学名：三氧化二铁，分子式：Fe_2O_3。氧化铁红有天然的与人造的两种，色彩深重紫暗，遮盖力和着色力都很大，相对密度为$5\sim5.25$。有优越的耐光、耐高温、耐大气影响、耐污浊气体及耐碱性能，并能抵抗紫外线的侵蚀。粉粒粒径为$0.5\sim2\,\mu m$，耐光性为$7\sim8$级。氧化铁红在彩画中常用，一般用量较少，偶尔也有大量使用的情况，是必备的色彩。

（4）丹砂

又名朱砂，分子式：HgS。朱砂有红色和黑色两种晶体，存在于自然界中者呈红褐色，叫作辰砂，亦名丹砂或朱砂，因产于湖南辰州质最佳，故叫辰砂。大者成块，小者成六角形的结晶体。彩画中作小色用，使用时研细，现有成品出售。

（5）紫铆

又名紫矿、西洋红、卡密红，紫虫胶科，即虫胶漆类颜料，亦可制胭脂，彩画中可作小色用。

（6）赭石

又名土朱，系天然赤铁矿。因产品多呈块状，故称赭石，多产自山西代县，故有"代赭石"之名，传统彩画作小色用，随用随研，现多用已加工好的成品颜料。

（7）胭脂

又名燕脂，红色颜料之一。古代制胭脂之方以紫铆染绵者为最好。以红花叶、山榴花汁制造次之，前者彩画作小色用，现均用市售各种成品。

2.1.3 黄色系

（1）石黄

又名雄黄或雌黄，均为三硫化砷，因成分纯杂不同，色彩深浅亦不同。古人称发深红而结晶者为雄黄，其色正黄不甚结晶者为雌黄，本草纲目有雌黄即石黄之载。彩画用石黄有悠久历史，我国广东、云南、甘肃等地均有出产，现在彩画中称一些色彩纯正、细腻、遮盖力强且价廉的矿质黄颜料为石黄。

（2）铬黄

俗称铅铬黄、黄粉、巴黎黄、可龙黄、不褪黄、莱比锡黄等，学名铬酸铅，分子式为：$PbCrO_4$。铬黄系含有铬酸铅的黄色颜料，着色力高，遮盖力强，不溶于水和油，遮盖力和耐光性随柠檬色到红色相继增加。传统彩画不用此种涂料，近年逐渐运用，品质尚佳。

（3）藤黄

藤黄料，为常绿小乔木，分布于印度、泰国等地。树皮被刺后渗出黄色树脂，名曰藤黄，有毒，可用水直接调和使用，依加水浓淡而产生深浅不同色彩，耐光性差，彩画作小色用。

2.1.4 蓝色系

（1）群青

俗称佛青、云青、石头青、深蓝、洋蓝、优蓝。其分子式：$Na_6Al_6S_2O_4$。群青为一种半透明鲜艳的蓝色颜料，颗粒粒径平均为 $0.5 \sim 3 \mu m$，相对密度约为 $2.1 \sim 2.35$。不怕日光，耐高热，耐碱，不耐酸。有人工合成产品也有少量天然产品。彩画中对这种颜料用量很大，以纯度高、色彩鲜艳为彩画所选用。市场出售的广告色群青，色彩多灰暗，且使用不方便，在彩画中很少使用。

（2）石青

为天然产的铜的化合物，色彩鲜艳美丽，遮盖力强，非常名贵，经久不褪色。是古代彩画的主要蓝色颜料，现彩画中作小色用，国画颜料中的头青、二青等均可运用。

（3）普蓝

又称华蓝、铁蓝，是一种深重而艳丽的蓝色，彩画中作小色用。

（4）花青

为植物性颜料，由靛蓝加工而成，颜色深艳、沉稳凝重，所谓"青出于蓝而胜于蓝"即由此出。花青是彩画和中国画不可缺少的重要颜料。现多用已加工好的成品颜料。

2.1.5　绿色系

（1）巴黎绿

为商品名，又名洋绿，产于德国。因传统彩画多用德国产"鸡牌绿"，按当时习惯泊来品为"洋"，故称洋绿。鸡牌绿色彩鲜艳，明度高，遮盖力强，用于室外经久不褪色。现多用巴黎绿，其色彩较鸡牌绿深暗，色泽发蓝，远不及鸡牌绿鲜艳。巴黎绿是目前彩画大量涂刷绿色的主要品种。

（2）砂绿

色彩很深，比巴黎绿色彩发黑，但耐日晒，经久不褪色，而且价格便宜，国内多有出产，因产地不同，性能及色彩常有出入。彩画一般不用原品种砂绿，或在其中加其他颜料或以洋绿加佛青调和而成来代替砂绿，某些地方在没有巴黎绿的情况下，有用一等砂绿代用的，但色彩不明快。

（3）石绿

又名绿青、孔雀石，石绿系铜的一种化合物，颜色鲜艳、美丽。将石绿捣研成细末，倾入水中漂去污物，然后研之极细，以水漂之并分其轻重取之，色淡者为绿华，稍深者为三绿，更深者为二绿，最重者为大绿。彩画作小色用。

2.1.6　黑色系

炭黑又名乌烟、黑烟子。炭黑是由有机物质经不完全燃烧或经热分解而成的不纯产品，为轻松而极细的无定型炭黑色粉末，相对密度为 $1.8 \sim 2.1$。炭黑遮盖力、耐候性、耐晒性均很强，在彩画中的运用有悠久的历史。

彩画颜料的质量对于彩画工程的影响非常大，目前各种彩画颜料在成为商品之前均已按需要进行检验，传统由于对颜料的性能了解有限以及受颜料来源不固定、性能了解不清的影响，常在用时凭经验临时加以鉴别，有些方法至今仍具有参考价值，其主要用于鉴别矿物质颜料。方法如下：

（1）彩画颜料均为矿物质颜料，均不溶于水，所以将颜料倒入水中搅拌之后静置数小时（依材料品种不同），颜料就会重新沉于水底，而且上层的水十分清洁。用这种方法可以检验各种白色，如铅白、立德粉等和巴黎绿、章丹、群青等色的品质，有些颜料，在未鉴别前虽然也非常鲜艳，但倒入水里之后，经静置，虽然颜料沉入水底，但水被染成该颜料色，说明颜料之中已加入其他染料，染料多比颜料易褪色，故用于彩画部分之后，也随即褪色。各种植物颜料以及炭黑、银朱等体轻的颜料不宜用此法鉴别。

（2）很多矿物质颜料具有耐热性能，将颜料涂于纸上或其他物体表面，略加火烤，纸被烧焦，颜料色彩不变，说明耐热性能较优越。

（3）也可用目测、手捻的办法，品质好的颜料纯正无杂质，不结块，用手捻之非常细腻且遮盖力强，手上的颜色很容易用水冲洗干净。用手捻还可测定颜料颗粒的大小，彩画中对颜料的细度要求不太高。

（4）对于性能不清的颜料不能用于彩画之中，以防当时鲜艳，日后褪色，或两种色相调和后当时鲜艳，日后褪色。彩画在这方面运用比较慎重，所以常用的色彩品种有限，均是经过长期实践证实符合要求的。

2.2 其他材料

彩画的其他材料包括调配彩画颜料所用的各种性能的胶以及矾、大白粉、光油、纸张等，有些材料已在油漆工艺中叙述。对于彩画中所使用的胶料，有动物胶、植物胶和化学胶，传统以动物胶为主，目前动物胶与化学胶均用于彩画颜料调配之中。

（1）皮胶

用动物皮制成，一般为黄色或褐色块状半透明或不透明体。粉状的称烘胶粉。彩画需用品质较好的，半透明体皮胶。

（2）骨胶

用动物骨骼制成，属于蛋白质类含氮的有机物质，一般为金黄半透明体，有片状、粒状、粉末状等多种。骨胶黏性较皮胶次，目前彩画采用粒状骨胶。

（3）桃胶

又名阿拉伯胶，桃胶并非定指桃树胶，桃胶属于树胶。呈微黄色透明珠状，溶于水，可粘木材、纸张，热水沸化会变质。彩画在特殊情况下运用。

（4）聚醋酸乙烯乳液

为白色黏稠体，未干呈半透明状，干后透明度增加，可用于调和彩画颜料。黏性大于骨胶，近年彩画调配某些主要大色多用这种胶，此胶调色在彩画干后不怕雨淋，使用时可克服较冷天气对胶液的影响，如骨胶液，气温低时会凝聚。但乳胶怕冻，受冻变质后不能使用，使用时应按产品说明要求进行。

（5）矾

即普通食用白矾，透明、发涩、溶于水，在彩画中用于浆矾纸张，使其变"熟"不渗水，也用于绘画中的固定底色用，以便于以后的渲染。

（6）高丽纸

分手制、机制两种，彩画用其性能绵软、洁白无杂质、有韧性、拉力强者。

有关彩画常用工具，见图2-1～图2-3。沥粉工具见图3-2。

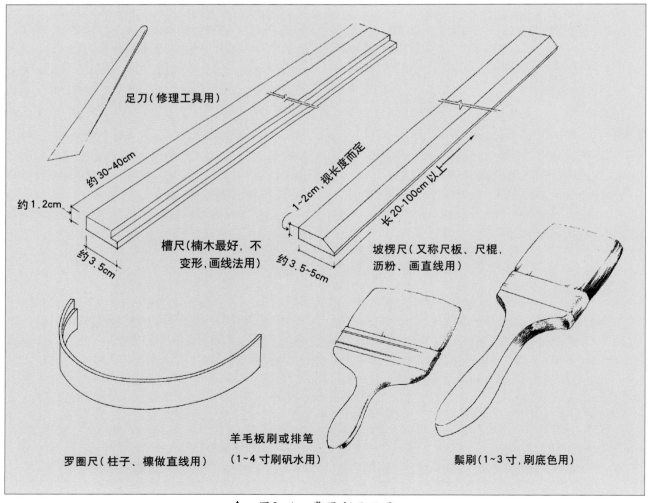

足刀（修理工具用）
约30～40cm
约1.2cm
约3.5cm
槽尺（楠木最好，不变形，画线法用）
1～2cm，视长度而定
长20～100cm以上
约3.5～5cm
坡楞尺（又称尺板、尺棍、沥粉、画直线用）
罗圈尺（柱子、檩做直线用）
羊毛板刷或排笔（1～4寸刷矾水用）
鬃刷（1～3寸，刷底色用）

▲ 图2-1 常用彩画工具

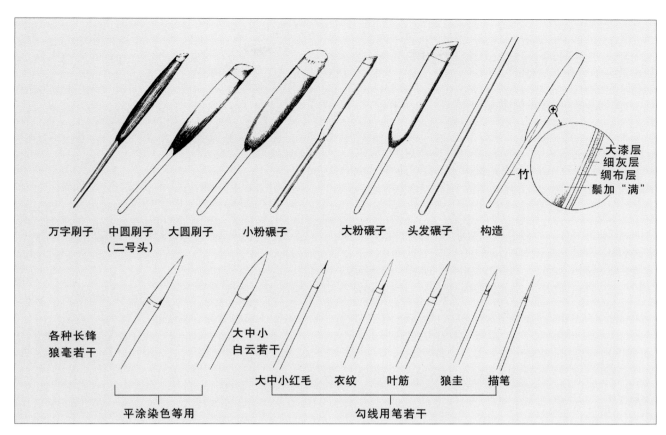

▲　图2-2　常用彩画工具

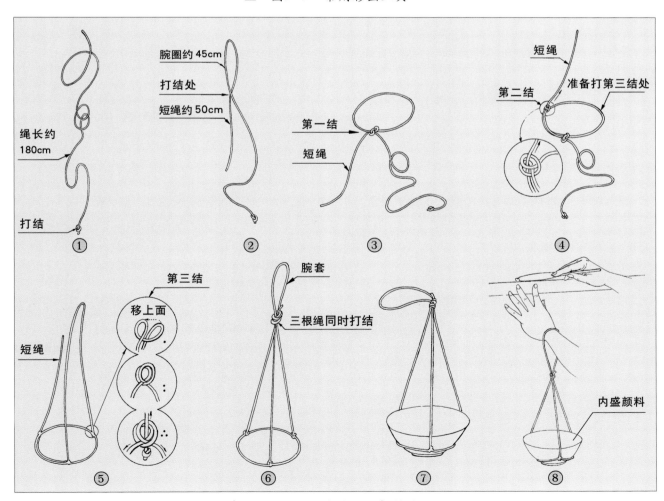

▲　图2-3　传统碗落子打结法

2.3　颜料配制方法

2.3.1　胶液的配制

（1）熬骨胶

彩画颜料及其他材料需加胶后方可使用，胶使用前需熬化，然后按一定比例与彩画颜料调和。熬胶的方法较简单，以彩画常用的骨胶粒为例，将其杂质去掉，之后按比例加入清水，用水煮沸，使其化解，即可使用。熬胶的胶粒量与水量的比因用途和气候不同而不同，一般天气热时胶量大些，天气冷时，胶量小些，用于调制沥粉材料的胶要浓些，调颜料的胶浓度要小些，矾纸所用胶浓度更小，在实际运用中，虽然胶较浓，但在加色调和之后，还常加入适量清水调和，所以一般熬胶时，干胶与水的比例仅为参考。一般在加入颜料后，以颜料使用效果和质量而定，要求做到：

1）颜料在胶干后，用手擦拭，决不掉色，但远不仅此一项；

2）第一层颜色涂上之后，再涂第二层颜色，无渗浑现象；

3）各层颜料重叠，不会发生起皮翘裂现象；

4）用毛笔渲染、纠粉上层的色不会把底色"翻起"。

其熬沥粉用胶参考比见表2-1，调颜料用胶可另适当加水。

表2-1　对沥粉用胶、水比（质量比）

季　节	胶	水
春秋	1	4～6
夏季	1	3～5
冬季	1	5～7

熬胶时在胶粒放入水中之后，要勤于搅拌，直至全部化解，否则底部易熬糊（焦），影响调色的质量。

（2）配乳胶

乳胶不能与颜料直接调配，因浓度太大，不易拌和，配乳胶即将乳胶冲淡，一般按乳液胶：水＝1：1比例进行稀释。使用时以稀释后乳液与颜料调配。

（3）化桃胶

将桃胶用清水浸泡，桃胶遇水逐渐化解，但速度较慢，普通颗粒状的桃胶需泡一日，使用时再加适量清水稀释。桃胶不能用热水熬化。

2.3.2　大色的配制

彩画所用大色均用原单一颜料加胶调配。但因大色的性能不同，所以调配方法也各异。彩画在施工前首先调各种大色，其他色如二色、晕色、小色可用大色相互配对，调配彩画颜料的方法取决于颜料的相对密度，一般相对密度大的颜料为中国粉、章丹、洋绿、红土子、群青（佛青）等色，相对密度小的颜料主要指炭黑烟子、银朱两色，但有些相对密度较大的颜料也因颜料性能不同，在调用时可先进行某些处理。

（1）群青

调群青方法极简单，将颜料放入容器加入适量胶液，由少至多逐渐搅拌成稠糊状，之后再加入足够的胶和少量的水化稀，使其具有足够的遮盖力，即可使用。

（2）洋绿

传统调洋绿色之前，都用开水将其冲解，之后静置数小时再将水澄出，加胶，目前调巴黎绿均不用水沏，直接加胶与颜料调和，方法同调群青。

（3）章丹

传统认为章丹中含有某些有害成分，故加胶前也用开水沏，有时沏二至三遍，之后漂净浮水，再加入胶液，目前多直接加入胶液，开始量少，搅和均匀后，再加足。

（4）中国铅粉

中国原箱铅粉，内为块状与粉状颜料混合体，故事前需将其碾碎、过筛，再加胶调和。调中国粉有多种方法，其目的都是为使颜料与胶能很好结合，细腻好用。传统方法为：将中国粉与少量胶液揉合均匀，如同和面，之后搓成条或团，放入清水中浸泡，在浸泡过程中胶水与颜料会进一步结合，使用时浮去部分清水，将颜料捣解、搅拌均匀。这种方法如果用热胶揉合中国粉，效果更好，揉成团后同样放入清水中浸泡。在水中浸泡时间约一日即可，时间越长越好用。用这种方法调和的颜料，有时表面浮起一层泡沫，影响使用，需用纸将浮起的泡沫刮、粘、滤掉。另一种方法，可不将中国粉块事先砸碎，而直接用大量的开水沏，粉块随即瘫解，静置数小时，水凉之后浮去清水再加胶即可使用。如果粉块纯正，其中无杂质，可全部化开，也不需过箩，可直接使用。

（5）黑烟子

黑烟子体质极轻，极易飘散，而且不易与胶结合，故在加胶时应先少加，可从占黑烟子体积的5%～10%的胶量加起，之后轻轻用木棍搅和，也如同和面，使胶液将黑烟子全部粘裹其中，再加足胶液并加适量清水稀释之后使用。开始时少入胶液为调配黑烟子的关键，否则黑烟子极轻，漂在胶液上面之后很难与胶结合。

（6）银朱

银朱加胶方法介于黑烟子与佛青之间，银朱多体松轻，所以入胶量也先由少到多。银朱加胶量的多少影响银朱的色彩，加胶多，色彩浓重，反之色淡而轻飘，所以彩画俗有"要想银朱红，必须入胶浓"的说法。

（7）氧化铁红（红土、广红土）

氧化铁红调法同佛青，直接加胶即可。

（8）石黄

方法同氧化铁红。

（9）香色

香色即土黄色，有深浅之分，彩画不直接用土黄色颜料加胶调制，而是用石黄，加少许红、黑或蓝调成烧香上供的"香"的颜色，因此无固定色标，常分深香色与浅香色两种，香色既可以作为大色用于大量的底色涂刷，也可做小色运用，浅香色也可以与深香色对照视为晕色运用。

（10）石山青

即浅蓝、偏绿的蓝色，用绿加群青再加适量白调成，石山青不常做大色调配，只在某种彩画需要时调用。

2.3.3　晕色及小色的配制

晕色比大色浅若干层次，当然要与白色

有明显的差别，晕色都是用已调好的大色加已调好的白配制，晕色包括三青、三绿、硝红、粉紫、浅香色等。

（1）三青

与国画颜料（小色）中的三青不同，是用群青加白调成，三青晕色不宜偏重，否则彩画不明快。

（2）三绿

也不是国画中的三绿，是用洋绿，现指巴黎绿加白调成，三绿晕色不宜太浅，否则发白，色略比三青重，涂上可使彩画更加艳丽，故彩画调晕色有"浅三青、深三绿"之说，但要注意晕色应与原绿有明显的差别。

（3）硝红

即粉红色，用银朱加白调成，色不宜过重。

（4）粉紫

有两种配法：一种用氧化铁红加白调制，一种用银朱加群青再加白调制，前者方法简单，但色彩不鲜艳，后者色彩鲜艳，近似俗称的藕荷色，后者由于其中红与群青的比例不同，有偏蓝与偏红两种紫的效果。

彩画中的二色实际也是晕色，但运用中不称晕色，称二色，比晕色深，所以加白要少，调法与晕色相同，常用的二色为二青二绿。其他绘画用的小色传统多用原颜料研制，如研毛蓝、研赭石、泡藤黄块、泡桃红等，由于费工费时，现已改用各种成品绘画颜料，如广告色和国画色中的赭石、藤黄、酞青蓝、朱砂、朱膘、胭脂等，主要用国画颜料。

2.3.4　颜料调配注意事项

（1）彩画中的很多颜料含有毒性，有些甚至为剧毒品，如洋绿、藤黄、石黄、铅粉、章丹等，其中洋绿和藤黄毒性最大，从材料调配时就应注意，对于质量差的绿，传统需将其碾压，过箩之后再用。此过程中，吸入粉尘会使人口鼻发干、流血，接触后，会对皮肤某些部位如汗腺产生过敏反应，红肿骚痒，因此要注意防护。如筛绿时将其放在特制的箱子里进行，必须带手套、口罩，穿防护服，并随时注意洗手等。洋绿、藤黄一旦入口，严重者会致死。

（2）彩画的胶传统多为骨胶，骨胶及其骨

胶所调制的颜料在夏季炎热天会发霉变质，产生腐臭味，故在运用时应按需分阶段调用，不可一次调制过量，如有用不完的胶，每日均需重新熬沸。用不完的颜料需出胶，出胶方法是将颜料用开水沏，再使颜料沉淀将胶液澄出，使用时再重新入胶。另外，由于夏天天气炎热，胶的性能也随之改变，即黏性减弱。有时不出胶，材料也无腐味，使用前也需另补少量新胶液，以保证其黏度。

目前彩画大量使用乳液胶调各种大色，乳胶色不会霉腐变质，因此不需出胶，但剩余的乳胶色干后不能再用，因用水泡不开，故也应按需配制，不可过量，以免浪费。

（3）各种颜料入胶量按层次而定，一般底色胶量可大些，上层色的胶应小些，否则易发生起皮、崩裂现象。

2.3.5　色彩标号

彩画图案由多种色彩间杂排列，但由于彩画图案繁密复杂，种类较多，在施工时，什么地方涂什么色很容易出现差错，又因传统彩画施工，无设计图纸，什么部位涂什么色不能照图"施工"。为了避免这种现象和表达设计人的色彩安排，传统常在构件的图案之间和谱子花纹之中标以色彩加以说明。如需涂群青的地方应标青，涂绿的地方标绿，但汉字笔划多，表达不方便，而且图案缝隙窄小，写不下，于是人们使用中文数字和偏旁来代替汉字表达各种色。彩画用的色有青、绿、香、紫、黑、白、红、黄、章丹、金色，分别用七、六、三、九、十、白、工、八、丹、金表示。对于较浅的色如三青、三绿，可用三七、三六表示，但彩画施工时遇这种情况多不标注，即使标注仍用六、七表示绿青，施工中根据图案的形式就可确认应涂（先涂或后涂）深色或浅色，标注浅色代号只在进行浅调子的彩画时运用，如"新式彩画"，多为浅调子，如用浅蓝可标三七、二七。色彩标号见表2-2。

表2-2　色彩标号

色彩名称	表示字码
青	七
绿	六
黄	八
紫	九
白	白
黑	十
红	工
香色	三
章丹	丹
金色	金
米黄	一
蛋青	二
硝（粉）红	四
粉紫	五

2.4　　其他材料的调制

2.4.1　　沥粉材料

沥粉是使彩画图线凸起的一种工艺，彩画工艺的沥粉材料呈稠糊膏状，用大白粉、滑石粉、骨胶液及少量光油调成。方法为：

沥粉材料所选用的大白粉或滑石粉应精细无杂质，需先过筛，不能调制好后再过筛，否则很费力。所用胶如果是新胶可直接使用，如有杂质，也需事先过筛。调配时先将水胶倒入粉料中搅和，传统为使粉料与胶结合密实，在搅和过程中反复用木棍捣砸，所以俗称"砸沥粉"。之后再加入少量光油约 3% 即成。传统砸沥粉其粉料用土粉子与大白粉各 50% 混合而成，现多用一种材料。砸沥粉的程度（稠度）需随砸随加胶液，随试，试的方法是：用木棍将粉糊挑起，再"滴"入容器，如木棍所挂粉料很慢又能很均匀顺利地流坠下去则为合适，如果不往下流或断断续续地一块一块地往下掉，说明太稠，需再加胶砸，如果挑试流坠速度过快，像稠油一样，说明粉太稀，应少加胶。粉砸稠了可以用胶调稀再砸，砸稀了再加粉料则很困难，所以要从稠开始逐渐加胶使其适度。砸沥粉的水胶也可用热胶，即胶熬热后不等凉即使用，这样砸起来很方便，可以很快地使胶与粉料密实结合，但热胶凉后又易凝固，所以事先应多加些胶，而且砸好之后还要在粉糊上面再覆上一薄层凉水，不用时防止表面干结，使用时调和也很方便。传统另有用油漆地仗中的"满"作为胶结材料砸沥粉的，满砸的沥粉遇冷不易凝聚，适用天冷时使用，而且干后很坚固，不过不如用胶砸的沥粉使用起来流畅、效果好。另外现在施工经常也用乳液胶代替骨胶液砸沥粉，方法同用胶砸沥粉，但事前乳液亦应适当稀释，水与胶液比约 1∶2 即可，这种沥粉材料天冷也不易聚凝。沥粉材料干后应更坚硬。以干后用手指甲刻不动为度。砸沥粉分为大粉与小粉两种，大粉较稠，适用于挤粗大线条，后者较稀，适用于挤细小线条，另外还有二路粉，稀稠介于两者之间。

2.4.2　　配胶矾水

胶矾水在彩画中用途很大，材料为骨胶和白矾，方法很简单，即用熬制好的骨胶液与溶化好的矾水调和，干胶与固体矾的比为 1∶1（质量比），加水之后的浓度传统根据需要和经验而定，需要指出：矾画浓度可淡些以免起亮，矾纸可稍浓些以免渗化。胶与矾均无毒，试验方法为在矾水加胶水之后，可用舌头试，以胶矾水在口中感到涩而略带甜为宜，此项工作凭经验，往往有很大出入，所以又要结合实际效果确定，即根据胶矾水的用途，把胶矾水涂于已画彩画的某部位，干后，再在上面进行各种工艺的渲染，如果反复涂染，底色不变，则矾水合度，如果底色被涂下来说明浓度不够，如果所涂矾水部位内有矾光，则说明矾水的浓度太大。又因胶矾水可用于矾生纸（彩画多用高丽纸），经过矾的纸如果仍呈绵软特性，不渗浑色彩，则说明浓度合适。如果纸变得硬脆，说明矾过大，如果仍有渗浑色彩现象，说明浓度不够。

3 彩画基本工艺

彩画基本工艺是指彩画在绘制程序上所使用的方法，由于彩画试样很多，工艺自然各有不同，但绝大部分图案都有其基本的表现方法，我们称基本工艺。基本工艺不能包括各个细部花纹和画面的画法，它是在大量的彩画中所抽出来的共同的常用项目，即不论进行什么彩画均包括这些项目程序。这些基本工艺主要指作用于构件上的操作范围，对于不在构件上进行的工作，如配材料、设计放样，均不在基本工艺范围叙述。

（1）确定地仗是否可以进行彩画

彩画是画在生油地仗上的，生油地仗（砖灰地仗）为彩画提供了很好的绘制面层，它粗涩程度适当，便于与颜料结合，它的生油壳层不与任何颜料发生化学反应，是理想的绘制基层。但经验告诉我们，在绘制前首先应确定生油是否干燥，如不充分干燥或表干里不干，则在色彩涂上后，虽色彩可以很快干燥，同时生油也逐渐干燥，但在颜色面层上仍会渗出明显深浅不均匀的油迹，影响彩画的美观。确定方法很简单，用指甲划刻，不需用力，生油表面出现明显的白色线条即说明生油干好，否则说明生油不干，但如果指甲刚划过去后为白色，之后又慢慢地变得不明显了，则说明生油也未干好，尚不能进行彩画施工，否则影响质量。如果在上面进行沥粉，沥粉附着也不会牢固，甚至自行翘起、脱落。

（2）磨生过水修整彩画基层

在生油地仗上进行彩画，由于生油地仗在磨细灰钻生油的过程中及之后，表面不免沾有浮土砂粒，干后表面效果粗涩，很不利于彩画各项工艺的施作，尤其不利于沥粉工艺的进行，因此在确定地仗干后，应首先进行打磨，使其表面滑润，手感均匀，打磨之后尚要过水布，擦掉浮土。生油地仗在打磨完之后，表面泛白为砂纸擦痕，为使谱子的痕迹与生油地仗区别明显，传统往往又用很淡的群青胶水汤通刷一遍，使地仗变深，以便以后认清谱子图样。

（3）分中使图案对称

彩画图案对称，各间各构件左右的尺度、图案基本相同，所用的谱子图样按半间设计，可以左右反复运用，一般一个谱子少则运用2～4次，多则十几次以上，均系相同对称的图案，因此需事先找出大木（主要指檩、垫、大小额枋等构件）的中线，这里不论建筑物的正面还是侧面、背面，只要彩画图案左右对称，大木构件均需找出中线，用粉笔划清楚即可。为了使各构件的图案对称准确，檩、垫、枋的中线一定要在一条垂直线上，可用线坠吊找。对于平板枋、挑檐枋角梁和各竖向构件一般不用分中。另外，靠角梁的檐檩本身不分中，其中线按枋子中线由下至上找出相应的点来确定，也与该件下部的枋子中线在同一垂直线上。

（4）打谱子将图样转移到构件上去

彩画图案在起稿、定稿阶段不是在构件上直接进行的，而是根据规则和设计方案先画在牛皮纸上，定稿之后，将牛皮纸上的图样扎成若干排小孔，使图样由连续密集的小孔组成，这称为谱子。运用时将谱子按实于构件上，用色粉拍打。粉迹便透过针孔，附在大木之上。由于图案对称，一张谱子可正反利用。使用时由中线向两边分排，凡是设计中左右图案相同的构件均用一张谱子拍打。谱子事先均要注写清楚用于何部位，代用于何部位。谱子规格大小不同，依构件而定，小的如椽头谱子，只有几厘米见方，大的可达1米宽、数米长，拍时可由一人或数人共同进行，以使谱纸贴实于构件之上，拍上的粉迹以清楚准确为度（图3-1）。

（5）摊找零活弥补谱子的不足

彩画中大量复杂重复的图案均在打谱子时解决，但也有些构件比较简单，事前不起扎谱子，而直接在构件上勾划轮廓线，某些构件造型起伏较大，打谱子也不方便，只能将图案画在构件上，另外在打过谱子的地方不免有粉迹不清楚之处，不便于以后工序的进行；还有个别部位图案为大体对称，局部不对称的情况，这些均需在打谱子之后解决，即用粉笔直接在构件上表示，描绘清楚，称摊找零活。摊找零活的部位包括角梁边楞大线，角梁中间的沥粉大线，道僧帽（梁头）、霸王拳、将出头（穿插枋榫头）的相应部位，龙凤中间的宝珠、云头等图案。摊找零活时对于拍谱子在构件上的变形也一并解决。

（6）沥大粉制造凸起的双线条

彩画图案中凸起的线条，起突出图案轮廓的作用，截面呈半圆形，这种线有单线条与双线条之分，双线条为图案构图中起主要作用的线条，称大线，又因系沥粉线条，所以彩画称其工艺为沥大粉，这与以后所提的

▲　图3-1　拍谱子

大粉是另一种概念，大粉宽约1cm，因构件大小而不同，又因沥粉工具相对固定，即：虽然构件大小有时会有很大出入，彩画图样各部位线间距离也不同，但大粉宽度基本不变，两线中的距离在0.7～1cm之间，制造凸起的线条用专用的工具，即沥粉器，是锥形的管子。沥粉器（粉尖子与老筒子）的制作见图3-2。粗的一端绑扎塑料袋，里面装"粉糊"（大白粉加胶调成），沥粉即是将这种"粉糊"挤到构件上去。装粉步骤与打结方法见图3-3。挤较粗的双线条称沥大粉（图3-4），挤较细的单线条称沥小粉，粗细程度介于两者之间的单线条称二路粉。一般先沥大粉，大粉干后再沥小粉，由于大粉多为直线，故需使用平尺操作，又因大粉在程序中非常重要，要求凸起的线条要光滑流畅，直顺一致，所以要求操作者要十分小心而准确，甚至运气都要沉稳。另外，除双线大粉外，也有单线大粉，用在角梁、霸王拳等部位。单双线大粉的每条大粉线条宽约0.4～0.5cm。执沥粉

器的方法见图3-5。

（7）沥小粉制造细部的凸起图样

彩画各部位的局部花纹均很精致，线条变化自如，距离疏密不等，且多不平行，因此需用挤单线条的工具沥小粉。依建筑物的体量不同以及花纹的疏密程度不同，沥小粉条的锥形工具口径也不一致。有时在大的建筑物上的小粉与小体量建筑物的大粉同等粗细，但在同一建筑中小粉均细于大粉，其粉条宽约0.2～0.3cm。沥小粉一般不用尺，徒手挤成各种花纹（图3-6）。

（8）涂底色（刷色）

大小粉条干后，开始涂底色，因建筑彩画图案体量较大，涂色一般用刷子进行，如用5～10cm宽的鬃刷进行，因此称此程序为刷色。所刷的颜色均为大色，一般多为较深的色。彩画刷色按各类彩画规则进行，一般多为青绿两色互相调换，涂底色时先涂绿色，所有绿色涂过或绿色干后再涂蓝色（群青），因绿色相对较浅，后涂蓝色可将涂过的绿色的不

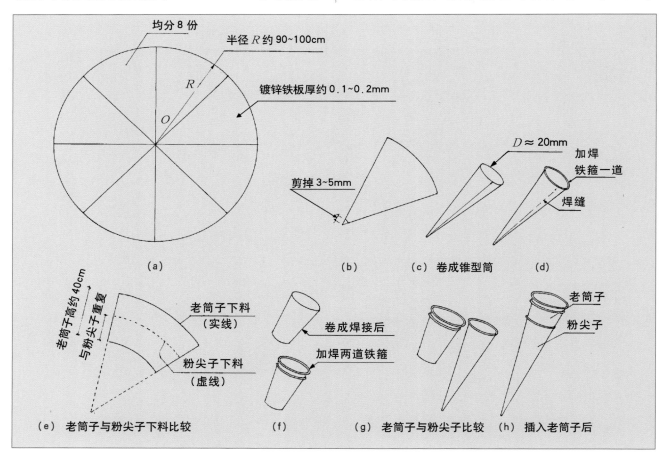

▲ 图3-2 沥粉器（粉尖子与老筒子）的制作

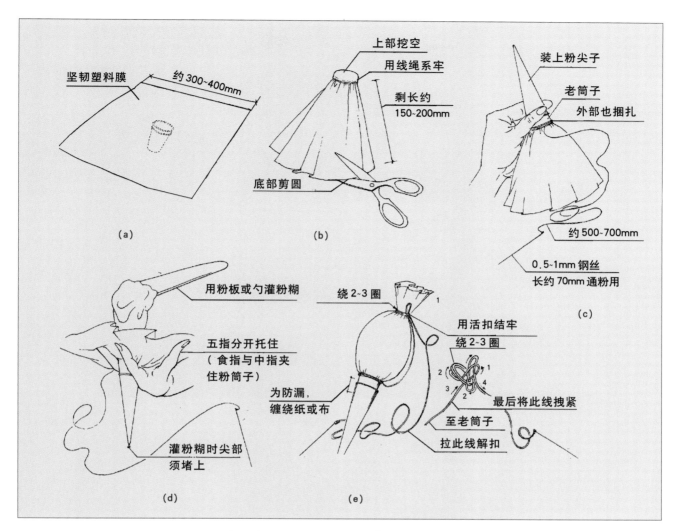

▲ 图3-3 装粉步骤与打结方法

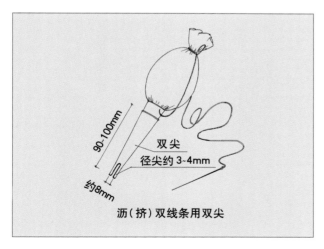

▲ 图3-4 沥大粉

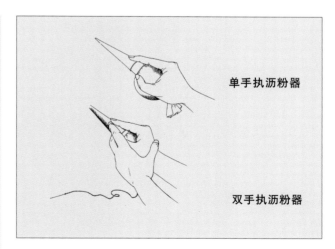

▲ 图3-5 执沥粉器的方法

齐之处压盖齐（图3-7）。涂色时遇各段落中有沥小粉的线条，一般不考虑留空一并刷过，将沥粉遮盖。对于不同彩画的不同部位，刷色还包括刷白色和二色等较浅的色，虽然面积小，但都是底色，彩画在刷色之后，除极个别位置外，基本将生油地仗整个覆盖。

▲　图 3—6　沥小粉

▲　图 3—7　刷色

（9）包胶表示贴金部位

在刷色之后，沥粉线条被埋在色彩之下，看不清楚。而沥粉部分需要贴金，有单线、双线、成片贴，形式不同。传统彩画贴金为油漆工艺范围，但油漆工艺往往不了解彩画的贴金部位，因此需事前用鲜明的色彩将贴金部位描画清楚，一般为黄颜料加胶调和，描时将沥粉线条满包严，所以称包黄胶（图3-8）。黄色颜料除与青绿、红等底色有鲜明的区别外，尚起托金作用，即金也为黄色，贴金时个别

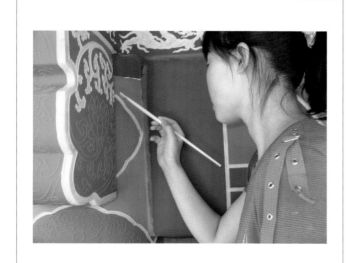

▲　图3-8　包胶

有贴不到之处，不至有明显的缝隙等缺陷，所以传统又分成贴库金的黄胶与贴赤金的黄胶，前者发红，后者发白，均近似金的颜色。因包胶后需打两道金胶油方能衬托金的光泽，故目前将包胶改为包油胶，即用黄调和漆等涂料做为包胶颜料，将其调稀使用，这样已经起到打一道金胶的作用，故贴金时可只打一道金胶油。

（10）打金胶贴金过油漆作

做法详见油漆工艺。

（11）拉晕色，增加层次

在大部分贴金的彩画中有金的大线在包胶之后，即可进行"拉晕色"，即在各底色上面用三青三绿等色在靠沥粉部位一侧画一较宽的浅色色带，传统多用尺进行，以取得一致

的效果，所以称拉晕色。晕色一般分青绿两色。三青晕色画在蓝底色上，三绿晕色画在绿底色上，彩画图案加晕色可以增加彩画的层次，改变只由简单的底色涂画造成的色彩呆板的效果。加晕色的部位依彩画种类等级不同，有的加在金线的这一侧，有的加在金线的另一侧，有的一条金线的两侧均加晕色，视彩画规则和需要而定，如果为不贴金的彩画，在一般情况下不加晕色，贴金或有金线的彩画也不全加晕色，均视各种彩画规则和设计而定。但晕色这项程序均系画在底色上面，为彩画叠色的第二层颜色。

（12）拉大粉上白色线条

这里的大粉不是沥粉工艺中的凸起的线条，而是有一定宽度的白色线条，均画在构图的主要线条上，即不论彩画图案是否有晕色，均有白色线条，由于操作的原因，为区别于沥大粉，故称拉大粉。拉大粉可使彩画图案更加鲜艳明快，各色之间更加协调美观，图案的层次更加丰富。又因为在刷色包胶之后，即同时进行贴金工艺，这时贴金已基本完毕，一些主要沥粉线条均已贴好金，但由于工艺的限制，贴金本身形成的线条是不够齐整的，而拉大粉又多靠贴金的某一侧进行，故又有齐金的作用。各种彩画不论是否贴金和加晕色，均有拉大粉的工艺。

（13）压黑老增加彩画层次，使彩画图案齐整，格调沉稳

在很多彩画中黑色部分是最后画上去的，根据规则和设计往往画在梁枋的两端头，图案退晕层次需最深的部分以及紧靠金线的一侧和各构件交接的部分，如秧角线等。这些黑线和"面"称"老"，工艺称压黑老。某些彩画中的黑色不在最后进行，而夹在其他工艺之间进行，不称压黑老，如拘黑（图3-9）或切黑等工艺。压黑老的黑色有的面积较大，有的为一条细线，它除突出各色退晕的效果外，还使彩画界线分明，格调沉稳，同时对于贴金的彩画，由于黑色靠金线一侧画（另一侧多为白线），这样第一可使贴金的线条更为齐整，第二可突出金线的光泽效果，因此压黑老是传统工艺中最后一项必不可少的程序。如果

某些彩画根据设计最深层次不是黑色，而是其他某些较重的色彩，因同样具有增加彩画层次和齐金的作用，具体为压某色彩老，简称压色老。行业界也将各构件相交的阴角处所画黑线的工艺称"黑掏"。

（14）找补打点

彩画施工往往与在纸上绘画与绘制图案不同，它是高速、大面积、大体量的流水作业，而且是在架木之上，并与不同工种交叉作业，由于环境的因素，大部分彩画施工不可避免地会发生个别部位、个别图案、个别工艺遗漏的现象，同时图案上也有色彩、油漆、灰迹脏污的现象。这些均需在彩画施工完全结束前进行检查修补，虽然各种现象均系由施工本身造成，似乎不应有此项工作，但这项工作历来已成为不可缺少的项目，由此可见彩画图案之复杂、施工之困难。打点找补所用色彩用量都不大，但由于打点后往往会与原来的色不相吻合，所以颜料的选用一定要干净，颜料的入胶量一定适度，胶量过大或过小、胶的成分不同、色彩不干净均会使打点处出现"贴膏药"的现象，尤其是绿色最明显突出，因此找补的体量不宜过大。所找补打点的色必须用原工艺的颜料。

彩画的基本工艺中，沥粉为确定各部位轮廓和起托金作用的工艺。刷色即青、绿、红等为底色，也是基本色调。晕色、大粉、黑均体现各色的退晕层次，使彩画层次分为金（亮）、白、浅（晕色）、深、黑几个层次，其中晕色、黑都是压在青绿等底色上面的层次，白又是压在晕色上面的层次，在有晕色与白色线条的部分，白色为第三层色，又诸工艺中，晕色、白色为浅色压深色的工艺，黑色为深色压浅色的工艺，从某种角度上体现了彩画工艺的灵活性。

以上各工艺即可完成天安门外檐的和玺彩画绘制，但同样是和玺彩画，因图案做法及设计不同，故工艺也有所增删及变化。如同样是和玺彩画的龙草和玺，就增加了拘黑等工艺，见图3－9。

其他各种彩画的详细工艺则在各自章节内详述。

▲ 图3－9　拘黑

4　局部花纹的表现形式

应用在建筑局部的图案花纹很多，有云气、龙凤、绫锦织纹、卷草花卉、回纹、万字、寿字、飞仙、飞禽、走兽、蝙蝠、瓜果、夔龙、夔凤、八宝寿带、花瓶、竹梅和一些古代器物（博古）等。它们分别运用于各种不同类型、不同等级的不同部位上面。因用处不同和图案纹样本身的特征不同，在表达方式上自然也各异，其中有接近写实的画法，有些是经过提炼简化的画法，更有将各种画题改变成工整细致的图案的画法。对于将画题演化为图案，除需要对画题进行提炼、概括、掌握其主要特征，演化成适合彩画工艺表达的式样外，还要根据彩画的类型等级选定各种不同的表达方式。

彩画图样的不同表达方式具有这样的特点，即：同样的花纹，因施以不同的工艺，可形成很多不同的装饰效果，效果既可以很素雅，也可以很华丽；另外，这些花纹都可以任意舒展变化，可在不同形状的轮廓内构图，如既可在方形中构图，也可以在圆形、三角形以及各种异形轮廓内构图，因此它们可以形成千变万化的装饰。各种纹样中最有代表性的为卷草花纹，它除本身可以构成各种形状的图形外，又可与其他花、器物相配，使图样更富于变化。另外，利用卷草花纹的特点，又可以演化、组合成夔龙、寿带、蝙蝠、夔凤等纹样，因此卷草花纹又是表达各种做法的基础。各种花纹经提炼加工后均具有工整、疏密均匀、线条宽窄一致的特点，以满足不同表达方式的需求，设计时应注意。

同样的图形可以进行金琢墨、攒退活、玉作、烟琢墨等不同方式的处理，另外对于各种不同的画题又可用纠粉、作染、拆垛等技法表现。它们之间相配合运用又可以形成二十多种不同的表达方式，呈现更多的效果。以卡子为例，同样的图案因做法不同而呈现不同的效果，见图4—1。

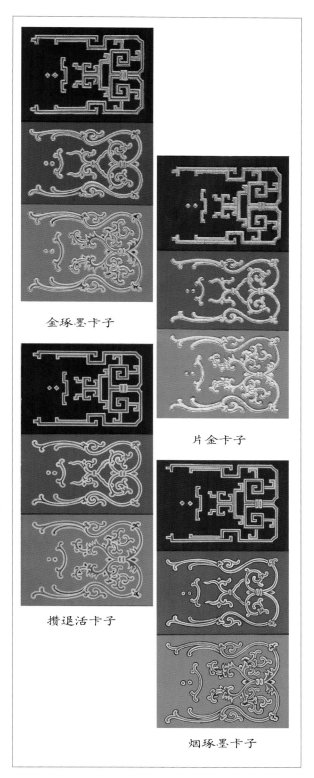

金琢墨卡子

片金卡子

攒退活卡子

烟琢墨卡子

▲　图4—1　卡子图案不同做法效果比较

4.1　攒退活

这是一种退晕的图案花纹，一组花纹可由几种基本色组合，如青、绿、香色、紫色、红色搭配而成，或只用其中一两种色，各色分别为深、浅、白退晕而成，其表达深色的工艺称"攒活"或"攒色"，因此这种类型的图案称攒退活。攒退活图案用途非常广泛，可以配合各种中档彩画，广泛用于天花、大木、柁头等彩画的局部上。

工艺做法如下：

（1）抹色

即涂底色，但这种底色是指攒退活本身的底色，即晕色，如大木已刷色，它可以抹在已刷的青、绿、红等底之上。根据花纹特点，如较复杂，事前也需拍谱子，将谱子拍在底色之上，之后用浅色即晕色抹色，所选之色称小色，如三青、三绿、粉红（硝红）、粉紫、浅香色等，但小色与底色不同，即如果底色为绿色，则所涂抹的小色应为粉红，三青等色，而不能用浅绿色。传统抹色用特制的小刷子，一笔顺直而行，即可涂得非常均匀，填满图案的轮廓，当然也可用普通毛笔涂。

（2）行粉

行粉即按图案的外轮廓勾白线，凡是涂抹小色的笔划轮廓均行粉，不论小色形状如何，各处宽窄是否一致，行粉均应粗细一致，行粉除起增加图案的层次外，还起确定轮廓、定稿的作用，因在涂色时已部分将谱子线道里面的纹样涂盖，行粉时再找出盖在色粉内部的笔道。"行粉"有在抹色线道一侧进行与双侧进行之分，如在抹色笔道的双侧进行，在彩画中称"双加粉"，如在抹色笔道的一侧进行，称"单加粉"，又称"跟头粉"，跟头粉行（画）在笔道的"弓背"一面。

（3）攒色

即画图案中的深色线条的工艺，线条色彩按浅色定，即如果小色为三青则用群青"攒"色，硝红则用银朱色"攒"色，行业中称认色攒退，攒色线条的宽度占已行粉剩余浅色宽窄的1/3，两边晕色各占1/3（行粉线条的粗细窄于攒色，可占攒色宽的1/2~2/3，

视花纹体量大小而定，如花纹大可占1/2，花纹细可占2/3左右），遇行粉勾入花纹的部分攒色宽窄可以改变，依花纹形状而定，主要留晕色的宽窄（攒色后剩余的浅色称晕色）使其均匀一致，并要与行粉形成勾咬状，以使图案达到优美含蓄的效果。

单加晕花纹的攒色靠小色的里侧即线道弓里一侧进行，其线条粗细也应与晕色相等，也是认色攒退。另外，攒退活的工艺也可以在抹色之后进行，即先攒色后行粉，这时应先考虑所留晕色的宽度，不过这种做法在遇有花纹线条勾入图样之中时，攒色不易画得正确，如事先有沥粉线条则事先攒色较容易。

4.2　爬粉攒退

图案基本层次及色彩变化同攒退活花纹，只是白线条为凸起的沥粉线条，并在上面画白色线，因行粉系勾画在沥粉线条上，沿线"爬行"，故行业中称"爬粉"，这种攒退活即为爬粉攒退。它的花纹退晕层次由外至内也是由白、浅、深三色退，只是最外一层的白色线条更加鲜明突出。爬粉攒退的图案组合也是由蓝、绿、紫、青等组成，用法同攒退活，不过爬粉攒退一般多双加晕，很少有单加晕的做法。其工艺做法为：

（1）拍谱子

这种图案如果在总体图案之中，在进行总体彩画拍谱子工序时即应拍谱子，拍谱子一定在刷色前进行，不同于攒退活，可在刷色后在大块色彩上面拍谱子，否则沥粉附不牢。

（2）沥粉

按谱子轮廓沥粉，为单道小粉，可在沥小粉程序中同时进行。

（3）抹色

按配色规则进行抹色，同攒退活，也是抹各种小色即晕色。按彩画总体工艺顺序，在沥粉后是刷色程序，这时有可能将需进行爬粉攒退部分的图案也一并刷过，因此抹色是抹在底色之上，同攒退活。由于事先已有沥粉轮廓，故抹色时较容易。

（4）爬粉

即行粉，沿着沥粉凸起的线条进行描白，

使线条既白又凸起。由于事前沥粉，故白线条较攒退活的白线略粗。爬粉图案白色的遮盖力对图样的美观影响很大，如果爬粉不白，将起不到爬粉攒退的效果。

（5）攒色

按各爬粉轮廓内的颜色攒退，方法同攒退活。

做爬粉攒退图案也可先"攒色"后爬粉，因攒色前已有沥粉轮廓限制，所以容易"攒"得准确。

4.3　金琢墨

这是一种表现辉煌华丽的图案效果的做法，它比攒退活图案增加沥粉贴金轮廓，即在攒退活图案笔道的外轮廓又加沥粉贴金程序，由外至内的退晕层次为金（沥粉贴金）、白、浅、深，由于退晕层次多，故图案显得工整细腻，格外精致美观。金琢墨图案为高等级的彩画格式，所以常配在高等级彩画的某些局部，是彩画装饰方法的成熟格式之一，用途也非常广泛，各种金琢墨名目的彩画，即以其中有金琢墨花纹为主要特征。工艺为：

（1）按谱子沥粉

同爬粉攒退，也是需事先在生油地仗上先沥粉（小粉），由于需在沥粉线条之上贴金，故要求粉条光滑流畅。

（2）沥粉干后抹小色

所遇情况与处理方法同爬粉攒退。

（3）包胶

小色干后，沿沥粉线条，满描黄调和漆，可与总体彩画图案包胶程序同时进行。

（4）打金胶

贴金按油漆作工艺进行，即按包胶线条打金胶，金胶油干燥适度时贴金。

（5）行粉

金琢墨图案贴金以后为沥粉贴金线条包裹着各种小色，已有金和晕色两个层次，行粉在贴金之后进行，压在小色之上，靠沥粉贴金线条里侧，线条与金线紧贴平行，并可以压盖贴金后的不齐之处，起齐金作用。

（6）攒色

同攒退活攒色程序，但由于事先已贴金，故攒色应干净整齐，靠金线而不脏染金线。

各种体量花纹用金琢墨做法均为双加晕形式，即使小体量的局部花纹也多为双加晕，但有时较大的花纹，如雀替、龙草和玺的大翻草却有单加晕的形式，也称金琢墨做法。

4.4　烟琢墨

烟琢墨做法也是退晕图案的一种表达方式，特点为图案笔道（色带）的外轮廓为黑色线条，如与金琢墨图案比较，即沥粉贴金的部位改成黑色线条，因传统彩画颜料用烟子调和成黑颜料，做墨使用，故俗称烟作墨，现统称烟琢墨。花纹的退晕层次笔道由外至内为黑、白、浅、深四种色彩层次。由于图案的外轮廓使用黑线，故图案与底色的区别清楚醒目，同时墨线加强了与白色线条的对比效果，使白色线条更醒目突出，又使图案格调沉稳深重。烟琢墨图案广泛地运用于天花的岔角，苏式彩画的卡子和其他部位，是彩画图案基本表达方式之一。做法如下：

（1）拍谱子

在进行基本工艺的刷色之后，在底色上重新拍谱子，将烟琢墨局部花纹过漏到构件上去，也可以事先拍谱子，在刷底色时将其空出，如岔角，但多用前者。

（2）抹小色

方法同攒退活。

（3）拘黑

拘黑是烟琢墨图案花纹的特有工序，即在没有黑线的色块上，勾出黑色轮廓线，以后的各项工序均按勾好的黑色轮廓线进行。拘黑线条的走向同攒退活图案的行粉，但线条粗细程度不同，拘黑线条的粗细要比行粉宽，与金琢墨的沥粉线条粗细大致相等。否则不醒目突出，也不利于行粉工艺的进行。

（4）行粉

在拘黑之后，沿黑线轮廓的内侧进行，与黑线并行，线条比黑线细，占黑线宽的2/3～1/2，行粉可以略压黑线以修整拘黑的不准确之处。

（5）攒色

方法同攒退活，认色攒退。

烟琢墨图案由于使用黑线勾边，为避免色彩单调、呆板，故整组图案不应用一色退晕完成，至少应用三至四色配合完成，烟琢墨图案无论花纹大小在实例中均为双加晕做法。

4.5 片金

片金为成片金的意思，是针对前几种做法而言，即以前几种图案格式为模式，不施任何颜色，图案完全由沥粉贴金的较宽金色条带组成。沥粉线条多为平行的两条线，距离约10mm，在沥粉线条之间（包括沥粉）贴金。片金图案都用在较深的底色上，故效果非常醒目，如找头内，箍头内的纹饰；与其他工艺相比做法相对简单，而且效果非常好，故应用十分广泛。工艺如下：

（1）按谱子沥粉

谱子事先拍在生油地仗上，然后沥粉，一般沥小粉或二路粉。在沥大粉之后同沥其他小粉同时进行。

（2）刷色

沥粉干后，将图案所在部位按规定满涂色，不分图案与空档之间和以后哪是底色，哪是金，一律平涂均匀，此项工序多与基本工艺的刷色同时进行，将沥粉线条盖住。

（3）包胶

底色干后，按彩画程序，随同其他部位的包胶，将片金图案满包黄胶（黄调和漆），即在两条沥粉之间（包括沥粉线条本身），满涂黄漆。包胶之后图案的式样便清楚地显示出来。

（4）打金胶贴金

黄胶干后，打金胶，贴金，由于片金图案笔道宽窄大体一致，故贴金较容易，而且较省金箔，用量并不大于金琢墨花纹。这项程序随总体工艺程序同时进行。

另外有些图案如龙、凤、西蕃莲草，在表现上也在沥粉线条之中满贴金，不施任何色，也称片金图案，只是图案格式与上述格式略有区别，多为宽窄不规则的图形，且图形内又多有沥粉线条充斥其间。

4.6 玉作

系表达素雅图案的一种方法，完全不用金，图案本身退晕效果由外至内层次也为白、浅、深三个部分，近似攒退活，但图案为单色彩退晕，不是由几色相配组合，来分别认色退晕，而且它的晕色部分与底色一致，故工艺十分简单，图案具有玲珑剔透的效果。

（1）刷底色

在规定画玉作花纹的部位满涂二色，包括图案本身和图案之外即比晕色深的色，一般多为二绿或章丹，与白色有鲜明的反差，与深色也有明显的过渡余地。

（2）拍谱子

在已涂底色（二色）的部位拍谱子，将设计好的玉作图案漏到二色上面。

（3）行粉

按谱子的轮廓勾白线，白线将底色分为内外两部分，白线轮廓内为图案笔道，白线外为底色、图案内外为同一色彩。

（4）攒色

用比底色明显深重的色攒，如二绿用砂绿攒，章丹用深红（或黑紫红）攒，攒色时把白粉内部看成单独的图案进行，与外部色彩不相干，以免误认混淆。

玉作图案均为双加晕，运用有限，只配极素雅的彩画局部，如天花岔角。

4.7 纠粉

这是一种极简单的做退晕的技巧，其退晕没有明显的层次，而是由白至深逐渐过渡，如同渲染色彩，此做法多用于雕刻部位，按雕刻花纹的轮廓进行，以突出图案的立体效果，也偶用于大木的局部图案，方法为：

（1）在纠粉的雕刻部位满涂底色，视图样造型不同，也可分别涂几种不同的底色，一般多用青、绿两种深色。

（2）纠粉：备两支笔，一支蘸白色，一支蘸清水，先沿着弯曲图案色带的"弓背"，部分涂白色，宽度可占花纹色带宽的1／5～1／3，之后趁湿用清水笔搭接，使白色逐渐地、轻淡地过渡到深色部分。

4.8 拆垛

又称拆朵，是指画花的一种技法，画时笔肚蘸白，笔尖蘸红，或其他色，一笔划下去分出深浅两色，根据图样用场不同，有只画花头和花头枝头全画两种，前者多指梅花，单个构图，各朵之间距离均匀，或间插竹叶，形成图案式构图，多画在香色、紫色等底色上面，后者多画较具体形象的花，也是一笔两色，也有两种，一种花及叶均为一色，如在红地上画三蓝拆垛花，另一种花与叶为不同的色彩，如在栲头及其侧面画各种花，也是一笔两色。拆垛花层次丰富，具有一定的表现力，画法简单，所以一些简单的彩画常用。在个别情况下用拆垛技法也可以表达某些图案，但效果粗糙，只能用于临时和次要的彩画装饰。

4.9 清勾

清勾做法与上述各种做法的图案略有不同，一般用于一些特定的部位上，花纹造型已接近写生，很讲究勾线的技巧与效果（以勾线为主），因此为清勾。比如一朵花在颜色上齐后，就用勾线来完成造型的细腻感，勾线用白色较多，因此要求花的颜色不宜太浅，勾线除用白粉外，还可以用金勾，效果更俊美，因金昂贵，还有用黄加赭石加黑调成假金色代之使用的。另根据图样的设计，勾线也可以用其他方式，见图4－2。清勾做法在传统彩画中多

▲ 图4—2 作染加清勾开粉卷草

有应用。

从以上几种做法可以看出，它们的退晕层次逐渐在变化，工艺程序也可以由复杂到简单，其中除了片金为最醒目、显耀的单一色彩外，最复杂、最精致、最辉煌的为金琢磨做法，其次为烟琢墨，烟琢墨减去黑后变成攒退活，攒退活的另一种运用格式即加上沥粉（在白粉下面）为爬粉攒退，攒退活减去晕色后（直接用底色当晕色）变成玉作，玉作减去所攒的深色，加上颇具写生的造型可变为清勾。由于清勾的变通又可以演变成作染开粉，做法是在花瓣开粉前先分染出深浅色，然后再勾花叶的筋。作染开粉又常和其他做法相合并用，如作染开粉花纹可与片金图案同时运用，称作染开粉加片金图案，同样还有作染开粉加金琢墨，作染开粉加烟琢墨，作染开粉加攒退活，作染开粉加清勾的不同效果的图案，还可以出现作染开粉加金琢墨同时又加片金等多方式的表达图案方法。彩画局部图样做法比较见图4－3。

两种以上的做法相合并用可使彩画的风格千变万化，丰富了彩画的装饰手段，其中的片金做法与其他做法相合并用最为普遍，如片金加玉作；片金加攒退活；片金加烟琢墨；片金加金琢墨；片金加清勾粉；片金加作染开粉等。其中片金不论和任何做法相合并用，其片金图案都是用在花纹的主要部位，其他做法围绕片金作陪衬，如天花支条上的燕尾，其中间的轱辘为片金做法，四周燕尾有金琢墨做法，也有烟琢墨做法，一种器物，一朵花是片金做法，缠绕它的飘带，花朵旁的花叶卷草则是攒退活或玉作做法。

应当注意，花纹不同做法的互相搭配，不是任意两种做法都可以得到完美的效果的。因为除了片金图案外的任何做法都有两个特点：第一，它们都是由退晕组成，不论是两道晕，三道晕还是四道晕，都是由浅至深过渡而成；第二，花纹都是由粗细相顺的线条组成。这样，有些做法如果用在一起，其中一种就会显得缺少层次，像没有做完的半成品，以常用的攒退活为例，如果和烟琢墨、金琢墨、玉作合用，不是显得烟琢墨、金琢墨多一层黑线、金线，就是显得攒退活少一层金线或黑线，或显得玉作似乎没有刷晕色而有单薄之感，它

们相合并用是很不协调的，因此攒退活是不能和金琢墨、烟琢墨、玉作搭在一起运用的。同样，烟琢墨也不能和金琢墨合用，金琢墨也不能和玉作合用，这是传统彩画的常规。如果针对具体情况进行设计创新时，自然可以不受上述常规的约束。

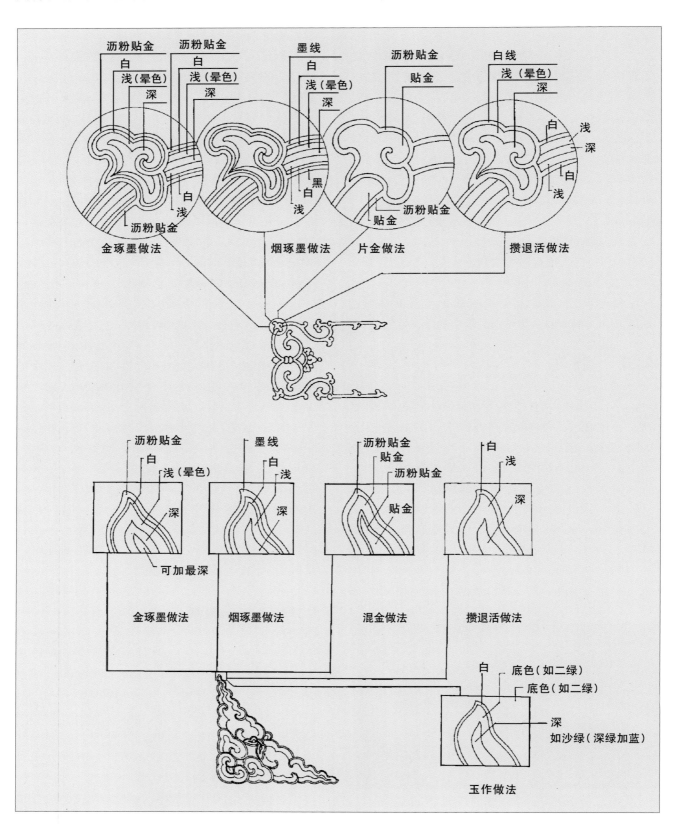

▲ 图4—3 彩画局部图样做法比较图示

5 彩画的规则

彩画的规则又可称为规矩和制度，源于彩画发展过程中，或某个时期对一些既定格式的定型，使之规范化，因此彩画在不同时期有不同的规制，如宋代有宋代的规制，明代有明代的规制，由于现在彩画实物遗留的绝大多数为清式彩画，清式彩画的理论又比较系统，与实物吻合，故我们讲的规制均为清式彩画规制。因为彩画系装饰艺术，各部分之间不是机械的配合，因此，规制也不可能包括各个细节。彩画的规制主要包括梁枋之间图案的排列格式，各个细部的装饰内容，总体及局部的表现手法，各部位间的比例尺度，色彩排列规律等方面的问题。又由于清式彩画种类较多，变化大，既有总体风格又有各自的具体特点，所以在规制上又有总体规制和对各具体彩画的具体要求。具体彩画包含有总体规则的内容，总体规则适用于指导各具体彩画的绘制。有了规制，就要按规制施工。由于规制是对成熟的彩画的定型的范例，所以按规制绘制的彩画都有很高的艺术性，又由于彩画绘制属工程范围，工程量大，容纳施工人员多，规则可使施工人员形成有节奏的作业，默契配合，加快施工速度，提高艺术表达的准确性和完整性。在没有现代概念的设计前题下，规则是指导彩画现场设计、放样、施工的规范和依据。

5.1 檩、垫、枋彩画规则

清式彩画是分类的，不同类别的彩画的主要特点表现在一些较大的构件上，因其体量大，便于构图，从而形成各种格式，其中檩、垫、枋为不同格式彩画的代表构件，可提取出具有共同特点的规制。

5.1.1 主要格式与名称

清式彩画绝大多数在构图上常将檩、垫、枋（其中主要指檩、枋）横向分为三段进行安排，其中中间的一段体量较大，占全枋长的1/3，称枋心。枋心是彩画的主要内容或为彩画划分等级的主要表达部位，枋心两边的枋心头因彩画类别不同而形状不一。枋心左右两端各占枋长的1/3，其中靠梁枋端部各画有一条或两条较宽的竖带子形图案，称箍头，箍头心里的内容表现方法也依类别不同而不同。箍头是确定彩画构图和进行色彩排列的重要部位，其中较长的构件均在梁枋的一端画两条有一定距离的箍头，两条箍头之间的部位多呈方形，可在其中构图，这部分称盒子。盒子的内容、形状也有不同，如果在盒子部位画一八瓣圆形或椭圆形图案，就在圆外形成了四个角（称岔角）。在靠箍头与枋心头一端各画数条不同形状的平行线，包括枋心头线，每端各三条，其大部分彩画对三条中间一条分别称皮条线或岔口线，皮条线靠箍头，岔口线靠枋心头，在这两部分线中间常余有较大的面积，根据尺度比例大小可画不同形式的图样，这部分称找头。由于用场不同，由箍头至枋心头之间的部分也可称找头，箍头枋心、找头、盒子是彩画构图的几个重要部分，绝大多数彩画均为这个格式，其中箍头、枋心、盒子的轮廓线分别称箍头线、枋心线、盒子线，加上皮条线与岔口线共为五条线，这五条线又是构图中的主要线，所以俗称五大线，也有称枋线或锦枋线的，五大线由于绘制时处理方式不同，是表达很多彩画等级的重要标志。对于这些具体的彩画格式，五大线并不能完全套用，但五大线是了解各种彩画构图和做法规则的基础。

5.1.2 色彩运用规则

清式各类彩画，不论是否贴金，均以青（群青，下同）、绿为主，并辅以少量的香色、紫色和一定数量的红调子，其中青绿两色的运用一向有固定规则，其他辅助色彩也按一定规则随之配合，这里不分是哪种类型、等级的彩画，均运用此规律。主要表现在以下几方面：

（1）一座建筑物的明间檐檩箍头固定为青箍头，枋心大多为绿色，如果是重檐建筑，则各层檐明间的檐檩箍头均为青箍头，枋心也为绿色。

（2）在一个构件的构图之中，相邻部分的图案色彩，以青绿两色互相调换运用为原则。例如枋心为绿色，则枋心外边的楞为青色带，俗称青箍头，青楞；而岔口线与另一条相同的平行线之间的色带则又为绿色，并以此类推。这样，青、绿、青、绿依次排列，直至枋子端部，左右对称。其中各种彩画箍头的色彩均与枋心外围的楞部位的色彩相同，与枋心相反，如青箍头必为青楞、绿枋心；反之绿箍头则为绿楞、青枋心。

（3）在同一间内，上下两个相邻的，进行同样构图的构件，同一部位的青绿两色是调换运用的，即其中一个构件某处是绿色，在另一个相邻构件的相应部位则为青色，如小式明间檐檩箍头为青箍头，则下枋子应为绿箍头，如大式建筑有大小额枋，檐檩为青箍头，则大额枋为绿箍头，小额枋又为青箍头，其他部位也随之相应变化。

（4）同一建筑物，明间与次间同一图案位置青绿两色互相调换，类推方式同上，相邻之间用色方法，即：再次间色彩同明间，稍间色彩同次间。一座建筑各间配色，左右对称，两边的次间均一样，稍间等也均一样。如明间檐檩是青箍头，则次间檐檩为绿箍头，每件、每间本身青绿色彩的变化运用同第（2）条和第（3）条。

（5）大式建筑的由额垫板为红色，或在红色之中夹杂其他色彩的图案，小式垫板可尽量安排红色内容，参见各类彩画色彩规则条款。

（6）大式建筑的平板枋及挑檐枋彩画称坐斗枋与压斗枋，固定为青色，如需分段构图另定，按各类彩画规则进行。

（7）柱头的箍头按柱子颜色而定，红柱子（包括氧化铁红色柱子）柱头为绿箍头，即上面一条，下边一条，则上为青下为绿，多见于大式红柱子运用，俗称上青下绿。上青下绿定色规则又适于其他很多类似相关的构件，如抱头梁与穿插枋的箍头，其上边的抱头梁箍头为青，穿插枋则为绿箍头，如遇游廊建筑，有天花，只露穿插枋，则全部为绿箍头。

彩画各部位色彩的确定，是进行图案设计的前题，也是施工中的主要准则。

5.1.3　和玺彩画规则

按现在人们对清代彩画的认识，常将清代彩画归纳为和玺、旋子、苏式三大类，其实不仅限于这三类，但在认识上可以先从这三类着眼。这三类彩画之中，和玺彩画等级最高，最为金碧辉煌，和玺彩画仅装饰宫殿、坛庙（重要的）的主殿、堂、门，如北京故宫中路的三大殿、天坛祈年殿等建筑，传统运用当中不够级别的建筑不可运用和玺彩画图案。和玺彩画特点表现在构图格式和金碧辉煌的程度以及图案的内容上。和玺彩画的图案格式为，划分各段落部分的线段呈"彡"形特征；大量的装饰龙、凤等图案内容，而且龙凤和所有段落大线均沥粉贴金，彩画效果金碧辉煌，庄重大方。和玺彩画大线特点除彡形段落划分外，还表现在线光子部位。和玺彩画各部位名称见图5-1。

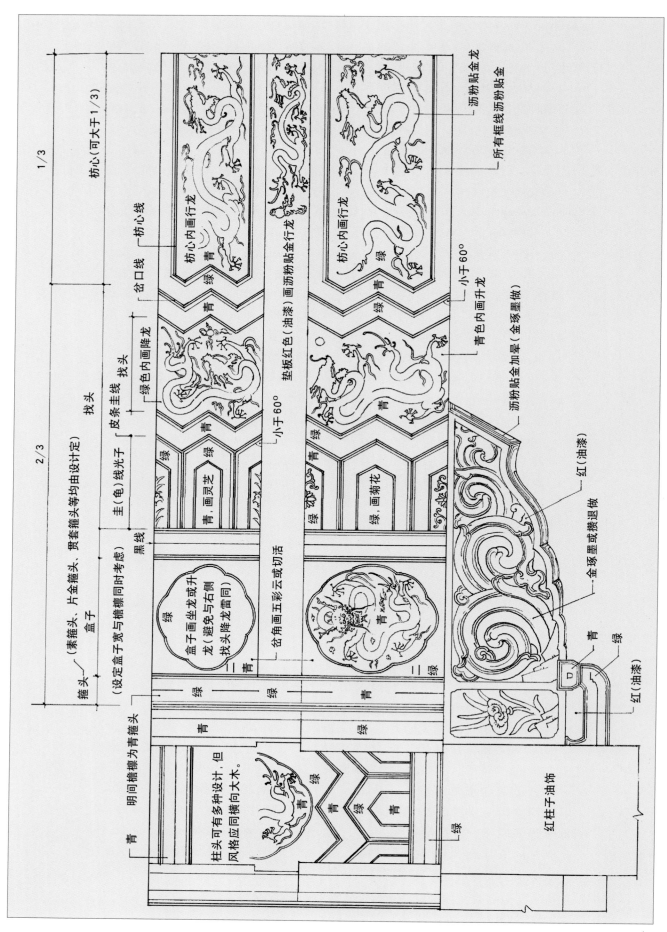

2/3

1/3

（设定盒子宽与檩檩同时考虑）   枋心（可大于1/3）

盒子   找头

箍头（素箍头、片金箍头、贯套箍头等均由设计定）

枋心内画行龙

所有框线沥粉贴金

沥粉贴金龙

岔口线

枋心线

绿   青   绿   青   绿   皮条圭线光子   找头   枋心内画行龙

黑线   圭（龟）线光子

绿色内画降龙

青   小于60°

垫板红色（油漆）画沥粉贴金行龙

青   绿

青色内画升龙

沥粉贴金加晕（金琢墨做）

绿   青，画灵芝

盒子   柱头可有多种设计，但风格应同横向大木。

绿   绿   青，画灵芝   绿，画菊花

金琢墨或攒退做

红（油漆）

明间檐檩为青箍头   青   绿   青，画灵芝   青   绿   红（油漆）

盒子画坐龙或升龙（避免与右侧找头降龙同）

岔角画五彩云或切活

青   绿   青   绿   绿   青   绿   青

红柱子油饰

绿

▲ 图5-1   和玺彩画画图例（金龙和玺）

线光子，有资料称圭线光，因有几个呈宝剑头的地方，"圭"即宝剑头。但传统圭线光又称为龟线光，因这种线在合并之后，如同龟背上的龟甲纹。而线光子又称"线桃子"，因这部分线极多且又平行排列，如同风筝线桃一样。

和玺彩画又分为金龙和玺、龙凤和玺、金凤和玺、龙草和玺、草凤和玺等数种，各种和玺彩画的规则如下：

（1）金龙和玺（图 5-2）

从理论上讲，金龙和玺彩画是各种和玺彩画之中等级最高的一种，因这种彩画，在枋心、找头以及盒子等部位大量填充各种姿态的龙的图案。其中枋心主要画行龙，一个枋心画两条，两条龙中画宝珠，在龙的身上，宝珠的四周，还加以火带图案，彩画称火焰，在枋心之中，龙的躯干、四肢之间还加有"云"图案，云分彩云与金云，彩云多为金琢墨五彩云，攒退花纹，云的色彩可有两种或三种组合

不限，但不能与枋底色相同，如枋心为绿色，云则为青或红、紫等色，而不能有绿云。金云为片金云，体量较小，不如彩云体量大。

盒子部分多画坐龙，又称团龙，一个盒子里面画一条，头的姿态为"正相"，宝珠画在盒子的中间，由龙身缠绕，围在中间。盒子内坐龙的云，在同一个建筑中，表现方法同枋心，如：枋心为五彩云，则盒子也加五彩云，枋心为片金云，盒子内的云也为片金云。应注意：设计中，两端盒子中的坐龙尾部均必须朝向枋心。又为了避免上下相邻盒子龙的姿态相同，也为了避免与找头的龙姿态相同，也有在绿色盒子内画升龙的设计。

找头部位画升龙与降龙，其中画一条升或降的龙，由找头的色彩而定，如果找头色彩为蓝色，则画升龙，如果为绿色则画降龙。宝珠、火焰、云的特征同枋心。

线光子心内，分别画灵芝草或菊花图案，也依心的颜色而定，蓝心内（靠绿箍头）画

▲　图 5-2　金龙和玺彩画

灵芝，绿心内（靠青箍头）画菊花。

有关升龙、降龙、行龙、团龙、灵芝、菊花以及宝珠火焰图案式样及注意事项在起谱子章节详示。

一座建筑画何种彩画，除在檩枋上有明显的表示之外，其他部位即其他有关构件也要做相应的配合，金龙和玺彩画也如此。与该彩画有关的配合为平板枋和挑檐枋上的图案，其中平板枋一律画行龙。由于平板枋外观在一座建筑的一面看是通连的，所以画行龙也不分间，只由中间向左右两侧画，左边的龙与右边的龙分别向中间对跑，每个龙前面加有一个宝珠，中间的两条龙共"戏"一个宝珠，平板枋上的龙多不加云，更不加金琢墨云，因体量太小无法攒退。根据建筑物的体量、重要程度和其他情况，平板枋也有画云的设计。

挑檐枋，内容可变，一般多画片金流云或工王云，也因构件体量较小，上面的流云、工王云，不做攒退五彩花纹。有些建筑，根据情况，挑檐枋也可不画具体图案，直接退晕而成。因挑檐枋有斗拱遮挡视线，显示图案不明显，勿须过份下功夫。

由额垫板内也画行龙，按间分画，每间的龙左右对称，数量相等，三个、四个、五个均可视长短而定，也由两侧向中间对画，也是一个龙靠有一个宝珠，中间两条龙共戏一个，也不画五彩云。

牌楼金龙和玺彩画见图5-3，牌楼金龙和玺彩画小样见图5-4，带着清中期风格的金龙和玺彩画小样见图5-5。

金龙和玺彩画表现的柱头部位也画龙，不过和玺彩画柱头部位比较灵活，在起谱子章节详述。

（2）龙凤和玺（图5-6）

▲　图5-3　华盛顿中国城牌楼金龙和玺彩画（彩画设计／边精一）

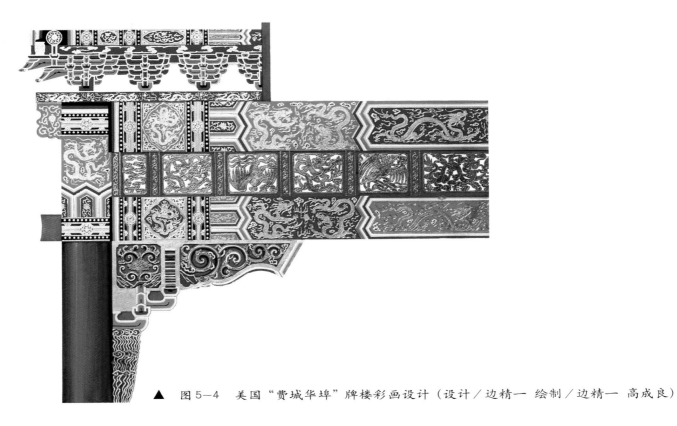

▲　图5-4　美国"费城华埠"牌楼彩画设计（设计／边精一　绘制／边精一　高成良）

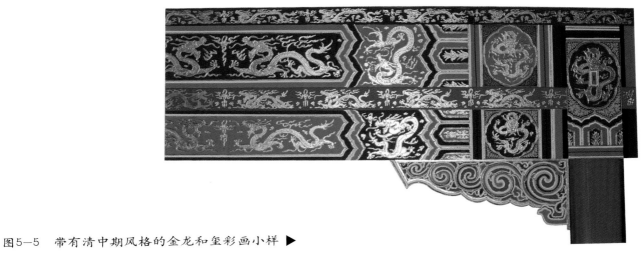

图5-5　带有清中期风格的金龙和玺彩画小样 ▶

▲　图5-6　龙凤和玺彩画小样

大线格式同金龙和玺，只是在各画心内，即枋心、找头、盒子内分别画龙凤。其他构件如平板枋、由额垫板等也随之相配。龙凤相间运用。具体规则为：

1）根据色彩而确定各部位画龙还是凤，一般蓝色部位画龙，绿色部位则画凤，即如果枋心的色彩为群青色，则画龙，绿色则画凤。找头、盒子的龙凤安排也同样，蓝色部分画龙，绿色部分画凤。这样，由于各件、各间之间同一部位的颜色青绿互换，所以也形成龙、凤之间的相应变化。如一间内，大额枋枋心画龙，小额枋枋心则画凤。

2）不考虑色彩的变化，只按间或按部位定龙、凤的安排方式，比如在一间的各枋心之中，不论是青绿均画龙，找头部分也不分青绿又都画凤，盒子又都画龙，只是由于找头的龙凤有升降之分，故升龙、升凤画在青找头内，降龙、降凤画在绿找头之内。相邻的另一间则改变前一间同一部位的内容，如明间，各额枋枋心画龙，次间则各额枋枋心画凤，找头盒子运用方式按此理类推。

3）个别部位不对称的构图安排：主要指枋心，即在同一枋心内，既有龙，又有凤，各一条（只），龙在左边，凤在右边。其他各部位如找头、盒子的安排，按上述1）或2）的方式进行。

平板枋上画龙凤为一龙一凤的相间排列，也是按总面宽定，由两端向明间中间对跑或对飞。除左右两侧对称外，每边的龙凤个数也成对。向中间对跑时，龙在前，凤在后。

由额垫板各间分别构图，同样画龙、凤，相间排列，左右对称，中间为两条龙。

挑檐枋之上，可画流云，也可画工王云，也可简化只退晕。

总之龙凤和玺较金龙和玺灵活，其中在由额垫板部位也可画阴阳草，不画龙凤，或在平板枋上画工王云，但均应沥粉贴金，辉煌程度同金龙和玺。

龙凤和玺彩画梁架布局参见图5-7，龙凤和玺彩画梁架的天花藻井参见图5-8。

（3）龙草和玺（图5-9、图5-10）

▲　图5-7　龙凤和玺彩画梁架布局(天坛祈年殿)

▲ 图5-9 龙草和玺彩画（枋）

▲ 图5-10 龙草和玺彩画（檩）

这是各种和玺彩画中较简化的一种，其特征为：构图中带有大面积的、大体量的大"草"图案，在和玺线格式内，色彩为青绿红三色组合。红成为主要色彩之一，因此效果相对较明快。色彩与图案的关系为：

1）与金龙和玺比较，凡是原金龙和玺的蓝色枋心，找头部位，均变为红色。各较窄的平行线如楞（枋心外）、线光子部分、岔口线部分仍为青绿两色间差调换运用。

2）在枋心、找头等部位，凡红色部分，画大草，草常配以法轮，所以又称法轮或轱辘草，凡绿的部分画龙。

龙的周围只配片金云，或配金琢墨五彩云。草进行多层次的退晕。应当说明，龙草和玺在较早时期比较复杂，以后逐渐简化，目前，平板枋由额垫板等部位的图案都较简单，均画草，平板枋也常不加图案，只退晕。

（4）和玺彩画中的细部规则——箍头与岔角。

和玺彩画的箍头有素箍头与活箍头之分，素箍头又称死箍头，活箍头分为贯套箍头与片金箍头两种。贯套箍头内画贯套图案，贯套图案为多条不同色彩的带子编结成一定格式的花纹，很精细，增加和玺彩画精致的效果。贯套箍头又有软硬之分，软贯套为曲线图案编成，硬贯套为直线画成。配色规则为：青箍头部位画硬贯套图案带子，主要色彩为青或香色，绿箍头部位画软贯套图案，带子主要为绿色和紫色。片金箍头内多画片金西蕃莲图案，贯套箍头与片金箍头两侧多加连珠带图案，带子为黑色，连珠分别为紫色和香色，其中

紫色连珠配软贯套图案，香色连珠配硬贯套图案，各色连珠均退晕而成。贯套箍头可用于金龙和玺和龙凤和玺彩画格式中，在较早时期龙草和玺也用贯套箍头，现龙草和玺多用素箍头。

和玺彩画的岔角分两种，岔角为盒子外的四个呈三角形的角。一种画岔角云，即彩云图案，另一种为黑色线条的"切活"图案，切活图案如果用于浅蓝色岔角部位为草形图样，如果用于浅绿色岔角部位为水牙形图案，画岔角云多为金琢墨做法，与枋心五彩云相同，系高等级彩画格式，画切活岔角为和玺彩画中较简化的做法。参见图 5—19。

（5）和玺线格式的变化

和玺线格式的变化主要指在适应长短不同构件的构图时，增减内容和增减线型的规则。

1）当构件长时，和玺线增加盒子构图，双箍头（盒子两侧各一条），又可在每条箍头的两侧增加连珠带，此时箍头必须为贯套箍头（此为贯套箍头在构图上的作用）。

2）当构件过长时，其找头部位画两个图样，或双龙或一龙一凤，根据彩画内容而定（图 5—11）。

▲　图 5—11　找头画双龙的和玺彩画

3）构件较短，找头部分的内容可进行适当调整，如画片金草代替龙凤图样，这是偶见部位的灵活处理，有其道理，可以借鉴。

4）构件过短时可将线光子部分与枋心部分的大线合并，即把找头两侧的大线合并，这时由线光子心至枋心头的各平行斜线共为四条，可省去相当大的一段距离，便于构图。各线之间距离宽窄相同。参见图6－5。

5.1.4　旋子彩画规则

和玺彩画为殿式彩画，旋子彩画是常用的另一种殿式彩画，但图案特点与和玺彩画有很大差别，它本身自成一类，可以分成若干等级，效果由非常复杂、华丽至非常简单、素雅均有。旋子彩画为传统花纹图形，规则性较强，主要用于一般官衙、庙宇、城楼、牌楼和主殿堂门的附属建筑及配殿上。因此从应用规制上低于和玺彩画。旋子彩画的特点主要体现在找头上，其等级规格也与找头的表现形式有密切关系。找头特点有二：第一为图案的既定形状，包括既定形状的图案在长短不同构件上的运用变化方式；第二为找头图案的表达效果，即用何种工艺、方法表达既定特点的花纹，如退晕层次的多少，用金的部位和多少，第二点的运用既是表达图样的效果，即素雅和辉煌程度的标志，又是形成旋子彩画各等级特点的标志。旋子彩画的找头花纹格式为层层圆圈组成的图案，每层圆圈之中又有若干花瓣称旋子或旋花（北京地区彩画行业"旋"字发"学"音，"学"为原始发音，"旋"为后配的词）。旋子每层（又称每路）瓣的大小不同，最外一层花瓣最大，称一路瓣，整周的旋花瓣对称，由中线向两侧翻，每侧个数不等，有四个、五个、六个，大多为五个，六个以上较少，由于个数对称，整周旋花瓣为双数，即八、十、十二个。一路瓣之内分别为二路瓣和三路瓣，在较大体量的旋子中，有三路瓣，较小旋子则为两路瓣，第二路瓣的个数与一路瓣的个数相等，第三路瓣整周数比第一路少一瓣，为单数，如头路瓣、二路瓣每层为十个瓣，则三路瓣整周为九个瓣。在旋子花的中心有花心，称旋眼。一路各瓣之间形成的三角空地称"菱角地"，对称旋花的端头的三

角形称"宝剑头"，在找头中各旋子外圆之间形成的空地所画图案为栀花，栀花也有栀花心。旋眼、栀花心、菱角地、宝剑头的特点是区别旋子彩画等级的主要标志。旋子在找头的构图格式以一个整圆连接两个半圆为基本模式，彩画称这种格式为"一整两破"，找头长短不同可以"一整两破"为基础进行变通运用（构图），找头长需增加旋子的内容，找头短用"一整两破"逐步重叠，最短可形成"勾丝咬"图形，之后加长分别为"喜相逢"、"一整两破"，一整两破加一路，一整四破加金道冠、一整两破加勾丝咬、一整两破加喜相逢，二整四破直至数整破图形。如果特短的构件其找头也可画栀花或四角各画一1／4旋子，均为旋子彩画找头的格式。参见图6－18。旋子彩画各部位名称见图5－12。旋子彩画等级做法比较见图5－13。

清式旋子彩画分为如下等级，其中有些等级间的变化很微小。

（1）金琢墨石碾玉

特征为，所有线条，包括各大小枋线，各种旋子瓣的轮廓线，均沥粉贴金；另外，旋眼、栀花心、菱角地、宝剑头也贴金；枋心线、箍头线、皮条线、岔口线、素盒子线退晕；各路旋子花每个瓣及栀花各瓣均退晕；枋心画金龙和宋锦。所以金琢墨石碾玉彩画极为辉煌，层次丰富，可与和玺彩画媲美。但由于该彩画用金较多，在排级上又不如和玺，故应用较少，实例不多。金琢墨石碾玉彩画小样见图5－14。清晚期金琢墨石碾玉彩画细部效果参见图5－15。

（2）烟琢墨石碾玉

为旋子彩画的第二等级，低于金琢墨石碾玉规格。较早时期这种彩画多见，现在常见的烟琢墨石碾玉彩画与早期的特点略有差别，但在找头部分的旋子花中，表达方式是一样的，其找头部位特点为：旋子花各圆及各路瓣用墨线画成，一路瓣、二路瓣、三路瓣及栀花瓣均同时加晕，但不贴金，只在旋眼、栀花心、菱角地、宝剑头四处贴金。旋子彩画有五条大线沥粉贴金，即枋心线、箍头线、皮条线、岔口线与盒子线贴金，同时退晕（其中素盒子即俗称的整盒子与破盒子的大线也退晕），但

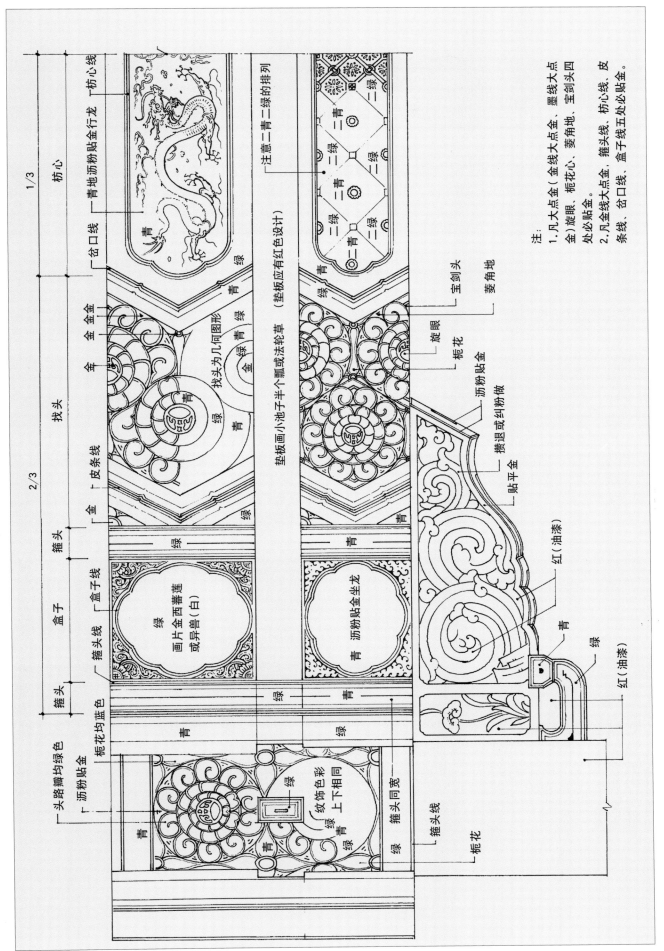

▲ 图5—12　旋子彩画图例（金线大点金）

混金旋子

金琢墨石碾玉

烟琢墨石碾玉

金线大点金

墨线大点金（一）

墨线大点金（二）

墨线小点金

雅伍墨(右)及雄黄玉(左)

▲ 图5—13 旋子彩画等级做法的比较

▲　图5—14　金琢墨石碾玉彩画小样

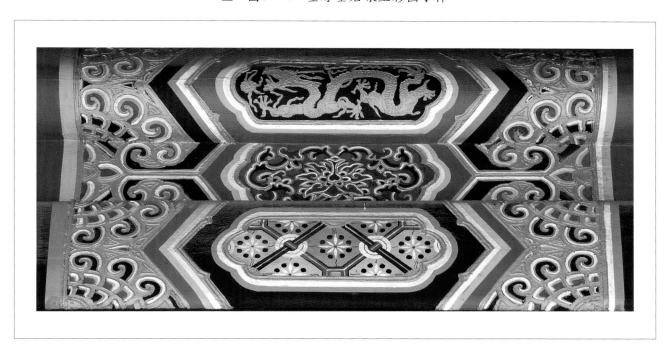

▲　图5—15　清晚期风格金琢墨石碾玉彩画细部（仅供参考）

圆形活盒子不退晕。烟琢磨石碾玉的枋心由龙锦互相调换运用，青地画金龙，配绿楞，绿地改画宋锦配青楞，盒子青地画坐龙，绿地画西蕃莲草等图案，均为片金图案；在枋心与盒子龙的周围配片金云，无五彩云，

盒子的岔角青箍头配二绿岔角，绿箍头配二青岔角，二绿岔角切水牙图案，青岔角切草形图案。

烟琢墨石碾彩画的平板画"降魔云"图案，云线沥粉贴金，退晕，为两色组成，其

中向上的云头为蓝色，向下的云头为绿色，云头之内画栀花，退晕方式同旋子，即只栀花瓣退晕，在花心与菱角地、圆珠三处贴金，垫板经常运用轱辘草和小池子半个瓢这两种图案，其中轱辘草多运用于大式由额垫板，为红地金轱辘，攒退草或片金草。小池子多用于小式垫板之上，也可用于平板枋、挑

▲ 图5-16 烟琢墨石碾玉彩画

▲ 图5-17 烟琢墨石碾玉彩画找头细部

檐枋之处和由额垫板之上。挑檐枋也有流云图案的设计，也有较素的退晕装饰，后者多见。

烟琢墨石碾玉是常用的旋子彩画，很多大型、重要的庙宇多用，北京的文化宫太庙，团城上的承光殿即属此种彩画。

烟琢墨石碾玉彩画见图5-16，烟琢墨石碾玉彩画找头细部见图5-17。

（3）金线大点金

是旋子彩画最常用的等级之一，在旋子彩画各等级中属中上，它的退晕、贴金和枋心盒子等部位的内容在设计上均恰到用场，

是旋子彩画的代表格式。带有清代中期风格
的金线大点金旋子彩画见图5-18。人们认识
旋子彩画应由此种等级开始，因它的等级居
前两种彩画之后，故先介绍了石碾玉彩画。

　　1）大线：枋心线、箍头线、盒子线、皮
条线、岔口线五大线沥粉贴金，其中枋心线、
岔口线，每线之一侧加一层晕色，活盒子线

▲　图5-18　带有清代中期风格的金线大点金旋子彩画

不加晕色、素盒子线，即十字相交破盒子线与
菱形整盒子线双侧加晕；皮条线双侧加晕。

　　2）找头：找头外轮廓大线，各层旋子的
轮廓线，各个旋子瓣、栀花瓣以及靠箍头的栀
花瓣均为墨线，不退晕；在旋眼、栀花心、菱
角地、宝剑头四处贴金。

　　3）盒子：盒子分活盒子与素盒子。活盒
子可用蓝、绿两色调换，也可用蓝白两色调
换，蓝盒子内画龙，绿盒子内画西蕃莲草。白
盒子用在绿盒子部位，画瑞兽，这种做法较早
时期多用。素盒子，以栀花盒子为例，靠近蓝
箍头画整盒子，靠近绿箍头的画破盒子。整盒
子线内画蓝色，栀花为绿色，盒子线外与其相
反，栀花画蓝色；破盒子盒子线上下为绿色，

破盒子在绿箍头之间用。在较早时期大点金，烟琢墨石碾玉及金琢墨石碾玉彩画的盒子也有四合云如意盒子与十字别盒子的设计，近似这种整破盒子，后来分别被整栀花盒子与破栀花盒子代替，逐渐简化。自然花纹不如前者精致，前者图样至今尚有多见，现时设计中应加以借鉴。盒子岔角画法参见图5-19。

4）枋心：金线大点金的枋心由龙锦互相调换，同烟琢墨石碾玉。

金线大点金等级的彩画的垫板上的图案同烟琢墨石碾玉，只是半个瓢，栀花不退晕，也是在各菱角地和花心处贴金，小池子内多

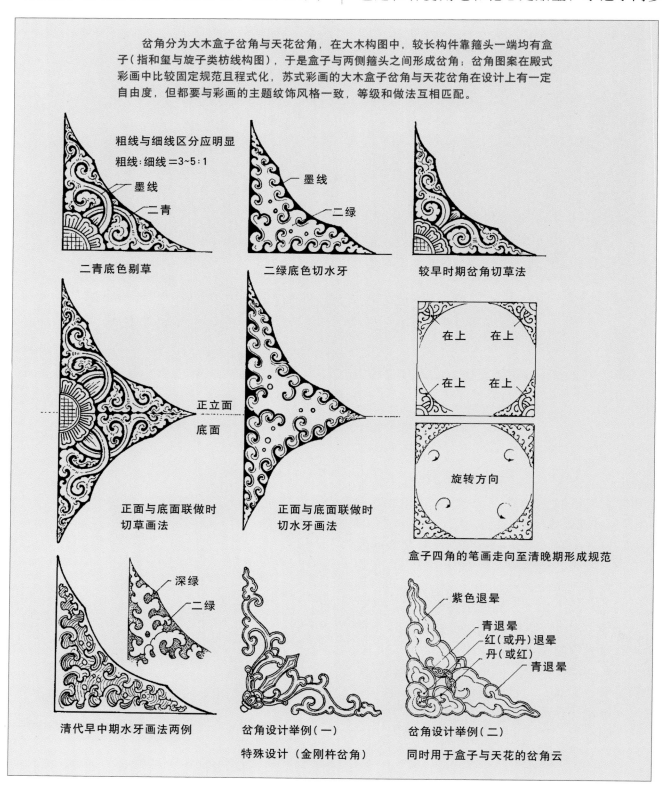

岔角分为大木盒子岔角与天花岔角，在大木构图中，较长构件靠箍头一端均有盒子（指和玺与旋子类枋线构图），于是盒子与两侧箍头之间形成岔角；岔角图案在殿式彩画中比较固定规范且程式化，苏式彩画的大木盒子岔角与天花岔角在设计上有一定自由度，但都要与彩画的主题纹饰风格一致，等级和做法互相匹配。

粗线与细线区分应明显
粗线：细线＝3~5:1

墨线
二青

二青底色剔草

墨线
二绿

二绿底色切水牙

较早时期岔角切草法

正立面
底面

正面与底面联做时切草画法

正面与底面联做时切水牙画法

在上　在上
在上　在上

旋转方向

盒子四角的笔画走向至清晚期形成规范

深绿
二绿

清代早中期水牙画法两例

岔角设计举例（一）
特殊设计（金刚杵岔角）

紫色退晕
青退晕
红（或丹）退晕
丹（或红）
青退晕

岔角设计举例（二）
同时用于盒子与天花的岔角云

▲　图5-19　大木盒子岔角画法

画黑叶子花、片金花纹与攒退花纹、黑叶子花画于二绿池子内，片金花纹画于红池子内，攒退花纹画于二青池子内（也可调换），见图 5-20。大式由额垫板多画轴辘草，两侧的半个轴辘为绿色，草多为攒退草或片金作。草由青绿两色组合。

平板枋的降魔云图案及色彩同烟琢墨石碾玉，也是云头大线沥粉贴金并认色退晕，但栀花不退晕，栀花的贴金同烟琢墨石碾玉，在花心、菱角地、圆珠三处贴金。

挑檐枋边线沥粉贴金，蓝色有晕，一般不画其他花纹。

金线大点金旋子彩画的枋心、找头、盒子等部位，在不同场合亦有不同的设计。如龙草枋心的金线大点金彩画见图 5-21。草锦枋心的金线大点金彩画见图 5-22。六字真言枋心的金线大点金彩画见图 5-23。六字真言法轮草枋心的金线大点金彩画见图 5-24。金线大点金牌楼彩画及其细部举例见图 5-25 和图 5-26。夔龙锦枋心彩画见图 5-27，金线大点金锦枋心彩画见图 5-28。

（4）墨线大点金

▲　图 5-20　黑叶子花画法（仅示范黑叶子花）

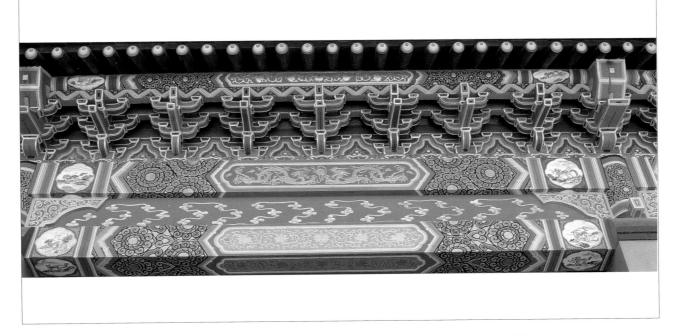

▲　图 5-21　龙草枋心的金线大点金彩画（首都图书馆大门）

▲ 图5-22 草锦枋心的金线大点金彩画

▲ 图5-23 六字真言枋心的金线大点金彩画

▲ 图5-24 六字真言法轮草枋心的金线大点金彩画

▲ 图5-25 金线大点金牌楼彩画（北京雍和宫某四柱七楼牌楼彩画）

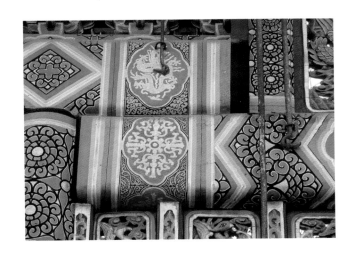

▲ 图5-26 金线大点金牌楼彩画细部纹饰

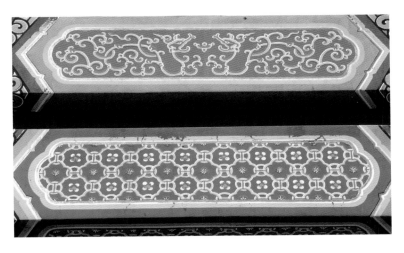

▲ 图5-27 夔龙锦枋心彩画

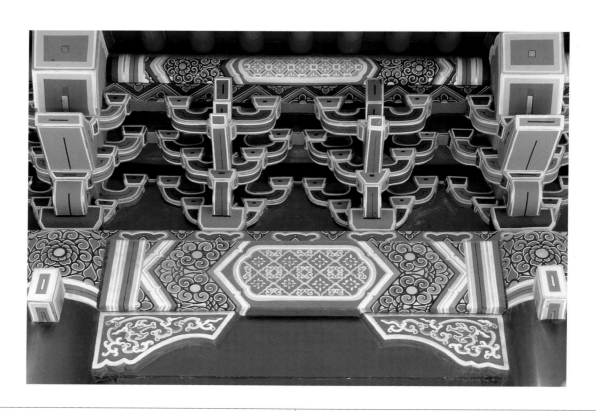

▲ 图5-28 金线大点金锦枋心彩画

也是最常用的旋子彩画之一，多用在大式建筑之上，如城楼、配殿、庙宇的主殿以及配房等建筑上。墨线大点金为旋子彩画的中级做法，也是旋子各彩画由高级向低级推变的一个关键等级，很多明显的不同处理方式均由此等级开始变化，特点为：

1）墨线大点金的所有线条，包括五大线及旋子花的大小轮廓线，都是墨线，无一条线贴金，也无一处有晕色，找头部位处理同金线大点金，在旋眼、栀花心、菱角地、宝剑头四处贴金。

2）墨线大点金的枋心有两种表现方式，一种同金线大点金，枋心之内分别画龙锦，互相调换。另一种枋心内画一黑墨粗线，为一字枋心，俗称"一统天下"，较窄的枋心也可不画"一统天下"，即素枋心，称空枋心，或

称"普照乾坤"。

墨线大点金如果枋心不贴金，其他部位贴金量又都较小，且分散，再加上没有晕色，所以整组彩画金与青绿底色的差别非常明显，如同繁星闪烁，使得彩画宁静素雅之中又见活泼，也是很成熟且运用广泛的彩画形式，是古建彩画成功的设计范例。

墨线大点金多用死盒子，盒子内的退晕、用金方式同找头。平板枋上也画降魔云，云头线也为墨线，不贴金、不退晕，栀花贴金同金线大点金，也是在花心、菱角地、圆珠三处贴金。

小式垫板画小池子半瓢图案，图案中也无金线，只在菱角地、花心二处贴金（包括宝剑头）。大式的由额垫板有两种画法，一种画小池子半个瓢；另一种为素垫板，只涂红油漆，不画任何图案，红色垫板把大小额枋截然分开，称腰带

红或腰断红。

（5）金线小点金

这种彩画偶有所见不常用，大效果接近金线大点金，只是在金线大点金规则基础上，减掉菱角地、宝剑头两处贴金部位则为金线小点金。也是各大线沥粉贴金加晕，枋心内画龙锦，找头部分旋花为墨线不加晕。

（6）墨线小点金

这是用金最少的旋子彩画，多用在小式建筑上。特点为：所有线条均不沥粉贴金，枋心之中也不贴金，唯在找头的个别处贴金，即旋眼与栀花心两处贴金，其他部位如盒子，也只在栀花心处贴金。整个彩画不加晕色。墨线小点金的枋心有两种安排方式，一种画夔龙与黑叶子花，夔龙画在章丹色枋心之上，构件的箍头为绿色；黑叶子花画在青箍头的枋心中，

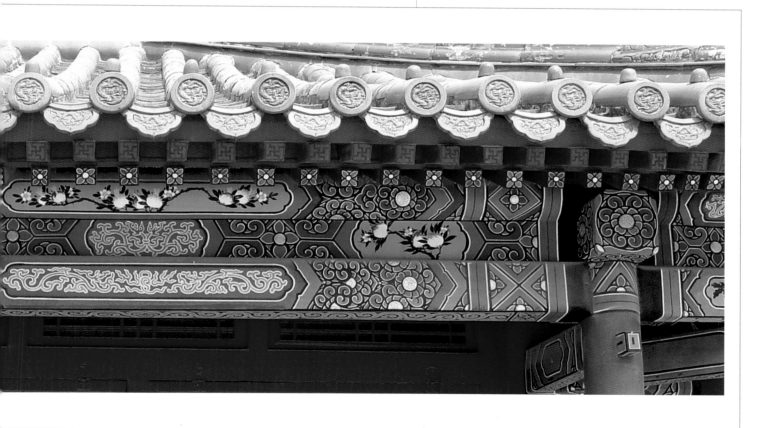

▲　图5-29　墨线小点金夔龙黑叶子花枋心旋子彩画

枋心为绿色（图5-29）；另一种做一字枋心或空枋心。垫板画小池子半个瓢，只在两个池子之间的栀花心处贴金。垫板一般三个池子，如果是绿箍头配两个章丹池子，也画夔龙，一个二青池子画"切活"图案或二绿地画黑叶花等，如果是青箍头则画一个章丹池子，两个二青或二绿池子，其中，中间池子的色要与檐檩枋心的色有区别（不能同一色）（图5-30）。墨线小点金龙锦枋心梁架彩画见图5-31。墨线小点金彩画死盒子细部见图5-32～图5-34。墨线小点金搭交檩处做法见图5-35。

（7）雅伍墨

是最素的旋子彩画，大小式建筑均有所见，用于低等的建筑装饰上。特点为：所有线条，包括梁枋的所有大线以及各部位细小的旋子、栀花等级处的轮廓线均为墨线，均不沥粉，也不加晕色，也不贴金。整组彩画只有青、绿、黑、白，四色画齐。雅伍墨的大式由额垫板不画图案，为素红油漆，小式垫板池子半个瓢，也不贴金，小式枋心多画夔龙黑叶子花（图5-36），所以池子同小点金画法。大式枋心画"一统天下"（图5-37），或一字枋心与"普照乾坤"

夔龙黑叶子花枋心

池子双夔龙

池子单夔龙

▲ 图5-30 墨线小点金池子及枋心做法举例

▲ 图5-31 墨线小点金龙锦枋心梁架彩画

互用，其中蓝枋心为"普照乾坤"，绿枋心为"一统天下"。平板枋可画不贴金的"降魔云"或不贴金的栀花，也可只涂蓝色，边缘加黑白线条，称"满天青"。雅伍墨的枋心与池子也有其他形式的设计，举例见图5-38。雅伍墨角梁画法见图5-39。

（8）雄黄玉

雄黄玉是另一种调子的旋子彩画，传统以雄黄为颜料，以防构件虫蛀，所以该彩画多见于房库建筑，现多用石黄配成雄黄色（石黄比雄黄浅）运用。其特点分底色与线条两项，底色即雄黄色，不论箍头、找头、枋心均用黄色。线条，包括大线与找头的旋子，栀花花纹为浅蓝、深蓝；浅绿、深绿退晕画成，蓝绿分色的规则与旋子彩画相同，但调子和退晕层次区别于一般旋子彩画，所以在旋子彩画类中可不列为第八等。雄黄玉彩画见图5-40。

以上各名目的旋子彩画是按其等级高低顺序排列（雄黄玉除外）。其中以贴金多少和退晕层次为标志，同时同一种彩画由于枋心表现方法繁简不同，也有高低之别，如墨线大点金枋心既可画龙、锦，也可画一字。旋子彩

▲　图5-32　墨线小点金龙锦枋心梁架彩画

▲　图5-33　墨线小点金破十字别盒子

▲　图5-34　墨线小点金整破栀花盒子

▲ 图5-35 墨线小点金搭交檩做法

▲ 图5-36 雅伍墨夔龙黑叶子花枋心彩画

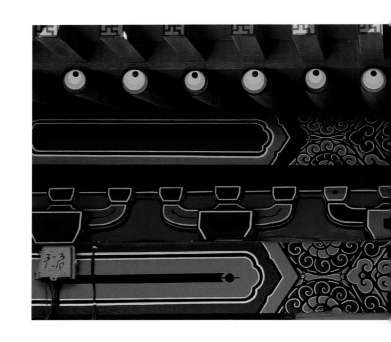

画中有贴金的为前六种，不贴金的只有雅伍墨及雄黄玉。贴金的彩画中，大线贴金的为前三种（金琢墨石碾玉，烟琢墨石碾玉，金线大点金）及金线小点金，其余大线不贴金，又凡是大点金的彩画贴金除旋眼、栀花心外均包括菱角地、宝剑头、找头旋花共四处贴金，小点金彩画只在旋眼栀花心两处贴金。旋子彩画用于柱头等处，形式同大木彩画（指檩枋大木），也是全用旋子（或栀花）排列，但基本都是整圆旋子，无其他名目。另外尚有一种混金旋子彩画，即在有沥粉的大木之上满贴金，不留余地，这种做法虽极为辉煌但较罕见，故未列入顺序之中。旋子彩画的箍头均为素箍头，较早时期个别等级如石碾玉有时用"贯套箍头"和其他形式的设计，现视为特例。旋子彩画枋心组合见图5-41。旋子彩画元素符号的变形分析见图5-42。早期旋

攒退西蕃莲和黑叶子花枋心和线法池子

线法池子

攒退西蕃莲枋心

▲ 图5-38 雅伍墨的枋心与池子画法举例

▲ 图5—37　雅伍墨一字枋心彩画

雅伍墨（墨线小点金及墨线大点金同）的仔角梁画法

▲ 图5—40　雄黄玉彩画

雅伍墨的老角梁处画法

▲ 图5—39　雅伍墨角梁画法

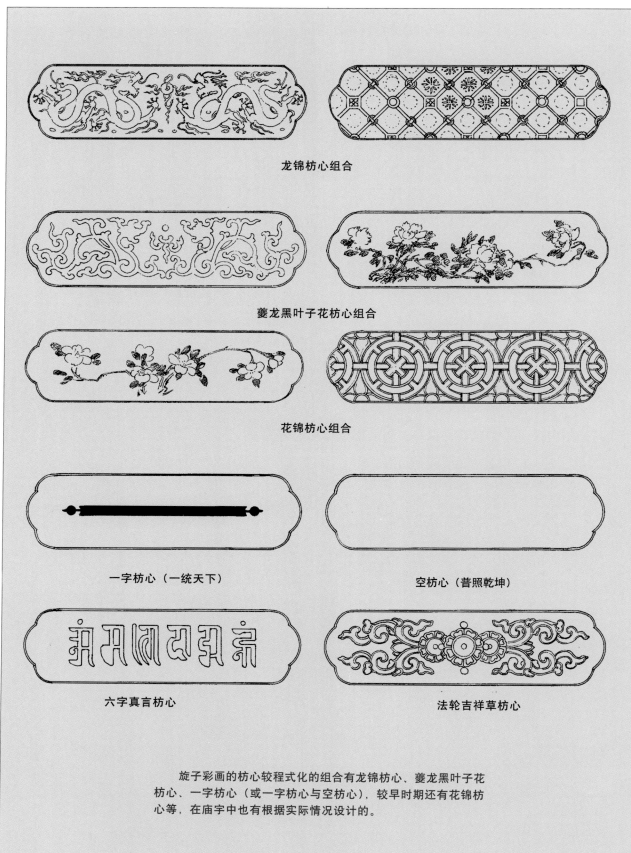

龙锦枋心组合

夔龙黑叶子花枋心组合

花锦枋心组合

一字枋心（一统天下）

空枋心（普照乾坤）

六字真言枋心

法轮吉祥草枋心

旋子彩画的枋心较程式化的组合有龙锦枋心、夔龙黑叶子花枋心、一字枋心（或一字枋心与空枋心），较早时期还有花锦枋心等，在庙宇中也有根据实际情况设计的。

▲ 图5—41 旋子彩画枋心组合设计举例

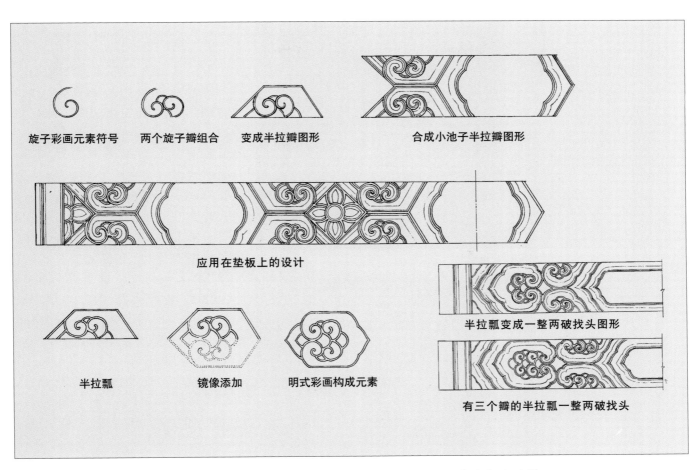

旋子彩画元素符号　　两个旋子瓣组合　　变成半拉瓣图形　　　　合成小池子半拉瓣图形

应用在垫板上的设计

半拉瓢　　　　镜像添加　　　明式彩画构成元素

半拉瓢变成一整两破找头图形

有三个瓣的半拉瓢一整两破找头

▲　图5—42　旋子彩画元素符号变形分析及早期旋子彩画纹样

枋心细部锦纹

▲　图5—43　早期旋子彩画的图形特点之一 [北京天坛及东岳庙彩画临摹 (具有相同风格特点)]

金琢墨夔蝠片金寿字团

加有双连珠带的菰头

片金寿字加攒退夔龙

卡子与寿山福海团

▲ 图5-44 苏式彩画细部图案举例

子彩画的图形特点之一见图5-43。

5.1.5 苏式彩画

苏式彩画与前两种彩画从风格到内容上都有很大的区别。据传，苏式彩画系清乾隆年间由江南传至北京。推测苏式彩画得名原因有二：第一，确实清代早期南方地区有类似的彩画雏型，以后传至北京地区，同时在一定程度上又与北京的官式彩画设计相结合，而逐渐形成现在人们常见的苏式彩画格式。第二，南方多园林景致，且小巧精致，尤以苏州园林著称，北方园林筑景常参照借鉴，而彩画多装饰于这种园林建筑之上，故也得名苏式彩画。

苏式彩画目前已成为北京古式建筑装饰上的一大项目，人们常将它与前两种彩画对比，而分别称为"殿式"与"苏式"彩画，苏式彩画用途广泛，数量众多，广泛应用于园林中的亭、廊、轩、榭等建筑以及住宅、铺面房等建筑上面。由于苏式彩画突出风趣性，故庄严、宏伟的宫殿建筑很少采用。苏式彩画由图案和绘画两部分组成，两者交错运用，加之构图灵活，格式多样，所以富于变化。常用的图案多为传统图案，小巧精致，内容丰富，如回纹、万字、汉瓦、夔纹、连珠、卡子、各种锦纹等（图5-44），绘画部分包括各种画题的人物故事、历史典故、寓言传说以及山水、花鸟、走兽、鱼虫等内容，可根据人们的情趣爱好而选用。另外苏式彩画中还有介于前两者之间的装饰画，它是形成苏式彩画风格多变，同时又使自身统一协调的重要部分，如各种瑞兽祥禽（图5-45）、流云（图5-46）、博古、黑叶子花、竹叶梅等，在表达上既有绘画的灵

抱头梁与穿插枋中的吉祥图案

灵仙竹（祝）寿（桃）团

异兽（益寿）找头

▲　图5—45　苏式彩画的瑞兽祥禽

亭子内檐抹角梁画海墁流云

▲ 图5—46 苏式彩画中的流云应用

活，又有图案的工整。苏式彩画的画题多加寓（或喻）意，不论是图案还是绘画，均多方面着眼进行立意，以取其喜庆、吉祥，传统彩画在这方面尤为突出，目前许多彩画仍保留其特色。

　　苏式彩画给设计者留有大胆想象、创意的空间，故形式多种多样。从演变实例看，其构图、做法几无定式，所以现仅以常见的形式为例进行说明与介绍。见图5-47～图5-49。

　　（1）构图

　　苏式彩画的构图有多种，如前面介绍的将梁枋横向分为三个主要段落的构图就是其中一种（即箍头、找头、枋心）（图5-50）。但最有代表性的构图是将檩、垫、枋（小式结构）三件连起来的构图，主要特征为中间有一个半圆形的部分，体量较大，上面开敞，称"包袱"（图5-51）。包袱内画各种

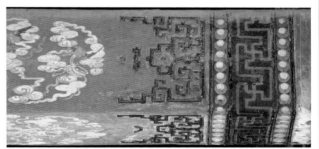

卡子及流云找头

"罗锅"檩海墁流云

中国古建筑油漆彩画

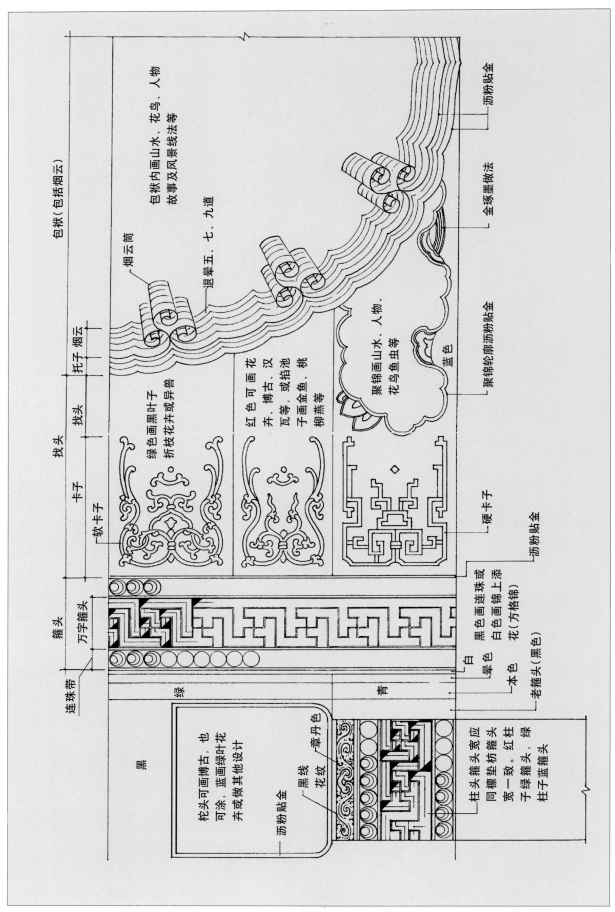

▲ 图5—47 苏式彩画图例（全线苏画）

122

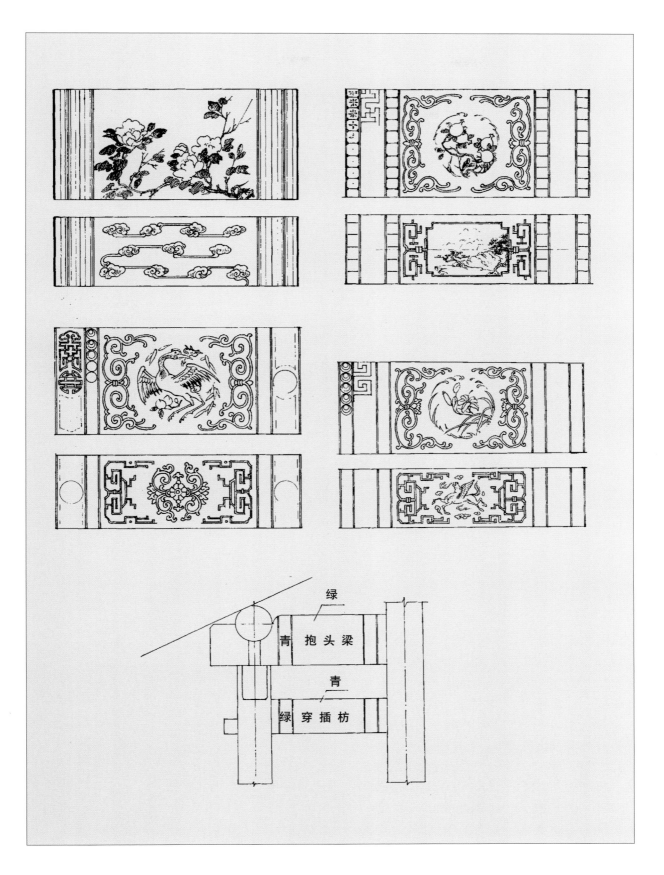

▲　图 5—48　短小构件的设计（苏画）

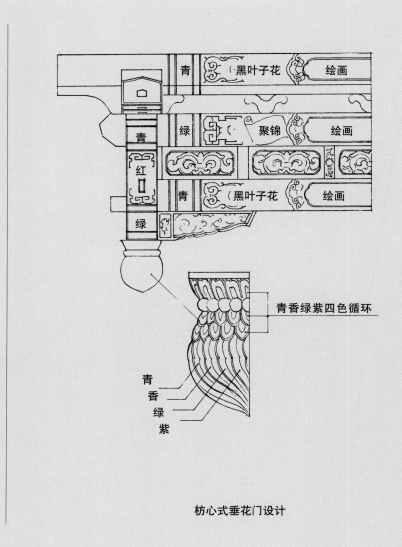

垂花门的彩画设计

在垂花门的构造及造型相同的情况下，彩画布图可有多种不同设计，尤其在较大的建筑群中，有可能出现多个垂花门，由是为彩画的垂花门设计提出了应有变化的选择课题。垂花门除按常规进行多种形式的苏式彩画设计外，根据环境，如在宫殿或庙宇中，也有进行旋子彩画或其他形式彩画的设计的实例。

枋心式垂花门设计

画题，由于绘画时需将包袱涂成白色，所以行业中又称这部分为"白活"。包袱的轮廓线称"包袱线"，由两条相顺，有一定距离的线画成，每条线均向里退晕，其里边的退晕部分称"烟云"，外层称"托子"，有时将这两部分统称烟云。烟云有软硬之分，由弧线画成的烟云称"软烟云"，由直线画成的烟云称"硬烟云"；软硬烟云里的卷筒部分称"烟云筒"，另外烟云也可设计成其他式样的退晕图样，这样更富于变化。苏式彩画的构图又常在包袱箍头之间有一个重要图案，靠近箍头称"卡子"，卡子也分软硬，分别由弧线与直线画成。在卡子与包袱之间，靠近包袱的垫板上的绘画部位称"池子"，池子轮廓的退

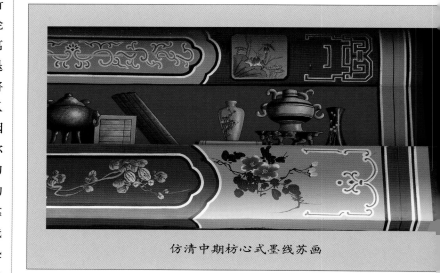

仿清中期枋心式墨线苏画

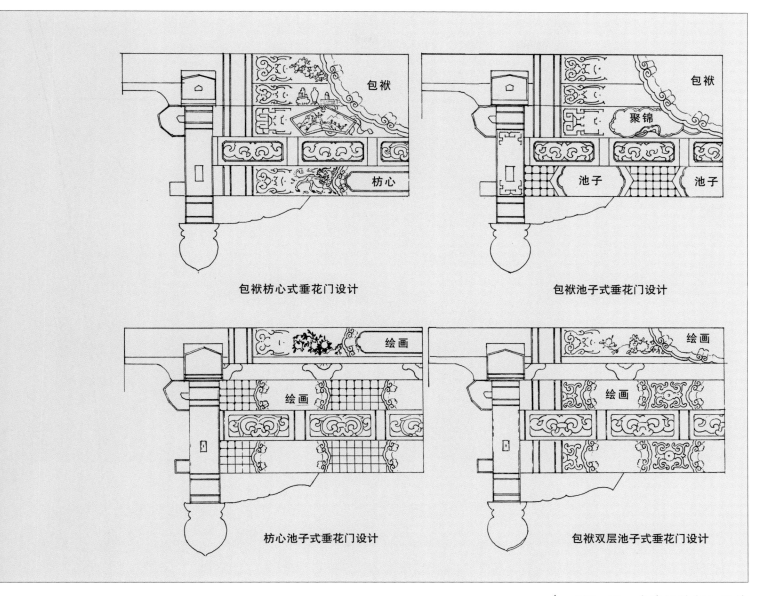

包袱枋心式垂花门设计　　　　　　　　　　　包袱池子式垂花门设计

枋心池子式垂花门设计　　　　　　　　　　　包袱双层池子式垂花门设计

▲　图5-49　垂花门的彩画设计

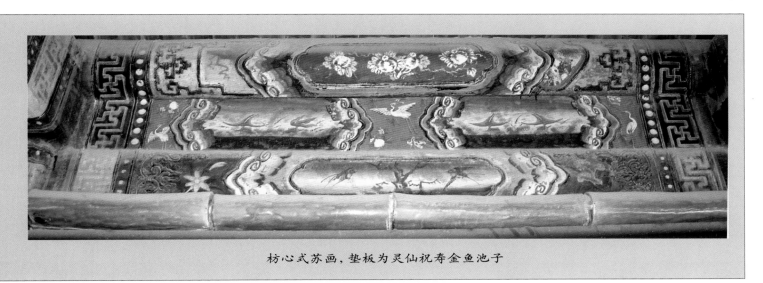

枋心式苏画，垫板为灵仙祝寿金鱼池子

▲　图5-50　苏式彩画枋心式构图(一)

游廊枋心式苏画做法举例

枋心式墨线苏画

清晚期枋心式苏画（垫板万字锦加池子）

喜鹊登梅

春燕

晕部分也称烟云，在檩部与枋子，也是靠近包袱的部分，有一小体量的绘画部位，形状不定，称"聚锦"，与聚锦对应的部分（如下枋为聚锦，则指檐檩的该部位）最普通的画题是画花，称"找头花"，箍头两侧的窄条部分称"连珠带"（不一定都画连珠）。

另一种构图是以单件为单位，不将檩、垫、枋连起来的构图，每件分别进行设计，也分箍头、找头、枋心三个部分，枋心占枋长的1/3，两端找头与箍头相加，各占枋长的1/3，其中去掉箍头部分，余者为找头，在找头部位也分别包括卡子、聚锦、找头花。这种格式的构图多用于廊子的掏空部分或亭子内檐构架，见图5-52。但如果是檩、垫、枋连起来的结构，檩、枋采用上述构图，这时的垫板则要以另一种方式装饰，如通画博古或通画花卉，格式不与上下两件雷同。颐和园和北海的长廊，在梁的立面多画线法，显得既精神，又与园林气氛相吻合，见图5-53。

（2）色彩与内容

苏式彩画的箍头也是青绿两色为主，互相调整运用，但里面的内容变化较大，有时甚至改变其色彩。箍头中常用的图案有回纹、万字、汉瓦、卡

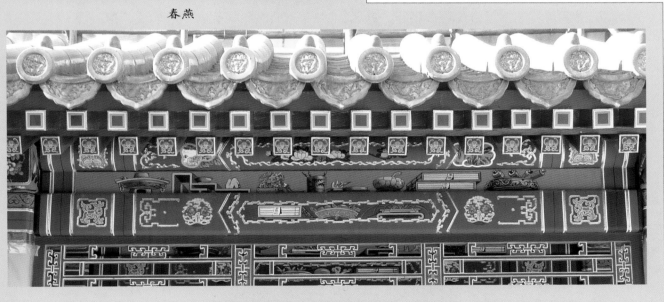

清代中期风格枋心式金线苏画

▲　图5-50　苏式彩画枋心式构图（二）

仿清中期包袱式苏画（1）

仿清中期包袱式苏画（2）

传统包袱式苏画

中早期包袱式苏画

清晚期梁架反搭包袱式苏画

仿清早期包袱式苏画

清晚期包袱式苏画

包袱压枋心式构图

垂花门罩苏式彩画

▲ 图5—51 包袱式苏画

梁架转角部彩画

梁架转角部彩画

四架梁随梁的枋心式苏画

锁链锦菌头枋心式彩画

梁架底面彩画

八方亭梁架苏式彩画做法

▲　图5-52　苏式彩画在廊内梁架的表现形式

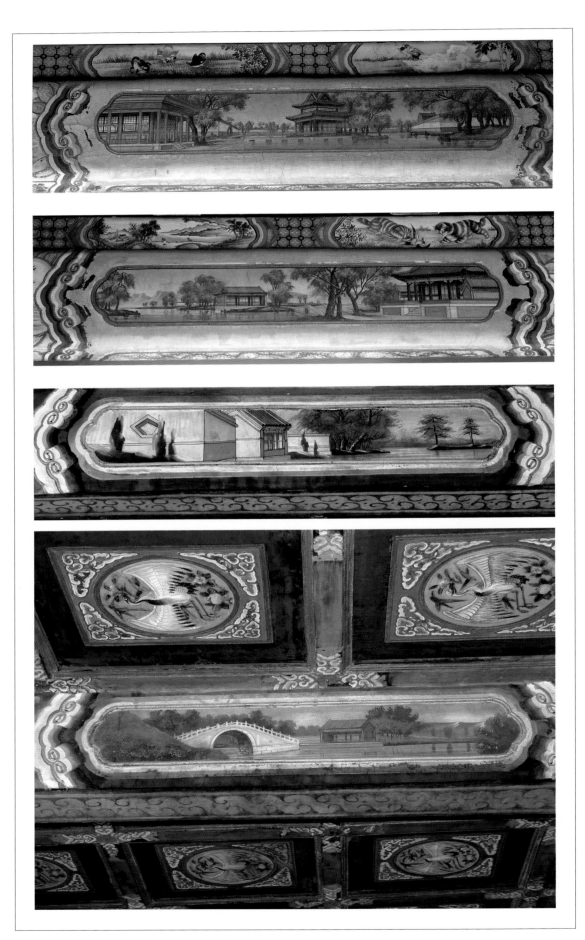

▲ 图5—53 枋心线法画

子、寿字、锁链、工正王出等图案，很工整、很精细。苏式彩画的箍头也是连起来构图，其中垫板箍头的色彩同檩部，下枋子箍头为另一色。箍头两侧的连珠带分黑色和白色两种，黑色上边画连珠，白色上边画方格锦（灯笼锦），又称"锦上添花"，青箍头配香色连珠带或香色方格锦，或配绿色方格锦；绿箍头配紫色连珠，紫方格锦，或配蓝色方格锦。

各构件如果是青箍头，则为绿找头，配软卡子，剩余部位画黑叶子花（找头花）或瑞兽祥禽。绿找头的两侧画题对称，包袱左侧的找头如果画黑叶子花，则右侧也画黑叶子花；左侧画祥禽瑞兽，右侧也画祥禽瑞兽。构件如果为绿箍头，则找头为蓝色，配硬卡子，靠包袱配聚锦。其中卡子的色彩配蓝色找头，为香色或绿色以及香色、绿色、红色等色组合，绿色部位的卡子为紫色或蓝色或红、蓝、紫等色组合。垫板不论箍头是青还是绿，均为红色，固定配软卡子（特殊情况除外），画在红地之上。聚锦的画题同包袱，色彩除白色外，尚有各种浅色，如蛋青、旧纸、四绿等色。包袱两侧的聚锦内容多不相同，如左边的聚锦画山水，右边的则可画花卉，画题不对称，而池子两侧的画题则对称，一般多画金鱼。聚锦与池子也可称"白活"，因画法相同。

柱头部分的箍头内容同大木，宽窄也一致，色彩按规则定，但在箍头的上部多加一窄条朱红（章丹）色带，上面用黑线画较简单的花纹。

檩、垫、枋单体构图的排色基本同旋子彩画，只是较简化，细部段落较少，最后成为青箍头、绿找头、青楞的排列格式，枋心画白活，找头部分青找头配硬卡，绿找头配软卡子。卡子与枋心之间的内容同上，也是青找头配聚锦，绿找头配黑叶子花或其他画题。

（3）苏式彩画等级

苏式彩画在固定的格式下，也可以分成高级、中级和较简化的种类，主要指用金多少、用金方式、退晕层次和内容的选择等，形成华丽、繁简程度不同的装饰，这些多见于细部。一般可分为金琢墨苏画、金线苏画、黄线苏画、海墁苏画等。另外取苏式彩画的某一部分又可变成极简单的装饰方案，如掐箍头彩画或掐箍头搭包袱彩画，即提取箍头部分的图案或同时提取箍头与包袱两部分，均属苏式彩画范围。

1）金琢墨苏画

金琢墨苏画是各种苏式彩画中最华丽的一种，主要特征为贴金部位多，色彩丰富，图案精致，退晕层次多。各具体部位特点为：

①箍头：箍头为金线，箍头心的图案均为贴金花纹，如金琢墨花纹或片金加金琢墨花纹，常用图案有倒里回纹、倒里万字、汉瓦卡子等（倒里回纹、万字为里面分色效果）。

②包袱：线沥粉贴金。包袱中的画题不限，但表现形式往往较其他等级的苏画略高一筹，比如一般包袱中画山水，同普通绘画（构图后设各种色），金琢墨苏画包袱的山水却有以金作衬底（背景）的例子，称窝金地，当然不是普遍运用，也只在突出位置上表现，如用在明间的包袱中。

③烟云：烟云有软硬之分，相间调换运用，其中明间用硬烟云，次间用软烟云，烟云的退晕层次为七至九层，托子的退晕层次为三至五层，多为单数。烟云与托子的色彩搭配规则为青烟云配香色托子，紫烟云配绿色托子，黑烟云配红色托子。烟云筒的个数每组多为三个，个别处也可为两个。

④卡子：为金琢墨卡子，或金琢墨加片金两种做法组合图案，由于花纹退晕层次较多，故卡子纹路的造型应相应加宽，但要仍能使底色有一定宽度，以使色彩鲜明，画题突出。

⑤找头：指找头花部位，但金琢墨苏画很少在绿找头上画找头花，因找头花效果简单、单调，所以金琢墨苏画多在这个部位画活泼生动的各种祥禽瑞兽和其他设计，兽的种类与形态不拘，祥禽以仙鹤为主，配以灵芝、竹叶水仙、寿桃等，名为"灵仙祝（竹）寿"。

⑥聚锦：画题同包袱，但变化的聚锦轮廓（聚锦壳）周围的装饰相应精致，式样多变，为金琢墨做法。聚锦壳沥粉贴金。

⑦柁头：柁头边框沥粉贴金多画博古，三色格子内常做锦地，外边常加罩子，显得工整精细，柁头帮多石山青色，画灵仙竹寿或方格锦配汉瓦等图案。在柁头也有画建筑风景

回纹连珠带箍头及双层攒退卡子

片金万字箍头

烟琢墨团花卡子及丁字锦箍头

的（线法画），但因柁头体量小，画线法效果不大协调。

⑧池子：池子内画金鱼，烟云也退晕。轮廓线沥粉贴金。

2）金线苏画

为最常用的苏式彩画，有多种用金方式，目前分为三种：第一，箍头心内为片金图案，找头为片金卡子；第二，箍头心不贴金，找头为金卡子贴金；第三，箍头心内为颜色图案不贴金，找头为颜色卡子也不贴金。但金线苏画的箍头线、包袱线、聚金壳、池子线、柁头边框线均沥粉贴金。各部位的规划为：

①箍头：大多为活箍头，个别情况用素箍头，箍头心内以回纹万字为主，一般不分倒里，以一色退晕而成，仅画出立体效果，称阴阳万字。在较高级的做法中画片金花纹，图案变化较大，按设计而定。连珠带画连珠或

片金福（蝠）寿箍头及千秋万岁柁头

万字连珠带箍头

▲ 图5—54 箍头图样

方格锦，方格锦软硬角均可（图 5-54）。

彩画箍头的形成原理及相关图样见图 5-55～图 5-57，参见图 5-58 和图 5-59。

② 包袱：包袱内画题不限，多采用一般表现方法，很少有金琢墨苏画的"窝金地"做法。各间包袱内容调换运用，对称开间，如两个次间画题对称，包袱内的山水包括墨山水、洋山水、浅法山水、花鸟等（图 5-60）。

③ 烟云：一般多为软云，两筒三筒均可，在重要建筑的主要部位常搭配硬烟云，烟云层次为五至七层，常用的为五层。烟云与托子的配色方法同金琢墨苏画。

④ 卡子：卡子分片金卡子与颜色卡子两种，如果箍头心为片金花纹，则卡子必为片金卡子，箍头心为颜色花纹，也有片金卡子，即卡子做法高于箍头，如果找头是颜色卡子，箍头心必为颜色箍头或素箍头。颜色卡子多为攒退活做法（图 5-61）。

⑤ 找头：找头部分画黑叶子花，瑞兽祥禽任取一种，一座建筑物不得同时用两种画题，现一般多画黑叶子花、牡丹、菊花、月季、水仙等，内容不限（图 5-62）。

⑥ 聚锦：画题同包袱，聚锦轮廓造型可稍加"念头"（聚锦轮廓的附加花纹），念头做法同金琢墨聚锦（图 5-63）。

⑦ 栀头：多画博古，在次要部位可画栀头花，博古一般不画锦格子。栀头帮可用石山青色衬底，也可用香色衬底，画藤箩花、竹叶梅。栀头花及竹叶梅多为作染画法。

3）黄线苏画

各部位轮廓线与花纹线均不沥粉贴金，有时只沥粉但并不贴金而作黄线，即凡金线苏画沥粉贴金的部分，一律改用黄色线条，并以此分各种段落。如箍头线、枋心线、聚锦线均用黄色代替金，由于该种做法较早时期施以墨线，所以又叫墨线苏画，现多用黄线，除用金外，各部位所画内容也多简化，但墨线苏画多做枋心式设计。

① 箍头：箍头心内多画回纹或锁链锦等，回纹单色，阴阳五道退晕切角而成，锁链锦简单粗糙少用，个别部位也可用素箍头，依设计而定。

② 包袱：包袱内画题不限，但不画工艺

复杂的画题，如复杂的线法山水，以普通山水（墨山水或洋山水）、花鸟两种画题最多。

③ 烟云：除包袱线不沥粉贴金外，退晕同金线苏画，一般为五层，烟云为软烟云，多为两筒。

④ 卡子：卡子色彩单调，绿底色多配红卡子，青底色多配绿卡子或香色卡子，卡子多单加晕，跟头粉攒退。

⑤ 找头：找头部分多画黑叶子花，内容与表达方式同金线苏画。

⑥ 聚锦：聚锦很少加念头，多直接画一个简单的轮廓，在其中画白活。

⑦ 垫板部分：垫板部分可加池子也可不加池子，加池子里面内容同金线苏画，可不退烟云，为单线池子或直接在红垫板上画花，如喇叭花、葫芦叶、葡萄等。

⑧ 栀头：栀头可画博古与栀头花，也可只画栀头花，前者博古画在较显要的位置。栀帮可用拆垛法画，画竹叶梅等花纹。

4）海墁苏画

在构图格式上与前几种苏画有很大差别，其特点为：除保留箍头外，其余部分可皆尽省略，不进行构图，两个箍头之间通画一种内容。有时靠箍头保留有卡子图案。箍头多为素箍头，并且不加连珠带。如加卡子，卡子多单加粉。在两个箍头之间的大面积部位所画内容依色彩而定，一般檩枋为两种内容互相调换，即流云与黑叶子花。流云画在蓝色的部位，该件为绿箍头、黑叶子花画在绿色的部位，该件为青箍头，流云较工整规则，云朵由绿、红、黄等色彩组合，黑叶子花构图灵活，章法不限，一般由中间向两侧分枝。垫板部位红色不进行固定格式的构图，多画蓝色拆朵花。另外，在用色上两箍头之间的檩枋部位，也可改青、绿色为紫、香色，画题不变，为较低级的表现方法。栀头蓝色可画拆朵花卉，栀帮香色或紫色画三蓝竹叶梅，多不作染（图 5-64）。

苏式彩画运用比较灵活，上述金琢墨苏画、金线苏画、黄线苏画、海墁苏画，均在构件上满涂颜色，绘制图案和图画，其中前三种格式基本相同，海墁苏画两箍头之间不进行段落划分。又各种苏画各个部位常见做

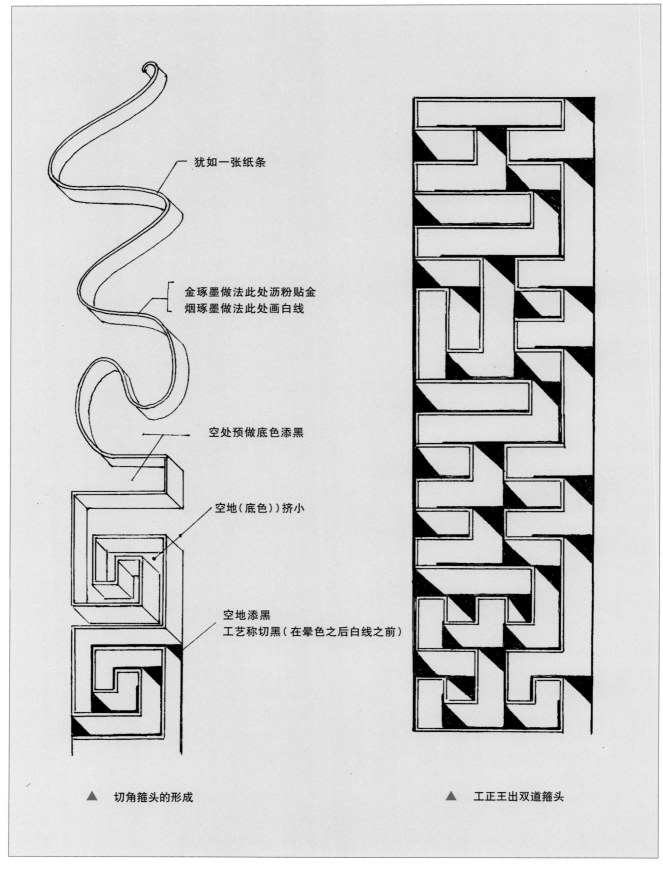

犹如一张纸条

金琢墨做法此处沥粉贴金
烟琢墨做法此处画白线

空处预做底色添黑

空地（底色）挤小

空地添黑
工艺称切黑（在晕色之后白线之前）

▲　切角箍头的形成

▲　工正王出双道箍头

▲　图5-55　箍头图样分析（切角做法）

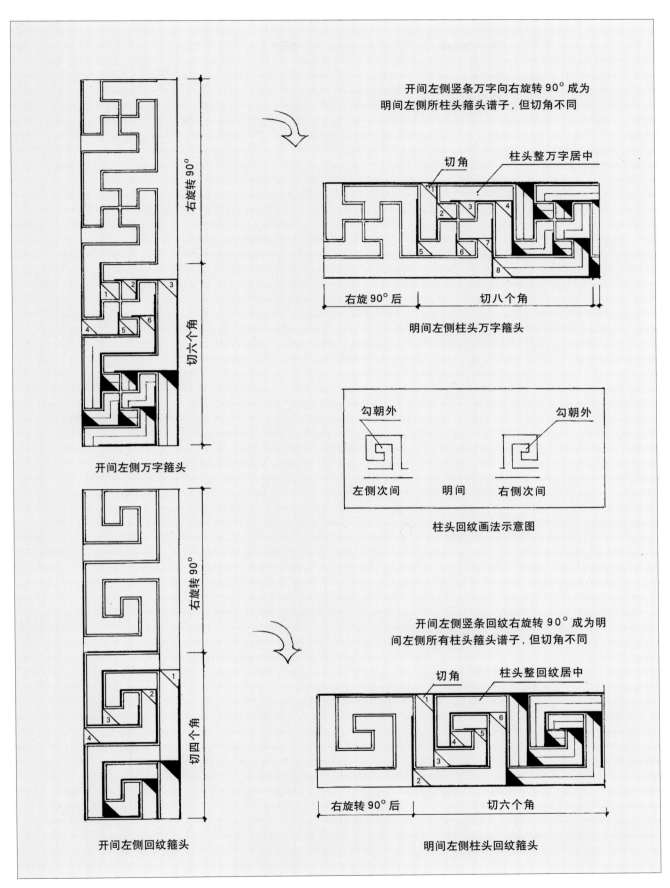

开间左侧竖条万字向右旋转90°成为
明间左侧所柱头箍头谱子，但切角不同

切角　　柱头整万字居中

右旋转90°后　　切八个角

明间左侧柱头万字箍头

右旋转90°

切六个角

开间左侧万字箍头

勾朝外　　　　　勾朝外

左侧次间　　明间　　右侧次间

柱头回纹画法示意图

开间左侧竖条回纹右旋转90°成为明
间左侧所有柱头箍头谱子，但切角不同

切角　　柱头整回纹居中

右旋转90°后　　切六个角

明间左侧柱头回纹箍头

右旋转90°

切四个角

开间左侧回纹箍头

▲　图5—56　横竖箍头转换规则与区别

蝠寿箍头（硬）

汉瓦卡子（硬）

蝠寿箍头（软）

汉瓦卡子（软）

▲ 图5-57 活箍头图样举例（一）

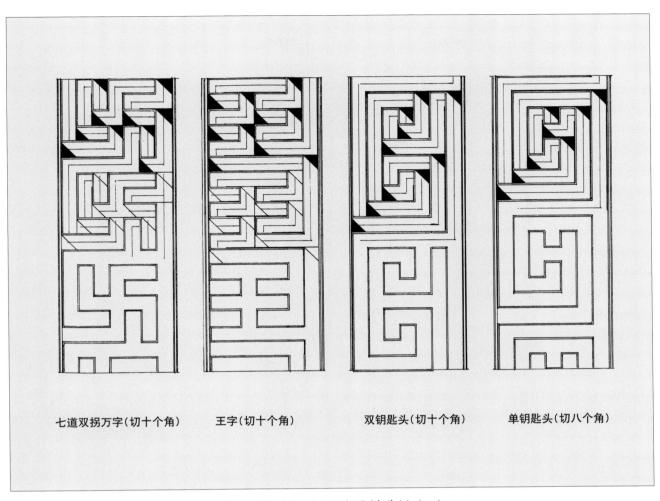

七道双拐万字（切十个角）　　王字（切十个角）　　双钥匙头（切十个角）　　单钥匙头（切八个角）

▲　图 5—57　活箍头图样举例（二）

箍头的设计

箍头有素箍头（死箍头）与活箍头之分，都可用于殿式和苏式彩画之中，其设计根据等级高低和彩画类型而定。清代箍头宽为三寸、四寸、五寸，并以次为基数进行调整；小式构件亦可按枋高三分之一定，一般取值三寸（9.6cm）；此两者可互相参借。

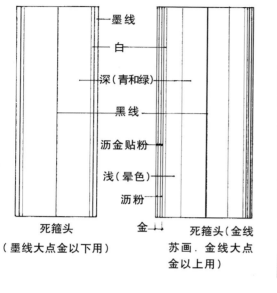

死箍头
（墨线大点金以下用）

金↕

死箍头（金线苏画．金线大点金以上用）

墨线
白
深（青和绿）
黑线
沥金贴粉
浅（晕色）
沥粉

黑

锁链锦箍头

西蕃莲箍头

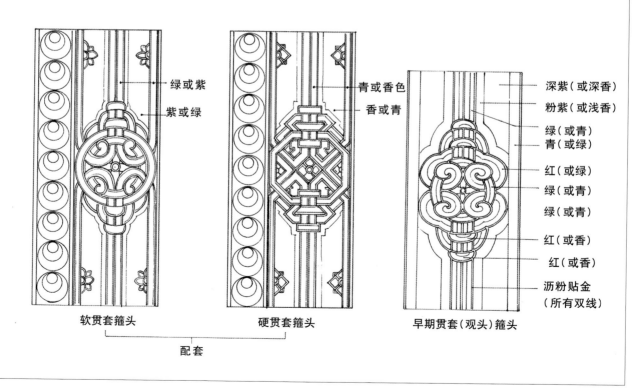

软贯套箍头

绿或紫
紫或绿

硬贯套箍头

青或香色
香或青

早期贯套（观头）箍头

深紫（或深香）
粉紫（或浅香）
绿（或青）
青（或绿）
红（或绿）
绿（或青）
绿（或青）
红（或香）
红（或香）
沥粉贴金
（所有双线）

配套

▲ 图5-58 箍头的设计

汉瓦图样参考

　　汉瓦因其古香古色的造型而深受彩画设计者的青睐。汉瓦有图形汉瓦和文字汉瓦两种，常见的青龙、白虎、朱雀、玄武、各种祥禽瑞兽都是图形汉瓦，文字汉瓦有延年益寿、长乐未央、寿山福海、万年康乐等。彩画中的汉瓦并不都是历史的翻版，亦有后人的临场设计。

　　彩画设计汉瓦图形，一要有残破感，以显古拙；二要能适应彩画的工艺做法。汉瓦在彩画设计中，多见于箍头、找头、枕头、垫板等处，均为苏式彩画中的设计。做法以片金和金琢墨为主。

▲　图5-59　汉瓦图样参考

墨山水

线法山水

▲ 图5—60 苏式彩画的包袱画(一)

硬烟云包袱画——孔雀牡丹

墨山水

喜上眉梢

松鹤延年

▲　图5—60　苏式彩画的包袱画（二）

片金箍头片金卡子(镜心为福寿延年)

片金箍头片金卡子(下部为红蝠聚锦)

活箍头配攒退活和片金卡子

素箍头配攒退活和片金卡子

素箍头配片金卡子

双聚锦

▲　图5-61　卡子

博古及黑叶子花

海墁流云

博古及黑叶子花

▲ 图5-62 博古及折枝黑叶子花

单聚锦

三连聚锦

▲ 图5-63 聚锦

某爬山廊的海墁苏画

素箍头，攒退卡子，蝙磬团(福庆)
与枋件海墁黑叶子花加片金蝶设计

海墁黑叶子花檩，枋底海墁葫芦叶组合设计
（枋立面为流云）

法也不固定，划分不十分明显，同一做法常见于两种苏画之上，互相借用，但上述表达常规定，借用时只能低等级的在适当场合借用高等级的表现方式；而高等级的彩画不能随便移用较低等级的表现方式，如柁头花，黄线苏画为作染画法较精细，海墁苏画为拆垛画法较简单，海墁苏画可用作染法，但黄线苏画一般不能用拆垛法。对构件不进行全部构图的做法为掐箍头与掐箍头搭包袱两种。

5）掐箍头

在梁枋的两端画箍头，两箍头之间不画彩画而涂红色，现多为氧化铁红油漆，这种做法称掐箍头，掐箍头的彩画包括箍头、副箍头、柁头、柁头帮、柱头。由于掐箍头、彩画部位少，所以选择做法要适当，一般按黄线苏画内容而定，也可略高些，甚至有时可在箍头线处贴金。箍头心内画阴阳万字或回纹，柁头多画博古，柁头帮画竹叶梅或藤箩等，柁头底色为香

仿清海墁苏画

▲ 图5—64 带有贴金的海墁苏画举例

色、紫、石山青等不限。掐箍头是苏画中最简化的画法（图5－65）。

6）掐箍头搭包袱

在掐箍头的基础上，中间部位加包袱，包袱两侧至箍头之间仍然涂以较大面积的红油漆，这种彩画既包括图案，又包括包袱内的绘画两部分内容，构图较充实，形式较掐箍头灵活。箍头心内多画阴阳回纹或万字，柁头同金线苏画内容，多画博古，柁头帮画藤箩或竹叶梅，底色为香色或石山青。包袱是该彩画唯一重要的部位，由于旁边没有其他图案陪衬，故十分明显突出，所选内容与画题应相对考究，如果该类彩画用于游廊，众多的画面中，至少应三种画题间差运用，如用山水、花鸟、走兽三种画题，或山水、人物、花鸟三种画题间差运用。多者不限。包袱线退晕层次多

为五层，不宜过多，包袱线与柁头边框线，可贴金也可做黄色，视要求高低而定。

更简单的设计是仅画椽头、柁头的看面，但此不多用，视情况而定。参见图5－69。

另外在某些场合，也有苏式彩画与和玺彩画相配，苏式彩画与旋子彩画相配的例子，

黄线掐箍头

金线掐箍头

▲　图5－65　不同形式的掐箍头举例

主要用于园林的某些点景建筑上，彩画具有图案工整严谨，画面生动活泼，富有情趣的特点，别具风格。但运用时应当慎重，不能在群体建筑中普遍、大量运用。

7）和玺加苏画

用和玺彩画的格式（段落划分线），在枋心、找头、盒子等体量较大的部位画苏画的内容，即在其中添上山水、人物、花鸟等画题，所以就没有必要考虑是什么和玺加苏画了。和玺加苏画的大线做法的贴金、退晕、色彩排列均同普通和玺，唯枋心等画画的部位改成白色或其他底色。

8）大点金加苏画

处理方法同和玺加苏画。即用大点金彩画的格式，旋子大线、旋花找头、大点金的贴金、退晕规则（包括金线大点金与墨线大点金两种）。将其中枋子、盒子中龙、锦等内容改成山水、人物、花鸟等内容，配色规则按大点金进行，只在绘画部位涂白色，此种彩画可在园林中偶用，正规的殿宇不便采用。否则会与建筑物的功能矛盾，运用时应慎重。在园林中除大点金加苏画外，尚有小点金甚至雅伍墨加苏画的例子，均将其枋心、盒子部位涂成白色。但实例很少，效果不如大点金加苏画得体。

因苏式彩画的特殊性和灵活性，在等级高低体现方面，并不是绝对按上述形式排列，另外和玺加苏画与大点金加苏画为后期出现的彩画形式，亦不可按高低排列。

5.1.6 其他彩画

有些彩画，乍看上去明显具有清式彩画的特点，如梁枋的段落划分也为枋心、找头、箍头三段方式，而且枋心的比例也占全枋长的1/3，色彩也以青绿为主，调换规则同前述各类彩画，但从构图中的某一部位看，又很难将其归于以上三大类彩画中的某一类，比如以旋子彩画的大线规划梁枋，但找头中不画旋子花纹，而画其他图案（如锦纹等），这样按旋子彩画规则，它就不属于该彩画范围，可是也不属于现在人们观念中的苏画，更不属于和玺彩画。这些彩画的装饰效果与和玺、旋子、苏式三大类

并同，虽然总体数量极少，但亦有很多优秀成熟的范例。其绘制工艺、技法均可用清式彩画来完成，为彩画行业界所接受，对于属上述情况的彩画我们称为其他类。因此也就不难想象出它的式样，即以三大类彩画为模式，在内容、构图、设色上混合运用，形成超出三大类彩画规则框框的作品。具体运用可按设计而定。

其他类彩画包括"花红高照"（图5-66），"掐四印"、"海墁"（图5-67、图5-68）等。

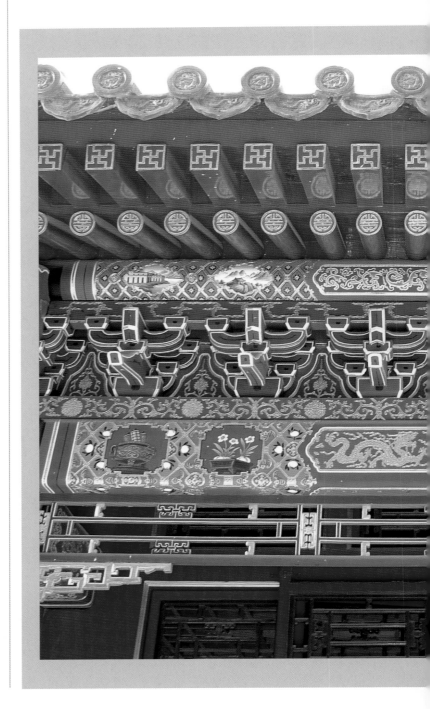

▲ 图5—66　花红高照彩画(不同时期亦称苏式彩画)

▲ 图5—67　海墁斑竹座

不同历史时期，不同的承传与流派，常有不同的解释。

5.2 檐头部位彩画规则

檐头部位彩画包括椽头、望板、椽肚、角梁、宝瓶，这部分彩画与油漆有密切的联系，彩画图案多画在红绿油漆之间，其图案格式有的比较固定，有的则富于变化，从中也可以看出所装饰的建筑物的等级和所配的彩画种类。

5.2.1 椽头彩画

在飞头与檐椽的端面做彩画，分别称这两个部分为飞檐椽头与老檐椽头，由于体量小，又一字重复排列，所以选用的图案与表达方式均以简单醒目为前题，其规则包括色彩、内容、层次变化等方面。

（1）飞檐椽头

飞檐椽头常用万字、栀花两种图案，其中万字图案具有工整、精细、醒目的特点，宜于在方块部位中构图，可大量运用。如北京故宫建筑群，北京地区的各坛庙、官衙、城楼、民宅、园林的飞檐椽头彩画均为万字。栀花图案近似"软"做法。除方框外均为弧线，一字排开，不如万字美观，在一段时间某些建筑的檐椽头用栀花图案，不论万字还是栀花飞檐椽头均为绿色，涂刷绿油漆为防雨淋，只是图案的色彩效果有变化。各种图样可做成如下效果：

1）沥粉贴金万字：这种万字用之最广，特点为：绿油漆底色、沥粉贴金万字图案，又称片金万字，辉煌醒目。宜于与各种有金的大木彩画相配，即和玺彩画、墨线小点金以及墨线小点金以上等级的旋子彩画，贴金的苏式彩画（包括掐箍头使用金线）均可用此种万字。

2）黄万字：为绿底色，黄色万字图案平涂，不沥粉贴金，配雅伍墨彩画和不贴金的苏式彩画，如黄线苏画、黄线掐箍头等。

3）墨万字：绿底色、黑万字，用途同黄万字，配不贴金的大木彩画，清代早期多见，现多为黄万字代替，因其效果醒目。

4）切角万字：同箍头中的切角万字，为绿色退晕，具有立体效果，工艺稍繁，少用。多配各种不贴金的苏式彩画，是不贴金苏式彩画椽头的较高级式样。

5）十字别：为

斑竹福图卡子

斑竹卡子

▲ 斑竹座细部纹饰

大小十字相套的图形，绿色图案以黑白线条划分轮廓，无立体效果，配不贴金的苏式彩画，较精细。当然也有个别贴金的十字别椽头，视彩画类型，由设计定。

6）栀花椽头分为片金栀花、黄栀花和墨栀花，用途同万字。无切角栀花。

（2）老檐椽头

老檐椽头分殿式与苏式两类，殿式图案工整，格式固定，其中圆椽头多为退晕的画法，有金的称龙眼，无金的称虎眼，金龙眼与墨虎眼均一字排开，青绿两色互相调换，规则为：由角梁开始向明间"中"青、绿、青、绿调换排列，其中靠角梁的第一个圆椽头固定为青色，苏式椽头可用工整的图案，也可用变化简单的花卉。苏式老檐椽头几乎均为蓝底色，为胶色颜料，不涂油漆，故无光泽（同大木）。

1）龙眼椽头：为五层退晕画成，由外至内分别为黑、深蓝（或绿）、三蓝（或三绿）、白、金。金的外廓有一线黑线。配和玺彩画、各种有金的旋子彩画。苏式彩画不用。

2）虎眼椽头：多为四层退晕，由外至内分别为深（蓝或绿）、浅（三蓝或三绿）、白、黑。与龙眼相比，将最里圈贴金部分改成黑色，最外一层黑色可去掉不画。虎眼也可五层退晕，最外一圈为黑色。均配雅伍墨彩画。

3）寿字椽头：寿字椽头形式有多种，可用于圆老檐椽头，也可用于方老檐椽头。有沥粉贴金椽头，也有红寿字椽头，一般多为沥粉贴金寿字，配和玺彩画、高等级的苏式彩画，均为蓝地金字。旋子彩画偶用红寿字，也是蓝底色。

4）百花椽头：配苏式大木彩画，在蓝底色上画各种造型简单的花草，花草多为拆垛做法，个别有作染做法。百花椽头的边框分沥粉贴金与不沥粉贴金两种，前者配贴金的苏式彩画，后者多为黄线加框配黄线苏画。无黑边百花椽头。

5）福寿椽头：即上面画蝙蝠，下边画两个小桃的椽头，蝙蝠为红色。白线勾勒轮廓小桃分叉加小叶。另外还有福庆椽头，福同蝠，庆为磬，蝠在上，磬在下。

关于飞檐椽头与老檐椽头在贴金方面的配合规则为：如果飞檐椽头贴金，老檐头也必须贴金，只是用金量的多少不同。有只在边框贴金的和整个图案包括边框均贴金的。如飞檐椽头画片金万字，则老檐椽头或画片金寿字，或画金边百花图。

总之，椽头彩画的设计应与大木彩画的等级与风格一致，实例很多，不胜枚举（图5-69）。

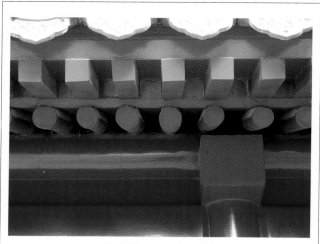

平涂椽柁头（刷饰）

椽柁头彩画

▲ 图5-69 大木素装的椽柁头彩画

5.2.2 望板、椽肚彩画

望板、椽肚在一般的建筑上不进行彩画，只按油漆规则涂以红帮绿底，如果做彩画，只用于高等级的建筑，并且配和玺大木彩画。椽望做彩画一般分两种情况：

① 在椽肚与望板上均做彩画；

② 只在椽肚部分做彩画，望板部分仍涂红油漆。

规则为：

（1）椽望图案需工整、清楚、疏密适当，一般多为西蕃莲草图案。

（2）图案必须沥粉贴金，为片金西蕃莲草。

（3）图案是画在绿椽肚和红望板的下部，椽根部分不画。

（4）靠椽头的端部加小箍头，色彩与椽头调换，如椽头为绿色（飞檐椽头），则飞头的箍头为蓝色；椽头为蓝色（老檐椽头），箍头为绿色，如加双箍头，则青绿两色互相调用，箍头内需加白粉线。箍头线沥粉贴金（图5—70）。

望板图案为片金流云，与红色油漆底色相配。如果望板做彩画，即画沥粉贴金流云，则椽肚必须彩画，而椽肚进行彩画，则望板可不必进行彩画，视情况不同而定，考虑时以椽肚为主。

5.2.3 角梁彩画规则

老角梁与仔角梁均进行彩画装饰，其中仔角梁又分有无兽头两种，彩画分别处理。

（1）色彩：角梁部分从总体效果看均为绿色，其中仔角梁前如加有兽头，

▲ 图5—70 高级椽望及角梁做法

则底面为蓝色有退晕花纹，为龙肚子纹，称"肚弦"。其他各处（大面）均为绿色，包括老角梁两侧面与底面。仔角梁两侧面与底面（不加兽头的三岔头做法）也是绿色。见图5-39和图5-70。

（2）线条：在角梁的边棱部位加有线条，线条随构件形状起伏，画在每面的边沿处，同时中间也画有较宽的线，称老线，各边棱线有不同色彩，有金线、黄线、墨线。边棱内侧有白线、三绿晕色线带等。其中白线与绿色是各类角梁不变的运用规则，不同效果的边线与老线则根据等级而定。

（3）肚弦画在兽头后，仔角梁底面为分片（段）的连续图样，根据构件长短片数不等，有九、七、五片不等，但均为单数，前面压后片，不得反向运用。

（4）油漆部位：在仔角梁、老角梁的侧面，与角梁椽位相齐平的部位刷油漆，尺寸不得超过翼角翘飞椽的长度，高为红椽帮的高，即0.6倍椽高，油漆色彩同椽帮色。

（5）角梁等级：角梁因用金与退晕层次不同而形成不同效果，分别配相应格调、程度的大木彩画。其中有如下等级：

1）金边、金老、退晕角梁：角梁边棱线沥粉贴金，靠金线为大粉（粗白线），靠白线为三绿晕色，中部老线沥粉贴金，其余为绿色。配和玺、金线大点金、金线苏画等级以上的大木彩画。

2）黄边、黑老、退晕角梁：边棱为黄线，另加白线与晕色。各面中部为黑老。其他同金边角梁，主要配黄线苏画，一般无肚弦。

3）墨线角梁：角梁边棱线为墨线，无晕色，加黑老。分有无肚弦两种，如有肚弦，肚弦的各片轮廓线为黑色，各片退晕，每片层次为白、三青、青、黑（轮廓线）。

霸王拳、小穿插枋头、角梁云、挑尖梁头规则同角梁。参见图5-61。

5.2.4　宝瓶彩画规则

宝瓶分金宝瓶与红宝瓶两种，金宝瓶不分图案内外，满沥粉贴金，为混金效果，配和玺彩画与金线大点金以上等级的彩画；红宝瓶为章丹色，勾墨线花纹切活图案，配墨

线大点金以及墨线大点金等级以下的旋子彩画及黄线苏画。

宝瓶的图案根据其造型设计，两端为"八达马"和"连珠"图案，中间圆肚为西蕃莲等图案。

配合苏式彩画的宝瓶做法比较灵活，金线苏画宝瓶可不贴金只做"切活"，但图案应相对精美别致，以不降低彩画档次。

5.3　斗拱、灶火门（垫拱板）彩画规则

清代斗拱趋于短小细密，不像宋代斗拱那样硕大，可在上面进行多种形式的构图，所以清代斗拱彩画只能随其构件的自身轮廓进行填色勾边处理，突出其自身的形状，同时起到美观的作用，所以只有等级高低之分，没有不同格式的构图变化。斗拱是彩画配套装饰的必然部位，在整个建筑中所占相对密度也较大。灶火门即垫拱板，彩画工艺因其特点而得名，其形式除与斗拱有密切联系外，也与大木彩画等级内容关系密切。

5.3.1　色彩排列规则

清式斗拱以青绿为主，运用于斗拱的各个构件之上，包括正心枋与各拽架枋，还包括挑檐枋。斗拱中间某些细小部位配以红油漆，以突出其造型。其色彩排列规则为：

（1）一座建筑物的斗拱，以间为单位进行色彩排列，各间包括柱头科本身，以柱头科（或角科）大坐斗为准，固定为蓝色。各坐斗依次向中间青、绿、青、绿互相调换，至中部，根据斗拱数量，一般为对称的两个色彩相同的坐斗。有时一间斗拱为单数，则中部为一个坐中坐斗，这样青、绿、青、绿，可从柱头向另一个柱头一直排过去。

（2）每攒斗拱包括青、绿、红三个基本色彩，青相色彩根据坐斗而定。凡坐斗为蓝色，则该攒斗拱所有斗形构件，包括十八斗，三才升等均为蓝色。其他构件包括各层拱件、翘、昂等均为绿色。如大坐斗为绿色，则凡上蓝色部位均改成绿色，绿色部位均改成蓝色。

（3）红色固定涂在斗拱的两个部位：第

一，拱眼部位即正心拱眼与"翘"的拱眼部位，在彩画中称"荷包"。第二，透空拱眼的下部，即各拱件的上坡楞处，彩画称"眼边"。各红色部位均为红油漆作。

（4）由于挑檐枋为蓝色，所以由外至内，各层拽枋立面分别为绿、蓝、绿依次排列至正心。各层枋子底部不论立面色是蓝还是绿，一律为绿色。

（5）灶火门固定为红色，涂红油漆，大边为绿色。随斗拱色。

5.3.2 斗拱分级规则

在色彩固定的前题下，由于用金多少、用金方式、退晕层次的不同，斗拱可分为混金斗拱、金琢墨斗拱、金线斗拱（又名平金斗拱）与墨线斗拱四个等级。

（1）混金斗拱

斗拱的所有构件满贴金，无青、绿、红等色彩，集辉煌与高雅于一身，多用于室内的藻井部位。与之相配的大木也多为混金做法。

（2）金琢墨斗拱

这是最华丽的做法之一。在构件各面，沿各构件的外轮廓（不包括某些构件本身的折线，如瓜拱、万拱侧面的分瓣线，升头的腰线等，下同）沥粉贴金，并按青绿色彩分别退晕，齐白粉线（靠金），青绿色彩的中部画黑墨线，这种斗拱工艺较繁琐，操作困难，现很少应用，仅配高等级的金琢墨和玺彩画与金琢墨石碾玉彩画，普通和玺彩画与旋子、苏式彩画均不用。

（3）平金斗拱

不沥粉、不加晕，其他同金琢墨斗拱，即只沿各构件外轮廓贴金线，其线的宽度（以8cm 口份为例）一般在1cm 左右，靠金线为白线，宽基本同金线，各构件青绿色彩中间画约0.3cm 的细黑线（压黑老）。这种斗拱运用很广，各种和玺彩画、金线大点金等级以上的旋子彩画、金线苏画多配此种斗拱。

（4）墨线斗拱

用墨勾边称墨线斗拱，靠墨线画白线，各青绿色中间画细墨线（压黑老），多与墨线大点金、墨线小点金、雅伍墨旋子彩画相配。

（5）黄线斗拱

等级同墨线斗拱，只是将黑轮廓线改成黄色轮廓线，不贴金。其他同墨线斗拱，这种斗拱也配各种无金的大木彩画。苏式彩画多用黄线斗拱而少用墨线斗拱。

各种斗拱做法分级比较见图5－71。角料、柱头科及瑟琶（溜金）斗拱做法见图5－72。

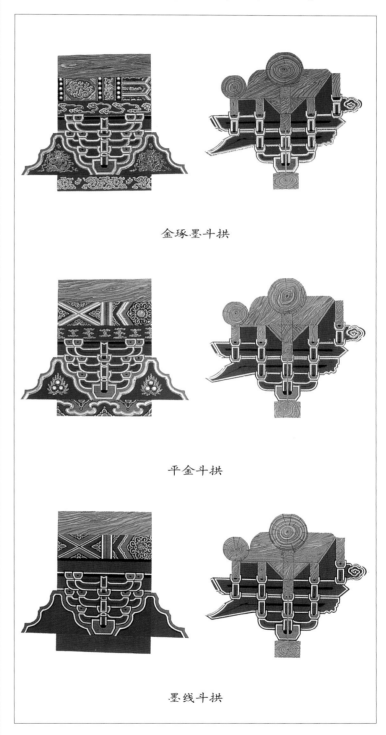

金琢墨斗拱

平金斗拱

墨线斗拱

▲ 图5－71 斗拱彩画分级做法比较

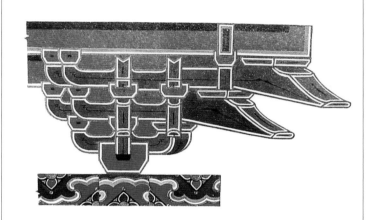

角科斗拱

柱头科斗拱

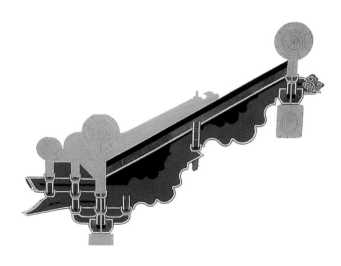

琵琶斗拱（镏金斗拱）

▲ 图 5-72 角科、柱头科、镏金斗拱彩画

5.3.3 灶火门（垫拱板）彩画

位于斗拱之间的灶火门由于"体量较大"，是一个可以构图的部位，所以格式多样，同时有等级高低之分，是体现建筑物彩画等级的另一个侧面。

（1）三宝珠火焰儿灶火门

这是最常用的灶火门式样，三个宝珠呈"品"字排列，退晕，三宝珠的外围部分即火焰部分沥粉贴金，垫板的底色为红油漆。其中间的三个宝珠退晕规则为：每个宝珠深浅白三层色彩退晕，三个宝珠青绿两色互相调换，上面的一个为蓝色，则下面的两个为绿色，其中每间正中间灶火门的三宝珠上面的一个固定为蓝色。也可以按通面宽方向统一考虑进行青绿色彩调换。另外尚有在三个宝珠上面的白色内加沥粉贴金"金光"的做法，为高级的表现方式。大边为绿色，沥粉贴金，退晕做法。三宝珠灶火门也有低等简单的表现方式，即不沥粉贴金，包括大边，将金火焰改为黄火焰，但大边有退晕，按大木退晕方式而定。

（2）龙凤灶火门

根据彩画的内容分为：

1）各灶火门内均为金团龙；

2）各灶火门内画龙或凤，龙凤互相间隔排列；

3）各灶火门内均为金凤，分别配用于金龙和玺彩画，龙凤和玺彩画与金凤和玺彩画。

其特点为：龙凤图案沥粉贴金，外围无火焰，红色油漆垫拱板，大边绿色，沥粉贴金退晕。

（3）夔龙、夔凤灶火门

表现方式同龙凤灶火门，只是龙凤的式样有所变化，图案简单，适用小体量的灶火门，同样配用和玺大木彩画。

（4）梵文灶火门

即灶火门内的三宝珠龙凤图案改成佛梵字，一般以"六字真言"字形排列，用于高等级的寺庙。表现方式基本同龙凤灶火门，字亦沥粉贴金，红地，大边绿色。沥粉贴金退晕。

（5）素灶火门

灶火门为红油漆作，上面没有任何图案，但大边涂绿色，一般不退晕，墨线勾轮廓，将红绿两色分开，靠墨线加白粉。配墨线大点金以下等级的彩画（不包括金线小点金）。

垫拱板的大边随斗拱形退晕，但三角形的底边不画，红油漆一直涂至平板枋，因其平板枋遮挡灶火门底部，故可省略不画。

5.4 雀替、花活彩画规则

雀替、花活与大木彩画有密切的联系，又因都是在立体的雕刻花纹上彩画，效果更为华美，立体感突出。

5.4.1 雀替

雀替分为承托雀替的翘升、雀替大边、池子、大草和底面几部分，在彩画中分别予以不同处理。其色彩规则为：雀替的升固定为蓝色，出翘固定为绿色，荷包固定为红色，其弧形的底面各段分别由青绿两色间差调换，其靠近小升的一段固定为绿色，各段长度逐渐加大，靠小升的

部分如其中两段过短可将其合为一色。雀替的池子和大草下部均有山石，山石固定为蓝色。大草由青、绿、香、紫、红几色选用，可用两色组合，也可用五色组合，按设计而定，池子灵芝草固定为香色或蓝色。雀替雕刻花纹的底部落平部分固定为红色，由油漆作。大边按等级不同分为金大边与黄大边两种，个别低等级、小体量的雀替也有墨大边的设计。各等级规则如下：

（1）金琢墨雀替

雀替大边贴金，不沥粉。池子和大草由青、绿、香、紫四色或加红五色间差调换运用，雕刻花纹的轮廓加沥粉贴金，各色退晕。草以青绿两色为主，香色与紫色为辅，红色尽量少用。翘升部分和大边底面各段均沥粉贴金。青绿分别退晕，翘升部分侧面在中间可画金老或画墨线压老。底面各段中间沥粉贴金压老。这种雀替等级高，效果华丽，配用各种和玺彩画和金琢墨石碾玉以及金琢墨苏画（图5-73）。

（2）金大边攒退活雀替

大边平贴金，翘升及大边底面各段均为金琢墨做法，沥粉贴金退晕，底面各段金老。大草部分由青、绿、紫、香四色配齐，方法同金琢墨，但不沥粉贴金，每色退晕，为攒退活做法。此雀替运用范围较广，金线大点金、烟琢墨石碾玉、金线苏画均可配用这种雀替，体量小的金琢墨雀替也可改用这种做法。

（3）金大边纠粉雀替

这是最常见的一种雀替，用途很广，大边满贴平金。立面卷草图案青绿两色组合，偶加香色、紫色，纠粉做法。翘升及雀替底面各段做法有三：

1）沥粉贴金退晕，同金琢墨做法；

2）沥粉贴金，但无晕色，只靠金线部分齐白粉线；

3）不沥粉贴金也不加晕色，墨线勾边黑老。

其中第二种最常用，视体量大小而定，可配金线苏画，体量小的金线大点金彩画。第三种多配有金的墨线旋子彩画，如墨线大点金、墨线小点金等。

（4）黄大边纠粉雀替

雀替大边为黄色，立面卷草雕刻由青绿两色组合配换，纠粉做法，色彩单调，层次简单。翘升雀替底面为墨线或黄线勾边，不退晕，只加白粉线，黑老。配各种不贴金的彩画，如雅伍墨、黄线苏画。大边为墨线，等级与此同，但墨大边颇显压抑，故较少用。

总之，雀替的装饰方法是从属于大木彩画的，根据大木彩画的等级，用金情况确定雀替的做法规则。其中大木彩画大线的退晕层次决定雀替翘升及底面各段的退晕方式。另外根据雀替雕刻内容的不同，可对不同图案进行灵活处理。如有云龙雀替，其大边按上述规则进行，云龙浮雕可满贴金，也可将其个别部位贴金，因为这种雀替的大木彩画和建筑等级较高，实例中多满贴金。混金做法，雀替底面各段的处理方法也可灵活运用，如将青绿色彩分段的方式改成满涂成一色，一般为紫色，也可满贴金同大边，由设计按结构特征和彩画等级确定。

5.4.2　花活及卷草花纹

花活彩画主要指运用在两个枋子之间的花板部分的装饰，以及牙子、楣子、垂头，后者多见于垂花门和小式游廊建筑。

（1）花板

花板彩画包括池子线内外两部分，线外部称大边，雕刻花纹均在池子线内部。花板常用两种做法，两种做法的雕刻部位表现方式均有关联。一种为，大边部分为红大边，由油漆涂成，池子线贴金，心内的雕刻以贴金为主或以青绿换色，花纹的侧面涂红油漆，这种花板的内容多以龙凤为主。另一种为，花板雕刻一般的花草纹样，多见于垂花门，垂花门上做苏式彩画，如果为金线以上等级的苏画则池线也贴金，若黄线苏画池子线为黄色，里面的花纹基本不贴金，有时只局部点金，用染纠粉法画花与枝叶，如红花、绿叶、赭石梗。大边部分青绿两色互换，以正中间的花板大边为准，固定为蓝色，两侧花板大边由绿蓝调换运用，靠池子线侧加晕色，齐画白粉线。池子心内的雕刻花纹侧面以章丹色为多。

（2）牙子

牙子见于苏式彩画吊挂楣子下面，按苏画规制作相应处理，其中牙子大边是否贴金，以彩画是否有金为依据，金线苏画则牙子为金大边，黄线苏画则为黄大边。竹叶梅等雕刻纹样，侧面也涂章丹色，正面按类使色，梅花为粉红色，竹叶涂绿色，梗赭石色，均加染以增加立体效果。

（3）楣子

吊挂楣子彩画大多由青、绿、红三色组成，步步锦楣子以正中间一组的大棱条为准，固定为蓝色，短小棱条为绿色，两侧的棱条由青绿色彩交替运用，与正中的相反，正中蓝条在两侧则为绿条，反之绿条为蓝条。各棱条的中间均画一条明显的白线，老式工艺中有将白线画在棱条两边楞位置的例子，为另一种效果，较费时，现不多用。各棱条侧面均涂章丹色。

垂头有方圆两种，圆垂头为倒莲形，又称风摆柳，多瓣雕刻，瓣数应为四的倍数，各瓣的色彩以青、香、绿、紫为序绕垂头排列，各色加晕，是否贴金按苏画是否有金而定。其莲瓣的束腰连珠部分可满贴金，方垂头又称"鬼脸"，四面雕刻花纹做法同牙子，大边贴金按大木彩画而定，即如果彩画为金线苏画或点金彩画，则鬼脸大边贴金。参见图5-46和图5-49。

5.4.3　门簪彩画

门簪彩画有大小式和平素与雕饰之分，大式门簪端面应为红色，小式应为蓝色。门簪雕刻有寿字和其他纹饰，其中贴金者最为华贵（图5-74）。

有关卷草花纹的画法及应用见图5-75。

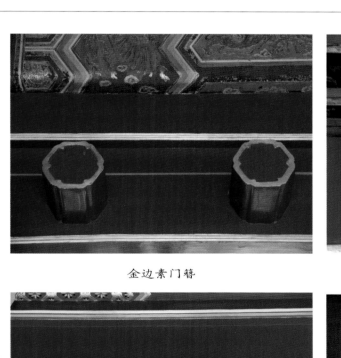

金边素门簪

如意莲花门簪

金边四季花门簪

金边片金万寿字门簪

▲　图5-74　门簪彩画

关于卷草图样

　　彩画中，相当大的部分为卷草图样，或由卷草图样演变成的其他图样；卷草图样可以适应各种外形轮廓内的构图，如在方形、圆形、三角形内构图，同时卷草图样也可适应各种画题，如龙，凤和各种做法的设计，如金琢墨、片金、攒退活等。掌握卷草纹样的画法是彩画细部图样的设计基础。在古建筑装饰中，木、石、砖等雕凿，也多有卷草花纹的演变。

基本笔划

添加细部及双勾效果

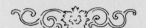

中部添加西蕃莲效果

在方形内构图

在三角形区域内构图

在圆形区域内构图

演变成柱子的纹饰（局部）

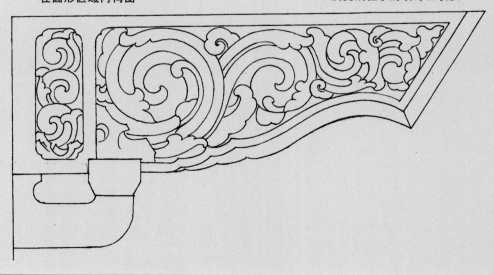

▲　图5-75　卷草图样

5.5 天花彩画规则

天花是建筑物的主要装饰项目和彩画部位。彩画工艺的"天花"包括天花板与支条两部分，规则统一考虑确定。天花板体量相对较大，可绘制各种各样的图案，但基本格式基本固定不变。其格式为天花板由外至内分别由大边、岔角、鼓子心三部分组成。划分这三部分的两层线分别为方鼓子线与圆鼓子线，方鼓子线内的部分也可称方光，圆鼓子线内也可称圆光。天花板靠外轮廓没有线条。见图6-24。

天花板的色彩由外至内分别为砂绿（大边）、二绿（岔角）、蓝（圆鼓子心）。大边部分不画图案，岔角部分图样有多种，视用场不同而定，如莲草、宝杆、云等，最常用的为云，称"岔角云"。岔角云分别为红、黄、蓝、紫（或绿）组合而构成，四色配齐，圆光内是天花板画题的主要表达部位，内容、图案式样非常丰富，也视用场而定，一般多画龙、凤、仙鹤、云、草、寿字等内容。天花板的方圆子鼓子线有金线、黄线与紫线之分。支条的十字相交处中心部位常有一圆形图样，称轱辘。轱辘的四边常配云形图案，称燕尾。两部分也可统称燕尾，轱辘与燕尾部分也有其他内容的图案。云形图案色彩无紫色，其他同岔角云。

天花也分殿式与苏式两类，殿式天花内容比较固定，常画龙、凤和较规则的图案；苏式内容丰富，圆鼓子心内构图灵活，常由设计人决定。同样内容图案的天花，由于用金不同和退晕层次的变化可分成若干等级，加之鼓子心里内容的变化，使天花式样层出不穷。

5.5.1 金琢墨岔角云片金鼓子心天花

这是指一个规格类型的天花，鼓子心内包括不同的内容，特点为：天花板的方圆鼓子线沥粉贴金，岔角云沥粉贴金退晕，为金琢墨做法，鼓子心内的图案沥粉贴片金。这是一种高等级的做法，常配用绘有和玺彩画和金琢墨石碾玉旋子彩画的殿式建筑。按鼓子心内的内容不同又可分为：

（1）团龙鼓子心：即蓝色的鼓子心内画一条坐龙，龙沥粉贴金。

（2）龙凤鼓子心：即蓝色的鼓子心内画一条龙与一条凤，一般多为升龙降凤，龙凤均沥粉贴金。

（3）双龙鼓子心：鼓子心画升降龙，加宝珠，均沥粉贴金。

（4）片金西蕃莲鼓子心：画西蕃莲花。图案格式工整均匀，花在正中，四周绕草，均沥粉贴金。

5.5.2 烟琢墨岔角云片金鼓子心天花

这是最常用的天花之一，与金琢墨岔角云天花主要区别在于岔角部分，鼓子心内容同金琢墨岔角云天花，也常画团龙、龙凤、双龙、西蕃莲等图案。特征为：方圆鼓子线沥粉贴金，岔角云为烟琢墨做法，用墨代替金琢墨岔角的沥粉部分，墨线之内退晕，同金琢墨岔角云沥贴粉贴金之内部分，岔角云不沥粉贴金，但鼓子心内的各种图案沥粉贴金。各种殿式建筑及画各种和玺彩画、金线大点金、烟琢墨石碾玉彩面可配这种天花。

5.5.3 金琢墨岔角云作染鼓子心天花

总体色彩同金琢墨岔角云，也是砂绿大边，二绿岔角。蓝鼓子心、岔角云青、红、黄、紫四色组合金琢墨做法，方圆鼓子线均沥粉贴金。不同之处在于鼓子心的内容和做法。作染鼓子心的内容主要指花卉、四季花，花及叶均作染开瓣勾边。这种天花运用较普遍，高等级的苏式彩画（如金琢墨苏式彩画）也用这种天花。

5.5.4 烟琢墨岔角云作染鼓子心天花

这是最常用的一种天花，其特点除

岔角云为烟琢墨做法外，其余均同"金琢墨岔角云作染鼓子心天花"，烟琢墨岔角之做法同"烟琢墨岔角之片金鼓子天花"的岔角云部分。各种金线苏画多配这种天花，多用于游廊或亭子等园林建筑上。

支条除大段的绿色外，燕尾部分由红、黄、蓝色三色组成，其中燕尾形状为一整两破云形图样，整云为红色，两个1/2云为黄色。整破云的外侧为蓝色与支条大边相接，圆轱辘心为蓝色，支条的等级由三部分体现：①轱辘是否贴金；②燕尾是否贴金；③井口线是否贴金。可分别形成金琢墨金轱辘燕尾、烟琢墨金轱辘燕尾、烟琢墨色轱辘燕尾，其中轱辘为首要贴金部位，支条线（井口线）是否贴金取决于天花板的方圆鼓子线，即如果方圆鼓子线贴金则支条井口线也贴金，同时轱辘心也需贴金。燕尾为金琢墨或烟琢墨做法按天花岔角定，只在个别情况下不同。另外支条的燕尾部分尚有其他图样，也与天花内容相配。如天花画"六字真言花纹"，则燕尾可画宝杵等图样，但支条仍为绿色。个

别场合苏式彩画中支条的色彩也有红的，上面满画图案。总之天花与支条是非常富于变化的，既有等级的变化，也有内容的变化，但都与大木彩画取其一致，同时天花板与支条风格也应相同（图5-76～图5-87）。

上述大木、檐头、斗拱、天花等部位的彩画规则，形成了人们对彩画的总体印象。它除使同业者操作时默契配合外，也使设计与施工两者之间形成有机的联系，同时便于准确地估算工时造价。上述规则均体现在彩画绘制后成品的格式上，在进行具体彩画绘制时，尚需遵守某些其他规则，如起谱子有起谱子的规则，画龙有画龙的规则等，为叙述方便，均在各章节分项中予以叙述。彩画是一种装饰艺术，它不是机械的配合，而是与人们的风俗习惯、审美观点有密切的联系。虽然规则是为约束和促进施工而定，也正因为如此，在一定的小范围内也必然会出现不同的规则，所以本书所叙述的仅是清式彩画相传沿用至今的基本规则，另外由于彩画系装饰艺术，由于时期、地区、承传的不同，它的灵活性和特殊

▲ 图5-76 天花彩画小样

红井口线六字真言软天花，金琢墨金刚杵燕尾

金琢墨岔角云六字真言心与金琢墨金刚杵燕尾装饰效果

金包瓣玉作双夔龙岔角

▲　图5-77　六字真言天花

▲　图5-78　烟琢墨岔角云四合云鼓子心天花

▲　图5-79　片金双凤天花，金琢墨牡丹花岔角

▲　图5-80　金琢墨寿字天花（右）、百花图天花（左）

▲　图5-81　玉兰花天花

▲ 图5-82　升降龙天花

▲　图5—83　牡丹花天花

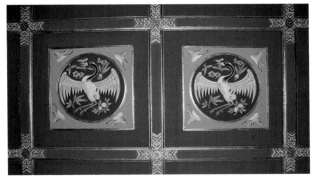

▲　图5—84　团鹤天花

▲　图5—85　五彩龙凤天花

▲　图5—86　玉堂富贵天花

▲　图5-87　百花图天花

性是任何规则都无法全部涵盖的。在局部有时甚至在较大的方面，人们常按自己的方式来设计，这也是我们今天所见到的一些彩画有各自特点的原因。但总的仍能体现一定时期的风格特点，而且属于各种规则方面的变化，也多在彩画图案取其对称的情况下进行，并不影响装饰的效果。

6　起谱子

　　起谱子是彩画的先导。如前所述，彩画不是开始便将稿子直接画在构件上，然后再在构件上涂刷各种色彩和进行各种图案的绘制的，它是按照事前确定的非常明确的稿子进行的，这个稿子即谱子，是画在纸上的。由于建筑物的式样、结构以及所需的彩画的种类、等级不同，所以各种建筑物凡进行彩画，事前均需起谱子，即使同一建筑的两次彩画，因时间不同和谱子保管的困难，几乎没有可以借用的谱子。因此，进行二次彩画时事先必须起谱子。在彩画中起谱子兼有设计与放样两项内容，在实际发生中往往有以下不同情况：第一，建筑物需做什么彩画，它的内容、格式、等级已基本由设计方案确定，起谱子即施工中的一个步骤，在纸上放样，使设计方案具体化、形象化，这里起谱子以放样为主，在放样过程中兼有一定的设计规划内容。第二，在没有设计方案的前提下起谱子，同时建筑物也无彩画遗迹参考，这时的起谱子以设计为主。第三，事前虽没有设计方案，但建筑物保留有原彩画遗迹，比如遇到需保留恢复原样的文物建筑，这时的起谱子则需另增加某些程序，以保证复原的准确性。总之不论在什么情况下均需按彩画工艺的要求，事先起谱子，再在构件上进行彩画绘制工作。现以第二种情况为例，介绍起谱子的一般程序和应掌握的主要内容，以此为基础，便可以适应第一与第三种情况的需要。关于建筑物需用什么彩画，起什么样的谱子，应按有关彩画规则进行，比如一座普通庙宇，其主要中轴殿堂可定为旋子大点金彩画，配殿定墨线小点金或雅伍墨彩画，起谱子时即按有关大点金小点金等彩画规则进行，在此前提下才能顺利地进行。起谱子包括丈量尺寸、配纸、起谱子、扎谱子几个步骤。

6.1　丈量尺寸

因为谱子是实样的稿子，所以必须符合构件的准确尺寸，这就需要对建筑物构件逐项进行测量。这里不可以参照各个时期的有关建筑构件算例、则例或由某一构件推算其他构件尺寸，也不可用同一部位的某一构件尺寸推算其他相同构件的尺寸，如测得明间额枋高、厚，还需另测次间额枋的高和厚，因一般情况下，高明显要一致，而厚有可能不一致，这种情况很普遍，即使在官式建筑中，甚至宫庭内也不例外。所量部位包括一切可以进行起谱子的部位，如露明的内外檐各层檩、板、柱头、枋头、椽头等，对有些不便或不需使用谱子的部位，如角梁、道僧帽（挑尖梁头）、霸王拳、角梁云、带有雕刻的花板、雀替等部分则不起谱子。因这些构件都以固定的外轮廓进行彩画，外轮廓样即"谱子"，所以不需再丈量。丈量时要对测量的构件进行列表并逐一记录。常用的丈量部位与方法介绍如下。

6.1.1　椽头

量椽头分两种方式：一种用尺量，一种用纸拓。用尺量适用于正身椽头，用纸拓适用于翘飞椽头（斜向椽头）。

（1）正身椽头

对正身椽头可直接量其高与宽。一个建筑物的椽头不可能一致，在制作过程中已有误差，经反复修缮，做地仗，差别会更大，一般有最大的、较大的、一般的、较小的和最小的数种，其中最大的和最小的均罕见，取其一般的、较大和较小的三种为准并记录。老檐椽头如为方形也按此法测量，如果为圆椽头则按横向或斜向记取直径尺寸，取其较平均的两个尺寸记录即可（图6—1a）。

（2）斜向椽头

对翘飞部分的斜椽头，则以牛皮纸将其轮廓实拓下来，翘飞个数不同，所拓个数也不同，最好能全拓，如五翘就拓五个，七翘就拓七个，翘数太多，如十一或十三翘，可选择第一、三、五、……、十一、十三、隔一拓一，二、四、六……则借用。各斜椽头可拓在一张较大的纸上，也可将纸裁分若干块，分别拓。在纸上各斜椽头四周应有一定宽度，约2cm即可，以备裁截、拿取方便。拓时可不用颜料，更不用墨，只用手将其楞角处按压出清楚的痕迹即可（图6—1b）。正身椽也可用此法。

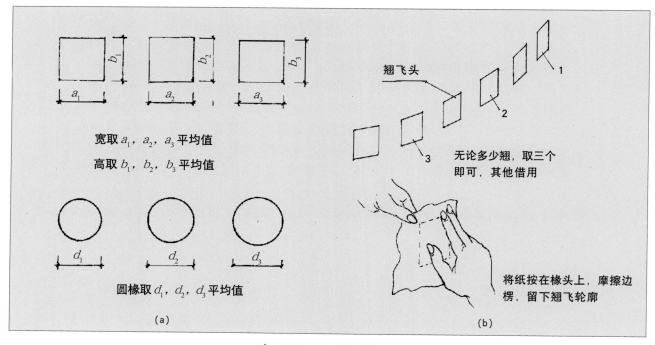

宽取 a_1，a_2，a_3 平均值

高取 b_1，b_2，b_3 平均值

圆椽取 d_1，d_2，d_3 平均值

（a）

翘飞头

无论多少翘，取三个即可，其他借用

将纸按在椽头上，摩擦边楞，留下翘飞轮廓

（b）

▲　图6—1　椽头丈量

6.1.2　大木

大木是彩画的主要部位，工程量大，需起谱子丈量的地方也多，又因大木形状复杂，形状不一，所以丈量方法也各异。古建木结构常有大小式之分，但彩画的丈量方法，对于不同大小的构件，只要形状相同，丈量方法均一样，一般也暂不考虑具体彩画是何种图样。

（1）檐檩

量长与宽两个尺寸，其中长的1/2尺寸为配纸起谱子尺寸。这里的长指构图露明长，与构件本身的长不同。长按每间计算，各间长度不一致，每间檩的长度以两个柁头侧面之间的距离为准，柁头上部不计（图6-2a）。虽然这部分彩画最后也涂色，但起谱子用不到它。宽即檩高，不是指构件的半径，而是指露明部分的弧面展开高度。这项值可能因人不同，测量时有很大出入，但都要求最后彩画能看得全面，又使施工方便，即彩画不能画得太靠上，即檩背处多余的图案不但看不见，影响装饰完美性，而且操作彩绘也不方便。测量时，均量至椽根部即可，而椽根部又由于有地仗灰堆挡，灰的多少不同，高也不可能一致，应多量几处，取其平均值计算。所以檩高等于下秧（至垫板接缝连接处）至椽根的长度。在对椽根处不好确定的时候，可按人们在正常位置观赏该构件的效果而定（图6-2b）。如观赏角度仰视严重，则高度可缩短些；如趋于平视，高度可定得大些，但两者之间不可差得太多。如以25cm檩径为例，这部分尺寸差应仅在1~2cm以内，仅此两厘米就会使操作造成很大的难易之分。这种计量方法是指外檐部分的檩，同一根檩如果处于内檐室内部分，尺寸按两种情况定：① 仰视效果明显，如廊子檩的背面，可借用外檐（正面）檩的尺寸；② 如果平视效果明显，如室内、进深较大，需另根据角度定其高度，但决不能量至椽与檩的相交处。

（2）垫板

垫板也量长与高两个尺寸，不论大小垫板（由额垫板），凡进行殿式彩画均满量，长按开间两个柁头或柱秧内侧之距离计算。高即露明高度，不过由于垫板在下枋之上，下枋子的厚度不同，所以垫板退入的深度也不同，记录时应将退入多少同时记下，以备起谱子时参考，如退入较多，则视线被遮挡较多，图案应相应向上移，也可在丈量同时，将向上移多少记下，但上移偏中不得大于2cm。

（3）枋子

各种枋子（在彩画中主要指大、小额枋，下枋子）均丈量长与高和底面宽。长的量法均一样，以开间两内侧柱秧之间的距离为长，同

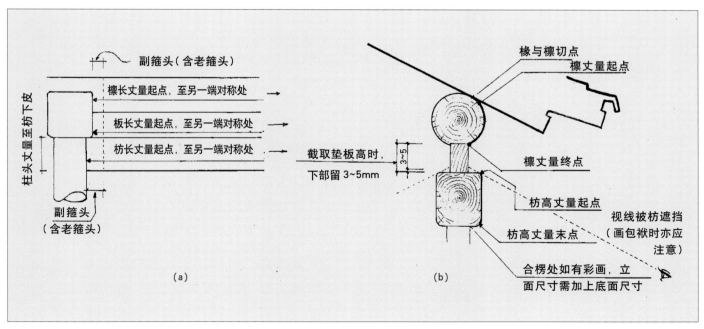

▲　图6-2　檩板枋丈量

时还要另记取"坡楞"的尺寸（坡楞即两侧的肩膀形圆楞），由柱秧开始，量弧面的宽，一直到弧线与迎面相切之处。再量立面高，立面高与底面进深分别丈量，立面高按上下滚楞中点间距离计算，底面视不同情况分别量"合楞"与"底面"。彩画中的合楞指带有装修的枋子底面，它将枋子遮挡一部分，同时露出两个窄的面，设计图案时常与立面同时考虑，在丈量时与立面尺寸同时记录，如××枋立面高60cm，合楞10cm，应记录为：60+10。底面指可以通量的，无装修遮挡的大面枋底，量其深度尺寸（即厚度）。

（4）柱头

构件本身及做完地仗之后，本无彩画设计上的柱头，彩画时将其上部某一段落进行装饰，被装饰的部位称柱头，在丈量时即根据彩画规则予以确定，在小式建筑中，柱头以枋子下皮为界计算，即柱头高等于枋子高。大式建筑的大小额枋及由额垫板同附于一柱子，柱头高以下面的小额枋相齐平的位置计算，直至顶端部，即等于大额枋高＋垫板高＋小额枋高。遇明次间结构不相同时，比如明间只有大额枋，无垫板及小额枋，次间有以上三件，则柱头按明间大额计算，大式建筑进行和玺与旋子彩画时必须丈量柱头，小式建筑进行苏式彩画可不丈量。柱头宽则按露明净宽计算，对于角柱，尚需计量周长，以备设计图案时参考。全柱子满彩画时丈量方法见图6-3。

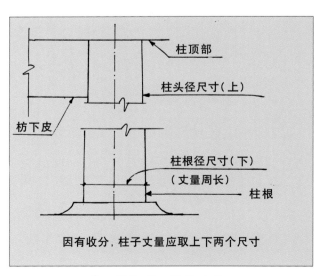

因有收分，柱子丈量应取上下两个尺寸

柱顶部

柱头径尺寸（上）

枋下皮

柱根径尺寸（下）
（丈量周长）

柱根

▲ 图6-3 柱子丈量

（5）抱头梁与穿插枋

均量立面高和宽（长），底面进深（厚）和长丈量方法同前。由于构件短肥，入柱处的坡楞相对较大，记录时应注意。丈量时底面尺寸尤为重要，底面的长，常被柱子"吃"进一部分，而立面由于有坡楞尺寸比底面长出很多，而彩画时则应同时保证立面图样的完整性，所以有关的尺寸（底面的最短距离）要丈量记录清楚，使其图案不至因有柱子而被挤占，断开。

（6）柁头

小式建筑的柁头按所确定的彩画种类和内容而确定是否丈量，如画苏式彩画，内容一般为博古或柁头花，则不需丈量。如画攒退活等图案，重复运用，则应丈量起谱子。定旋子彩画柁头一般画旋花，也应丈量，丈量包括正面的高、宽与侧面的高、长，底面如做旋子图案可不丈量，借用正面的一部分图案使用。

（7）挑檐枋

依绘制彩画的类别决定是否需丈量，一般画旋子彩画（指檩、大小额枋等构件上），挑檐枋多顺向配加晕色线条，所以不需丈量起谱子，和玺彩画多画流云和工王云，这两种图案用在挑檐枋上多灵活自如，可只量高，不必量长。

（8）平板枋

平板枋不论画什么图案，均需量两个尺寸，第一量高，第二量长，其中长又包括通长和单位距离，取这个长度时也要多量几个斗拱档，计算平均值，也可分别记录几个不同长度攒档的尺寸，因为斗拱往往在排列时距离略有出入。

（9）灶火门（垫拱板）

灶火门因形状复杂，故取其尺寸用实拓办法，拓法同拓翘飞檐头，而且取样时要多取几张，如正中攒档的灶火门，靠近柱头的、角科的，分别拓外轮廓，以待整理（图6-4）。

（10）挑尖梁头与霸王拳

大多数建筑在这两个部位均不放置任何复杂的图案，只按其外轮廓退晕而成，如需配画图案（和玺彩画多有之），也按拓灶火门、椽头方法拓样，尤其霸王拳，正面弯折很多，拓时要平铺按实，逐渐取其全部轮廓式样。

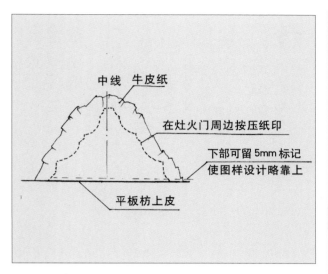

▲ 图 6-4   灶火门 (垫拱板) 丈量

（11）天花

天花需量天花板与支条两部分尺寸，天花板又分死天花与活天花。死天花固定，可以在上面彩画或将画在纸上的天花图样糊上；活天花可拆卸下来，活天花要丈量两个尺寸，一是天花本身的长与宽，二是天花板安上之后，被支条遮住一部分，露明的尺寸，这个尺寸为井口的长与宽。死天花则固定为此一个尺寸。前者为起谱子配纸的尺寸，后者为规划图案的准确依据。支条只量宽不考虑十字交叉部位画什么图案，因支条较窄长，画什么图案长度均可满足基本需要，宽应减去井口四周的装饰线，只按底部所剩的平面宽计量。

总之，丈量是起谱子的尺寸依据，需周密准确。在丈量前应了解彩画设计的内容、格式、方法，这样才能做到有所取舍，准确合适，使用方便。

6.2   配纸

配纸是起谱子中的一项程序，即按照所丈量的尺寸把纸裁成适当的大小。但是由于彩画的种类不同，起谱子的方式不同，配纸方式也不完全一致。一般殿式彩画（如和玺和旋子）要按半间配，即按构件的 1/2 长度配纸。配纸前事先将各类大木需起谱子的总长计算出来，然后按各自构件宽（高）裁成不同宽度的条幅，分别用糨糊将其粘接，再按开间宽的 1/2 截成段。如构件有合楞，则合楞部分的尺寸要与立面加在一起，配在一张纸上，如立面高为 60cm，合楞为 10cm，配纸的宽度应为 70cm。长仍按半间计算，配好后常规还要将合楞部分折过去，与立面纸重叠以备放样。无合楞的独立的底面，配纸按底面宽单配，长也占全枋底长的 1/2。配柱头纸时对于梁头伸出部分也一并考虑在内，并不挖掉，在使用时再临时挖洞。

苏式彩画配纸不按构件满配，而是按彩画的各个部位分别配，一般配箍头、卡子、包袱几部分。箍头的纸宽包括箍头心、连珠部分与副箍头，长按檩、垫、枋高之和计算。卡子纸宽按卡子花两边略留有余量（一般各加 2~3cm 左右），高按构件本身高。包袱纸一般配整个包袱，高等于檩、垫、枋三件及上合楞进深之和，如有下合楞再加下合楞的尺寸，宽按包袱宽即可，两边略余 1~2cm，包袱配纸要在确定包袱体量大小后（主要指宽）才能最后定。因此很多部位配纸均与设计有密切关系，必须先了解彩画的格式后才能配纸。有些部位（如椽头、灶火门）在丈量时，用拓实样轮廓的办法取样，实际已经进行了配纸，只需适当裁剪即可。各种纸在配完之后还要写明运用部位和构件尺寸，即谱子用于何地、何建筑、何间、何层、何构件，均应一一标写清楚，几个构件运用同一图案或同一谱子时，应注明借用部位和借用构件，例如"天安门上层明间檐檩，前后檐借用"，标注部位也可在图案画完后进行。如谱子量较大，而且事前统一配纸，则应先标注清楚，如谱子量较少可后标注，谱子量如特少不标注也可，视具体情况而定。见图 6-19。

6.3   和玺彩画谱子

起谱子因殿式彩画与苏式彩画之别而方法不同，殿式彩画不论和玺还是旋子，均应首先将纸（半间）上下对叠起来，如果事先已叠有合楞，这次包括合楞再叠一次，这时谱子面积为构件的 1/4；上下对叠之后，在纸的一端（比如左侧）再留出副箍头的宽度，划一条竖线或叠出一印迹，副箍头宽等于坡楞宽（丈量时已测得尺寸）加上晕色宽，晕色宽一般为

3～5cm，依构件大小不同。副箍头确定后由竖线向里将纸均分三份，彩画为分三停，可画线也可叠出印迹，三停线是清式彩画构图处理各部位关系的基本依据，之后便可根据彩画的规制起绘各种不同类型的谱子。参见图6-19。

6.3.1　规划和玺大线

各种和玺彩画的大线是一样的，只是在各个部位，即枋心、找头、盒子等"心"里的内容不同。在确定做何种和玺彩画时均应先规划大线，步骤如下：

（1）先定箍头宽

根据彩画规则，和玺彩画有活箍头与死箍头之分，又由于和玺彩画多画在尺度较大的构件上，故一般死箍头宽可定在13～15cm之间，活箍头宽可在14～16cm之间，这是一习惯沿用常数，无计算公式。以天坛祈年殿为例，活箍头宽为16cm。如果活箍头两侧再加连珠带，则每条连珠带宽为4.5～5cm。

（2）定枋心

在箍头确定后，再在纸上的另一头定枋心，定枋心前将已上下对叠的纸再对叠一次，使高均分为四等份，也可画虚线，一直交于箍头，然后按和玺线特点画枋心头，使枋心头顶至三停线；枋心楞线宽占枋高的1/8，即本纸对叠后为看面高的1/4。枋心占3/4高，较大体量的建筑的大额枋楞线按此法确定基本合适，如果是挑檐檩则楞线可适当加宽，如占枋高的1/6～1/7，小额枋可同时参照。

（3）定靠枋心的岔口线

枋心定好后，先不要画线光子部分，因这时线光子画多长，是否加盒子都无法确定，所以还要继续画枋心部分的各平行线段，枋心头旁边的和玺线各线均平行，两线之间距离基本等于楞线宽（大额枋如此，檐檩略宽于楞）。这部分⧖形的平行线共三条，其中两条交于枋子边缘。

（4）定找头部分

由枋心的第三条平行线（最外一条）始，至箍头之间的部位可称找头，视其宽窄可定是否加盒子及线光子长度。如无加盒子的余地则靠箍头直接画线光子，如加盒子，在构件上则为方形或立高长方形盒子。盒子两侧的箍头宽均相同。线光子部分的⧖形平行线也为三条，见图6-5。

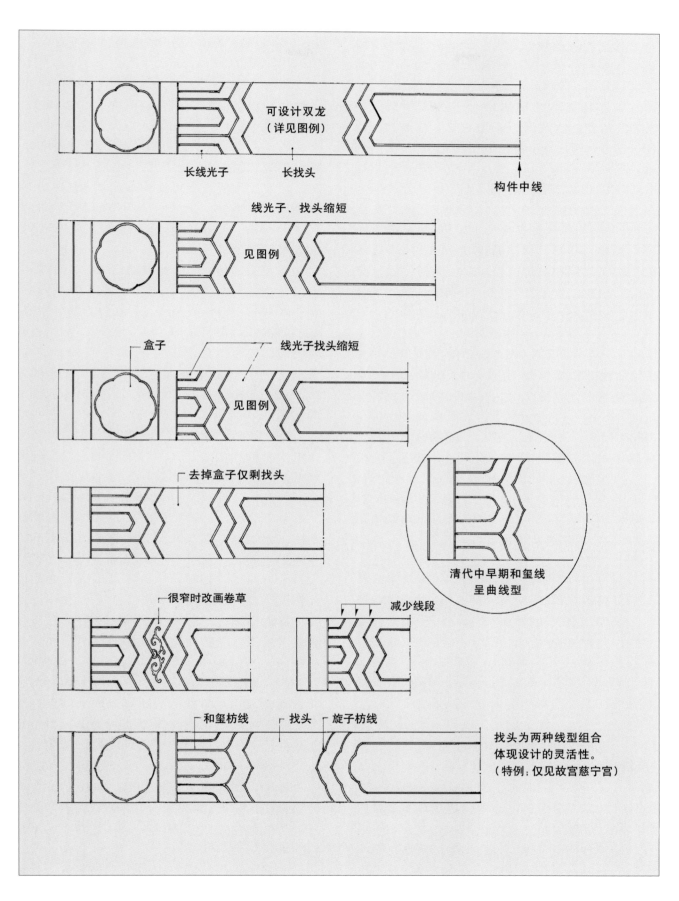

可设计双龙
（详见图例）

长线光子　　长找头

构件中线

线光子、找头缩短

见图例

盒子　　　线光子找头缩短

见图例

去掉盒子仅剩找头

清代中早期和玺线
呈曲线型

很窄时改画卷草

减少线段

和玺枋线　找头　旋子枋线

找头为两种线型组合
体现设计的灵活性。
（特例：仅见故宫慈宁宫）

▲　图6—5　和玺彩画找头设计（以龙为例说明）

总之，和玺线的找头、线光子、盒子部分要相互兼顾，每一部分不可太长太大，尤其要考虑找头部分画什么内容，是单龙还是双龙，另外上述线条均为单线，由于各线因实做中均为沥粉双线，线间距离约1cm，故需将上述各线改成双线。可用红笔按单线轮廓直接描粗，红线条等于1cm宽。在描时原各线均处于红线的中间，唯枋心线（上下楞线）应适当向内描，以加宽楞线宽度，扎谱子时按红粗线两侧扎眼，即形成双线。

在起谱子时，为了做到同一间上下构件的工整对仗，即相应部位长短或宽窄应一致，如箍头、枋心、盒子宽窄等，为确保一致，又便于绘制，可将一系列已配好的各构件的纸，凡同一间上下平行构件的纸，均上下平行排列，由构件"中"的部位取齐谱子纸。由于各构件长短薄厚和两端交待不同，谱子纸的另一端也会参差不齐，画箍头时，可均衡考虑将副箍头在各谱子纸一端同时留出，之后其他各个部位也同时通画，使其枋心长短一致，盒子大小（宽窄）相同，尤其是箍头均在同一条垂直线上。

关于和玺线中的斜线的角度，传统无确切规定，实例中出入也很大，按应用效果看，大额枋的斜线定为60°比较合适，继而再确定其他构件的和玺线角度。

6.3.2　和玺彩画中的龙凤画法

大线确定后，即开始画"心"里的内容（枋心、找头、盒子里的内容为心）。和玺彩画心里的内容主要为龙凤，其中龙还用于旋子彩画。龙凤都是人们虚构出来的形象，在彩画中，龙凤的形象可概括为：龙——牛头、猪嘴、鹿猗角、虎掌、鹰爪、虾咪须、蛇身、鱼鳞、分刺尾，三弯九转一躬腰。凤——锦鸡头、鹦鹉嘴、鸳鸯身、大鹏翅、孔雀羽、仙鹤足（也有说鸡头、蛇颈、燕颔、鱼尾），形容凤五彩斑斓、仪态万方。龙凤在很多行业的装饰中均有运用。在古建中也广泛地用于琉璃制品，装修木雕、石雕和彩画之中，但相比之下，彩画用之最为频繁，同时形成了具有行业特色的画法、形态。在彩画中最常运用的龙有行龙、升龙、降龙、坐龙四种，根据这四种龙的姿态与构件的外型特点，又可演化成无数姿态的龙。先以行龙为例，介绍龙的结构。

（1）行龙

又称跑龙，是头向前尾在后，中部有一明显的弓形腰，顺向向前奔跑的龙，一般用在较长的部位上，如枋心之中。行龙及各种龙均包括龙头、龙身、龙尾、四肢龙爪几个主要部分，其中龙头又包括龙眼、龙嘴、龙眉、猗角、耳、发、髯等，嘴又包括嘴盔（嘴盔之上有鼻）、嘴牙、龙牙、龙舌。画龙头的要领为嘴要张大，眼睛大而圆，呈凸努状。龙须、龙发较近似，但运笔走向有很大的区别，其中龙须显刚硬，龙发虽在彩画中也呈条带形，但较龙须飘洒、稍粗，弯处可自如或多一些，效果相对较软。龙身由颈部开始直至尾部，包括胸、腰、腹等，在不加四肢时不易区分，均为圆体，加四肢后很明显。整个龙身上部（背部），有脊刺连接，身条之中有鳞。在彩画中表示龙鳞有两种方式：一种为较写真的片状鳞；一种为示意性的排密短线"鳞"。彩画画片金龙多用后者，而且不加肚子纹（肚弦），前者则画肚弦。画龙身应注意粗细走向，其中颈部较细，之后逐渐变粗，其中胸部和腹部最粗，之后尾部又逐渐变细而且向上甩翘，呈现很有力的状态；整个龙身各个部位、身躯部分，都要求转弯圆润流畅、无硬弯。龙尾在彩画中表现方法不同于雕刻手法的龙，尾部多呈五叉形散开，各叉均向同一方向甩，勾起，中间一叉最长，左右四叉相随，呈现有力的收尾，龙尾所占部位不大，笔道不多，但影响整个龙的气势，在行业中非常重视。龙的四肢（包括前肢与后肢）基本相同，每条腿根部粗，爪腕处细，大腿粗，小腿细，大小腿之间形成肘，肘由肘毛、肘包、肘刺组成，同时四肢上均披有火焰。画火时由肘处起，可沿腿背逐渐向腿的两头飘。肘毛呈飘洒状，可任意构图。龙爪分反正，即掌背掌心，掌背与腿连起来画，掌心画八字形掌纹，均为五爪，彩画中五爪排列近似车轮形，各爪之间有一定距离，贴金仍可分得很清楚，很少有四个爪并拢的一、四画法，以免贴金后不容易分清。

除上述各部位外，龙均离不开宝珠、火焰与云气。宝珠为圆形，彩画常将四周分为若干瓣。又中间有火眼，四周加火带（火焰、火苗）。

宝珠之中也加些排密点，以破其平面的呆板。火焰除附于龙四肢之外，还缠绕龙身并飘洒在龙的四周，这些火焰分组画。一般一条龙周围有一两组即可，不可画得太多太散，否则容易和肘毛飘带等混淆。云视彩画规制而定，分片金云与金琢墨云，视其体量而安排个数（朵数），应适合金琢墨图案规制和退晕层次的需求。又在枋心中画行龙，可分成如下步骤：

1）在枋心周围事前预留出一定空隙，视枋心体量大小而定，即"风路"用虚线画出，以表示龙在这条虚线中构图。

2）在枋心中部（谱子纸的一端）画宝珠，在谱子上画半个，拍上后再补齐规整，视枋心长短，宝珠周围加火焰可灵活掌握。

3）画龙头与龙身的位置，使其去向合理、匀称、有力。龙身用一定宽度（龙身宽）的双线条勾出即可，细部不画。

4）添四肢与尾部，使四肢与龙身各部位距离基本匀称。

5）细画龙头，包括猗角、须发等，大小体量与龙身对照匀称恰当。

6）再画龙脊、脊刺和示意性龙鳞及尾部，首尾相顾。

7）画四肢和爪，四爪同样大小，可用一稿翻四。

8）画爪之后画肘毛，在龙身各部位空隙中飘洒，灵活处理，无固定格式，但成熟的画法都大体相似。

9）画火焰，主要的一组在弓背上（腰上部），向后飘动。

10）各空余部位按规则加云朵，或片金云或金琢墨云。

以上见图6-9和图6-10。

（2）升龙

升龙即向上升的龙。彩画中的升龙和绘画中的上升的龙形态不同，如不作比较并不给人有明显上升之感，升龙是和降龙相对而言，其比较主要看头的位置和龙身的去向。升龙的特点是头部在弯曲龙体的上端，两条后腿在最下面。尾部卷至中间侧。如果进一步分析，升龙的上半部基本与行龙相同，只是有一条腿拐的方向有时不同，可背过龙身向后上方拐，也可与行龙一样两条腿由胸部向左右

分开。升龙的下半部（后半部）与行龙画法相同，但由于升龙前后两部分为上下叠落构图，这两部分在中部，腰处拐弯将方向改变，故下部位的方向与上部相反。掌握此要领即可记忆升龙的形态画法及转弯规则，才能在长短不同的找头的构图中运用自如。由于升龙画在找头部位，前面已提过，在配纸时，遇有合楞部分纸要连配，但画升龙时立面部分与合楞部分需连起来构图，即把龙的一部分画在合楞上，这时要将叠入的纸展开，同时构图。

（3）降龙

降龙头在下部，尾在上部，龙身转弯处同升龙。用行龙剖视其形态，降龙的下部，即头部、胸和前肢为行龙的前部，但弓腰部分则向上转上去，即后腿和尾部为行龙的后半部，呈相反方向叠落在降龙头部的上面。

（4）坐龙

又称团龙，多画在圆形（团形）部位内，如用在盒子里面或天花的圆鼓子心中，因系"坐"，所以龙的姿态端庄直正，头及宝珠均居中，四肢位置匀称。坐龙头部为正面形象，左右均匀对称，依然包括头、眼、角等各个部分，只是视向不同，与升降龙表现效果有很大差异，但各部位要领均同行龙（须、发、火焰）的特点。坐龙身躯的走向是：开始由头部上翻，然后再弯转过来，向下呈盘状，这部分结构不同于升龙、降龙，尤其是上肢，由于构图的限制，两条腿之间的距离一般都较远，不太合情理，但已习以为则，坐龙的下半部又同行龙的后半部，处理方法一样，坐龙从外形看效果大致对称（均称）。实际除头部外，其他各部分均不对称。

行龙、升龙、降龙、坐龙（团龙）用于构件，头部应有一定方向，在枋心里画行龙，中部为一个宝珠，两侧的行龙头面向宝珠，呈二龙戏珠状。找头部位的龙如只有一条，头应朝枋心，并加一个宝珠，如果找头较宽，可画一升一降两条龙，宝珠应在找头中部，两条龙头朝向宝珠，也呈二龙戏珠状。盒子的龙头不分方向，但尾部在一侧，其尾部应朝向枋心一侧，这样各种姿态的龙在梁枋上排列才紧凑、有节奏。另外行龙、降龙的脊背上的脊刺在彩画表现中数目均应为12个。以上各种姿态的

龙，由于采用上述画法，较逼真，在彩画中又称大龙（简称龙）。

（5）夔龙

夔龙为一种变形的龙，在彩画中夔龙是按卷草形状画出的，所以又称草龙。特点为头部大体像龙，也有角、嘴、眼等，身部按卷草画法"翻、转"，也包括颈、胸、腰、四肢等部分，均为等线粗的卷草图样。由于受卷草形状的限制，很多细部无法表现明确，如爪、嘴盔、舌、牙、尾叉、肘毛等，这些均予以省略或简化。夔龙头部的正视效果不易表现，故多为侧像。夔龙可用于和玺彩画、旋子彩画和苏式彩画中，由于装饰性强，可任意加长缩短，并可适用不同做法的工艺（如片金、攒退活、金琢墨等），所以用途十分广泛，是彩画常用的基本图案之一，见图6-6。如和玺彩画中，夔龙只用在不宜画大龙的地方和次要部位，如后檐较窄的构件上，因这些构件枋心、盒子、找头非常窄小，如画大龙，笔道细密易粘连不清，只好画夔龙代替。夔龙用于不同部位，也可分为不同姿态，如行、升、降、坐等，其中行龙较清楚明确，其余均为卷草特征，除头部外，其他部分不太容易辨认。但用在和玺彩画中的夔龙必须为片金做法。

（6）画凤

彩画中的凤不像龙应用的那样广泛，画法也相对简单。凤在彩画中由于运用部位不同，姿态也不同，但不像龙那样升、降、坐、行分得十分明显确切。各种姿态的凤都是由身子趋向而定，均为侧视效果，无正视画法。画凤主要应掌握头尾的特点，头部的嘴不要画得太长，颈部虽称蛇颈，但也不应画得太长，过细。在构图中尾部应留有足够的余地，以适应凤尾飘洒所及的范围，画凤凰如果嘴过长，尾部不明显突出，很容易画成仙鹤，尤其运用在盒子中，很容易混淆。彩画中画凤除身驱贴金体量较大外，翅膀部分往往为齿形散开状。这样有两个好处：第一，翅膀玲珑剔透，并与其他线条协调一致，体量适当；第二，用金量少，节省金箔。凤凰均配牡丹花，配法有两种：一种为凤嘴叼着牡丹；一种为牡丹在凤头的附近，并摆头与牡丹盼顾，不相连，牡丹花与叶多为金琢墨做法，很少有片金花叶，画时线条距离应能够满足金琢墨工艺退晕层次的需要。凤的周围也配有云气，其云也分片金云与金琢墨云。另外凤也有夔凤（草凤），画法特点基本同夔龙，也是按凤的特点，设计成适合攒退活或片金工艺的姿态，笔道线条可以明确地看出翅膀、头、颈、尾巴等各个部位，形成体态优美、玲珑剔透、变化自如的效果。

各种龙凤画法见图6-7～图6-16。

夔龙的设计

　　夔龙的设计以图形能表现龙的特征为前提，同时又有卷草图形能随意变化的特点，这种设计可以适应金琢墨、片金、烟琢墨、攒退活、玉作等不同工艺做法。夔龙图样广泛用于和玺、旋子等殿式彩画中，常见于其中的枋心、找头、盒子、池子等处；　苏式彩画在某些设计中，也多见夔龙图形。

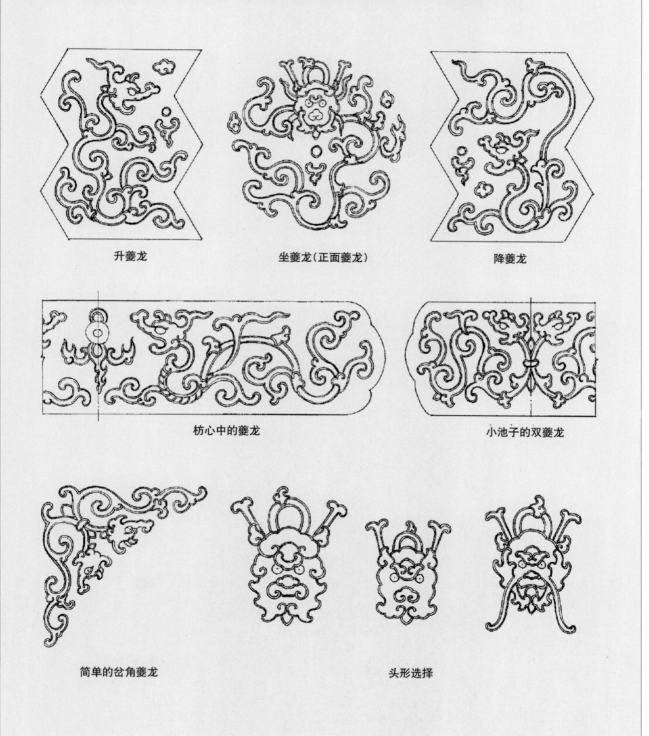

升夔龙　　　　　坐夔龙（正面夔龙）　　　　　降夔龙

枋心中的夔龙　　　　　　小池子的双夔龙

简单的岔角夔龙　　　　　头形选择

▲　图6—6　夔龙的设计

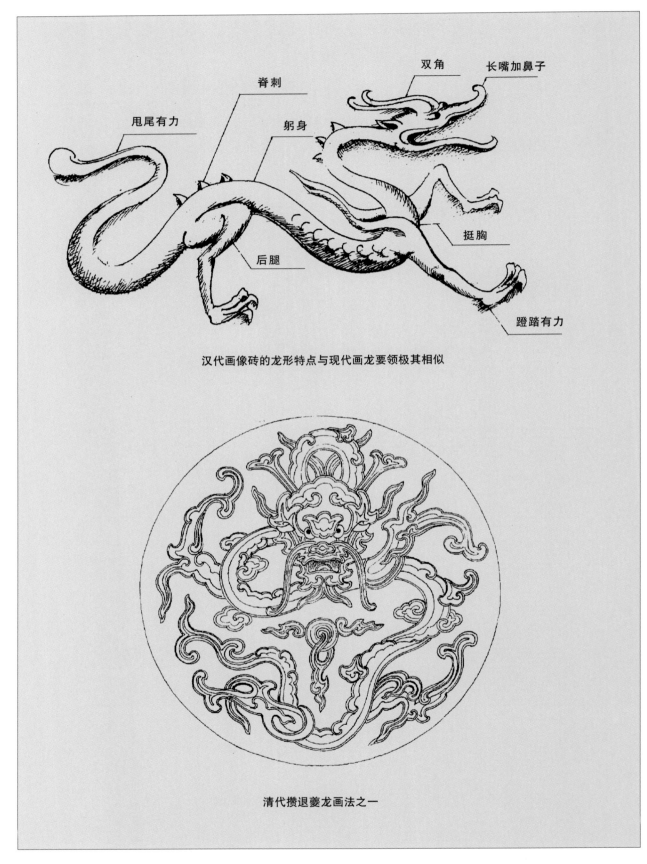

双角
长嘴加鼻子
脊刺
甩尾有力
躬身
后腿
挺胸
蹬踏有力

汉代画像砖的龙形特点与现代画龙要领极其相似

清代攒退夔龙画法之一

▲ 图6—7 龙的形成与变形(一)

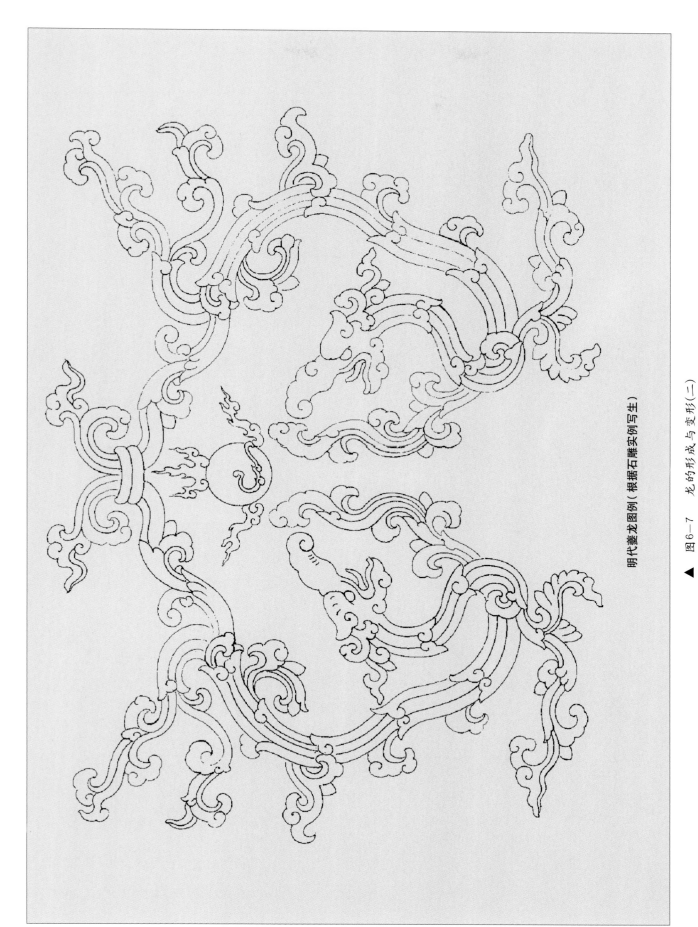

明代蔓龙图例（根据石雕实例写生）

▲　图6—7　龙的形成与变形（二）

▲ 图6-8 龙(北京承恩寺明代壁画写生)

龙的画法

　　彩画中龙的造型有其自身的特点，它既要表现龙的形象特点，又要适应做法（如贴金）的需求，因此形成较固定的模式，包括龙身的走向，头、身、爪的表现等。虽某些部分不尽符合透视标准，如上下嘴盔的位置、车轮形张开的五爪，但它满足了贴金后的观赏需求（否则分不出爪指数等）。彩画画龙，因地域、时代、承传及构思发挥不同，表现略有差异，但总体造型及画法程序均有较成熟的模式。

（a）先画额眉　　　（b）继添双目　　　（c）再画龙鼻

（d）添上上嘴盔

（e）头骨及下颌

（f）角须及颈

（g）龙身及龙尾

（h）前肢及后肢

（i）龙爪及肘毛

▲ 图 6—9　龙的画法（一）

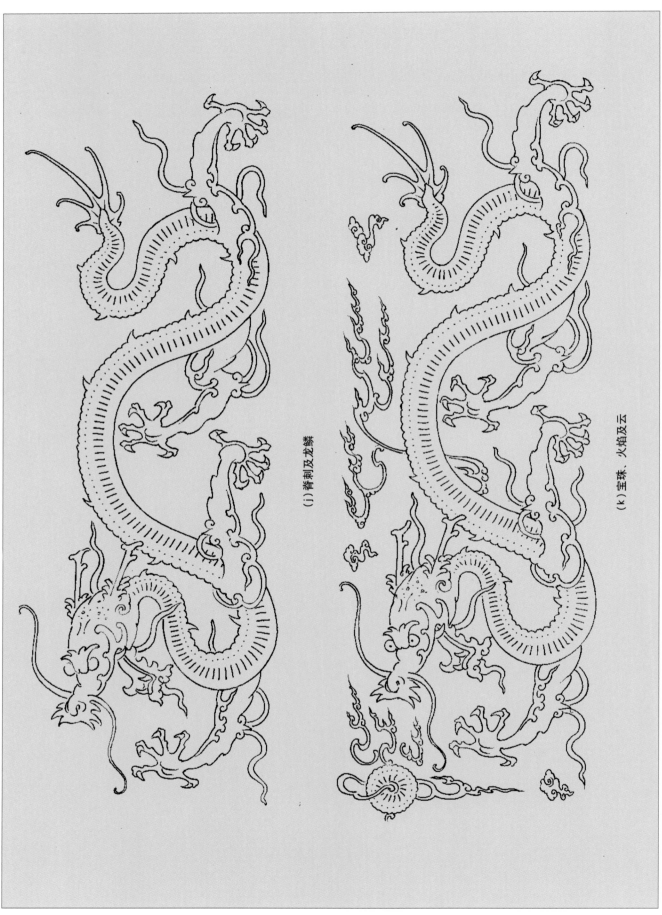

(j) 脊刺及龙鳞

(k) 宝珠、火焰及云

▲ 图 6-9　龙 的 画 法 (二)

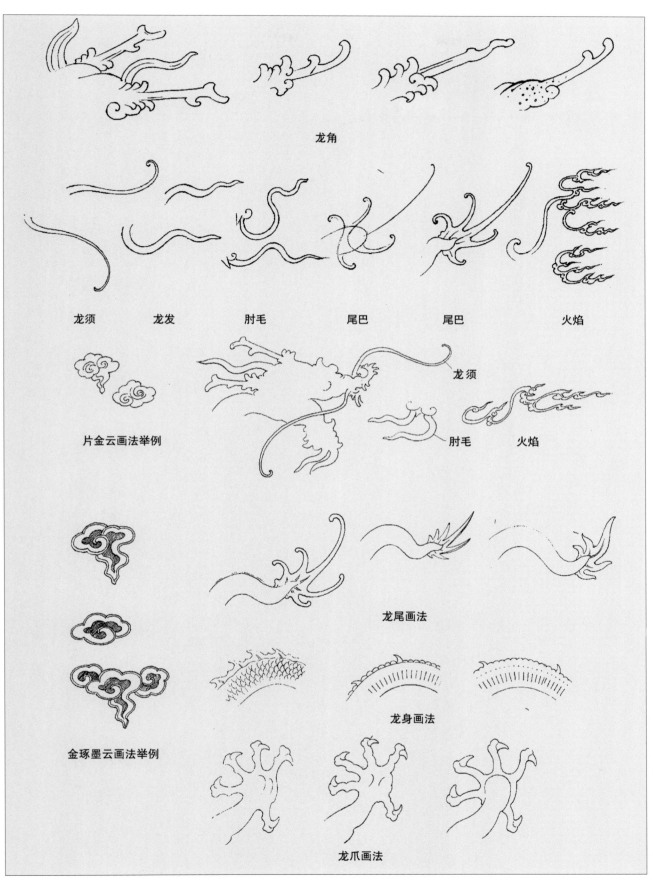

龙角

龙须　　龙发　　肘毛　　尾巴　　尾巴　　火焰

龙须

片金云画法举例

肘毛　　火焰

龙尾画法

龙身画法

金琢墨云画法举例

龙爪画法

▲　图6—10　有关特征画法区别

▲ 图6—11　回头龙

▲ 图6—12　不同宽度找头升龙画法

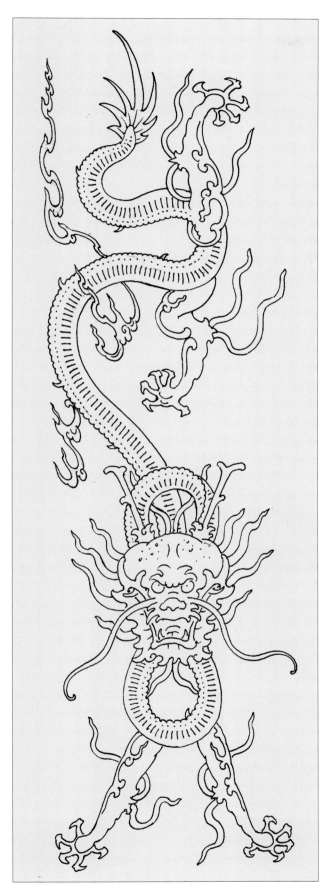

▲　图6—13　把式龙

6.3.3　装心

谱子大线确定及掌握龙凤的画法后，即可装心，即在找头、枋心、盒子部位内画龙凤。按如下程序进行：

（1）先定各个心里的色彩，其中主要应明确找头的色彩，以便确定是画龙还是凤，是升龙、升凤，还是降龙、降凤。枋心、盒子一般不按色彩定龙凤的姿态，按部位形状，分别在枋心中画行龙、飞凤，在盒子中画坐龙、团凤。确定色彩的方法按谱子所在开间箍头色彩定各部位。什么色彩由箍头向枋心处排，有时需在纸上标注。

（2）如前所述，在各个"心"里，四边事前留出风路，构件大，如枋高在60cm以上，各间风路宽可在3～5cm范围内；枋高在60cm以下，风路可在2～3cm之间，不定稿。用粉笔在牛皮纸上画出虚线即可。

（3）用粉笔打稿：在牛皮纸上打稿可用粉笔，白线条很清楚，擦改也较方便。传统用碳条打稿，现也运用。

（4）用碳素铅笔定稿：因粉笔在牛皮纸上附着不牢，粉笔稿修定好后，需再用碳素铅笔定稿，因碳素笔醒目明显，扎谱子时看得更清楚。用粉笔打稿时，有些细部可不进行，如龙鳞，在定稿时画全即可。传统用碳条打稿后用墨定稿，线条流畅，顿锉有力，但扎谱子后并看不出勾勒的笔锋，所以不用加以强调。另外，由于相同构件的谱子大线经常一样，只是"心"里内容有区别，这时可把"心"替出来，分别画不同内容，如按找头的形状单配两张纸，一张画龙，一张画凤。使用时各间用同一大线，之后再把龙、凤分别转移到所需的部位，这种做法较简单，还可提高工作效率。

6.3.4　画岔角、线光子心、贯套箍头、片金箍头

（1）箍头

枋心、找头、盒子各"心"里的内容画完后，可续画箍头、线光子和岔角。箍头如为贯套箍头，可直接画在大谱子纸上，也可以将箍头心"替"出来，单画箍头心，画两种，一种硬贯套，一种软贯套，构思时可先画软贯套，

▲ 图6—14 不同宽度找头降龙画法

▲ 图6—15 升降龙找头画法和转身龙画法

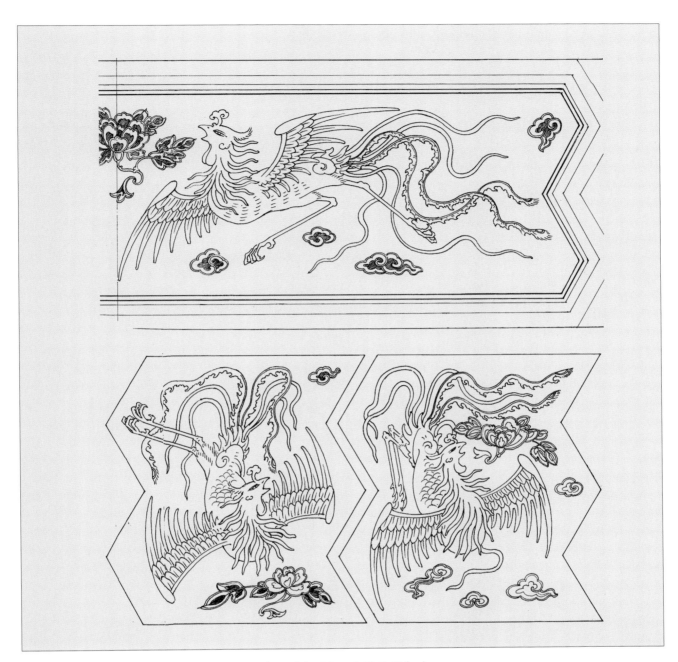

▲ 图6-16 凤的画法(一)

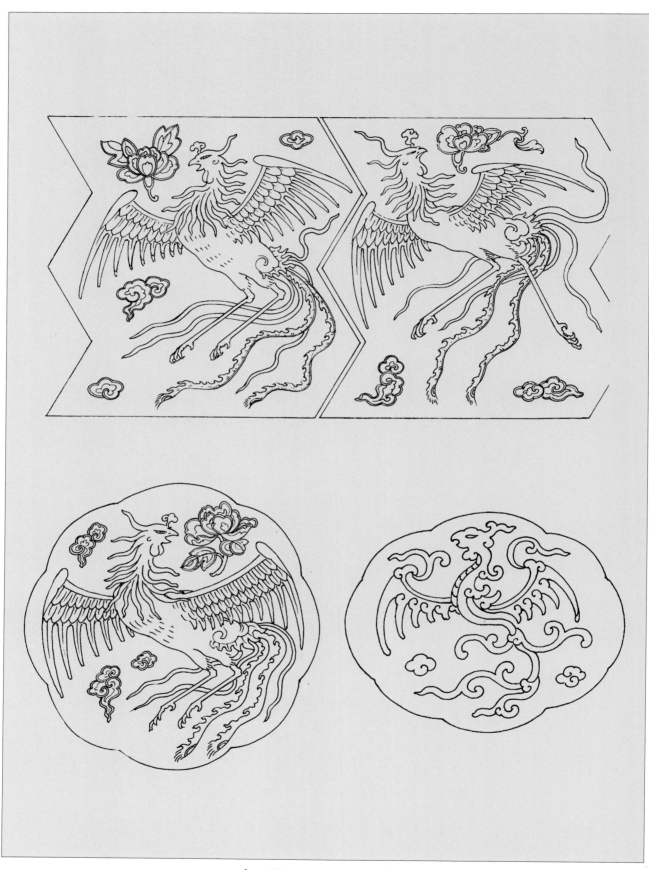

▲ 图6—16 凤的画法(二)

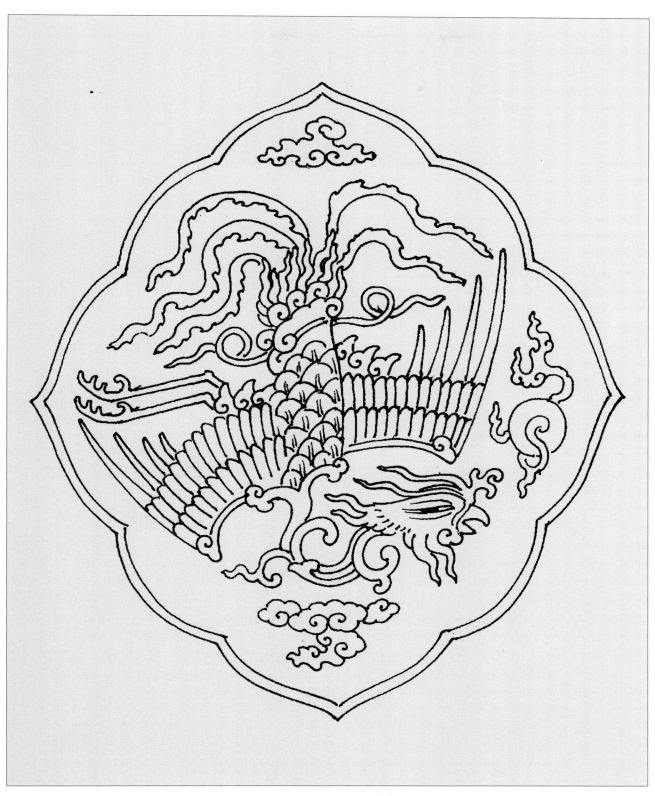

▲　图6—16　凤的画法(三)

后画硬贯套。硬贯套按软贯套的走向变化运用，设计十分简单。画软硬贯套箍头是根据彩画规则，为适应青绿箍头分色的需要。设计图案时要求贯套箍头的带子编织清楚。贯套箍头两侧所加连珠带，起谱子时，连珠带内不画连珠，施工时直接画在构件上。箍头心里除画贯套图案外，还常有片金图案，如片金西蕃莲，直接画在箍头心内，除非因工艺搭接方面的需要，一般不需另替出来。

（2）线光子心

线光子心也要首先确定色彩，然后再定画的内容，即先按箍头色彩向里排色。如果是青箍头，则为绿线光子心，绿心根据规则应画菊花，如果箍头心内为硬贯套图案也画菊花，反之绿箍头、青线光子心，画灵芝，两种图案均有固定的表示方法，主要要求大小适当，风路均匀，对花的形状不太苛求。菊花和灵芝一般多直接画在谱子纸上，不另剔（替）心，或只剔一个，但画在大谱子纸上的应与谱子标注的使用部位一致。

（3）岔角

和玺彩画岔角多为岔角云，金琢墨方式退晕，在确定箍头与盒子线之后即可画岔角云，均画在大谱子纸上，不另剔心，画时也需事前在云之四周围留出足量"风路"，否则做完后易造成图案过于繁密，云与箍头盒子线分不清的现象，然后画一个岔角云，以一个为模子分别填齐四角，盒子的岔角不论是什么色彩，常用的岔角云均固定一种形状，只在涂色彩时，色彩有所变化。

6.3.5　柱头

和玺彩画柱头图案比较灵活，变化较大，但各种图案应具有和玺特征，基本从以下三方面体现：

（1）柱头的上下箍头之间画盒子。盒子心里的内容与额枋大木相同，岔角云亦同。

（2）柱头中、下部画和玺线，即额枋箍头内的线光子部分，上部画龙凤。龙凤可不画在盒子里面，灵活构图，也可在和玺线上部再画盒子，之后再在盒子内画龙凤等。

（3）其他与大木贴金退晕工艺相同的图案，如在箍头之上加画海水云气图案。

均为沥粉贴金，金琢墨工艺做法，与岔角云工艺相同，使柱头风格与额枋大木相同。其中角科柱头如加盒子，谱子设计应当对称。画时先定下箍头宽（同大小额枋），上面根据余量考虑能安排几个盒子（一个或两个），然后在盒子上面再定箍头和副箍头。盒子、箍头根据具体情况设置，如果加箍头与副箍头较恰当，应以此为主而盒子可适当调整（加长或缩短），如果加两个盒子有困难，可加一个或将上部副箍头缩短。个别情况也有只加副箍头不加箍头的例子。

6.3.6　挑檐枋、灶火门、平板枋、由额垫板

这些部位的谱子有两个特点：第一，构件小，谱子都比较窄小；第二，各部位均为单体图案的联合排列，故可只起一部分，即其中一段。配纸也按上述方式配，只配一段。谱子比较零碎，这些谱子均在大件谱子起完后再起。各部分起谱子时应注意以下问题。

（1）挑檐枋

挑檐枋在彩画中又称压斗枋。根据和玺彩画规则，如金龙和玺、龙凤和玺可画片金流云或工王云；如龙草和玺，可简化为退晕做法。前者画法为：先取一段纸，长约同斗拱攒档距离，在上面构图画流云，令其纸的一端与另一端图样在使用时云纹能首尾连接起来。云纹构图无刻板规定，其中云朵与腿排均匀、疏朗、连贯即可。工王云同流云一样也为片金图案，虽为云，实际很像"工"字与"王"字，即笔道按云形起伏连接，在搭接之处有云形钩。工与王字间差排列，互补空档。

挑檐枋上画流云与工王云，构图时上下均应留有适当"风路"，以12～20cm高挑檐枋为例，上边留2cm宽左右的风路为宜，下边画一笔约1.2cm宽的线，备与工王云或流云同时贴金。如果挑檐枋为退晕做法则不需起谱子。

（2）灶火门

和玺彩画的灶火门多为沥粉贴金的图样，画时先将配好的纸裁剪整齐，分中对叠。画两边的大边，大边在拱与升相交的拐弯处线笔简化，弯数减少，大边宽约5cm，也视斗拱大小而定。大边确定后，将纸展平，剩下的部位画龙凤。进行构图，由于灶火门为三角形，画完龙之后，上部还空有一块，因此可把宝珠加在这个部位。这是灶火门龙的特点，灶火门画龙多为坐龙。一座建筑的灶火门图样均一致，可用同一谱子。在设计时，图样与底线应留有适当距离，其"风路"一般大于左右宽。因灶火门有平板枋遮挡，仰视时下部图案不易看全，所以应适当向上移，而且谱子纸的下边也不画大边，两条弧线直交平板枋上线。

（3）平板枋

平板枋（坐斗枋）是体现和玺彩画精致工艺与华丽装饰的主要部分，根据彩画规则，如金龙和玺则画龙，如为龙凤和玺则相间画龙凤。前者配纸按斗拱攒档为单位，即画一龙一凤。故凤前牡丹应改为片金图案，无法退晕，也看不清。

（4）由额垫板

很多和玺彩画的由额垫板，内容同平板枋。结构高度也同平板枋（均为两口份），但一般不能借用平板枋的谱子，需另画，因在平板枋构图以攒档为单位，而由额垫板画龙凤可能长于平板枋上的龙凤，也可能短于平板枋上的龙凤。所以构图时，在

半间纸条上，先减云箍头部分的宽，剩余部分再画龙凤，如只画龙，表达在半间的龙的个数不限，三四均可，整间则为四、六、八双数，每个龙前部有一个宝珠，开间中部为一个，整间的宝珠则为单数。如果画龙凤，每侧的龙凤均应成对，即半间的谱子上或画两对龙凤或画三对龙凤。不可画二龙一凤。由于有小额枋遮挡视线，下部图样可能看不清楚，故起谱子时应将图样适当上提，如上面风路为3cm，下边可按4cm留，由于上下风路悬殊不大，平视仍显图样居中，仰视时被额枋遮挡的图案也不严重。

6.4 旋子彩画谱子

旋子彩画规则性比较强，彩画的等级，各部位之间的比例，各种等级的表达方式，找头部分的图案特征，什么地方用金，什么地方退晕，均在起谱子时予以体现。因此旋子彩画的谱子应当分等级，按不同需求分别处理。起旋子的谱子也分檩枋大木、柱头、平板枋、灶火门等几个部分。又因旋子彩画除用于大殿外，小式建筑、配房等也常用旋子彩画，所以在装饰、起谱子中又分大式、小式之别，有些大式上的图样不用在小式建筑上。

6.4.1 檩枋谱子

檩枋是体现旋子彩画特征的主要构件，需要在上面进行工整规则的构图，所以需事先起谱子。檩枋大木起谱子，不分大式小式均以间为单位。一间谱子纸分成若干份，以大式建筑明间为例，一份谱子纸包括檐檩、大额枋（包括合枋）、小额枋、小额枋底面（彩画俗称"仰头"），这四条纸，因构件宽窄不同，在柱头处搭接得不一致，致使同一间的各条谱子纸不等长，而略有出入，这点同和玺。

（1）定箍头宽

旋子彩画大多为素箍头，一条之中不加其他图案，两侧也不加连珠带，箍头宽按构件大小而分别定之，一般60cm以上高的大额枋箍头宽约在14～15cm之间，60cm以下的可在12cm左右，其他各件包括同间的檐檩与小额枋、垫板、柱头等构件的箍头，宽均为同一

尺寸，即一座建筑物的箍头都同宽。定时方法同和玺，也先将各条纸上下平行，并排起来，使枋心中线的一侧齐平，另一端虽参差不齐，无妨，以大小额枋为准，减掉副箍头宽，然后由副箍头线开始向内侧排箍头，可在各条纸上由上至下统一一划下。另外定箍头宽时还要考虑做什么等级的彩画，如金线大点金级，现大线均加晕色，箍头宽可另增加0.5～1cm，即如果某建筑彩画为墨线大点金，箍头为14cm，改定为金线大点金，则可定14.5～15cm宽，不可差得太多。

（2）定枋心长

由于事先已在谱子纸上确定三停线，枋心长占1/3，即将枋心头顶着三停线画，同时将上下楞线留出（画上下枋心线），上下楞线的宽等于靠箍头栀花部位的各条线宽与岔口线两侧之间的距离。事先应全面设想，一般楞线宽比箍头明显窄，但两条带宽相加又明显大于箍头宽，因此楞线约等于箍头的7/10宽，定上下楞的宽度均为目测，不用计算。

（3）定是否加盒子

由两方面决定，第一构件是否为明间，一般明间尽量首先考虑加盒子；第二要求加盒子后，所剩找头的宽窄在规划皮条、岔口各线后仍能画勾丝咬图案或两路，否则不宜加盒子。这方面可先由虚线测得，参见图6-17。

（4）处理找头部位

找头部位依所剩面积（高宽之比）来确定画什么内容，在确定前应先画齐箍头部位的皮条线部分和靠枋心部分的岔口线部分，各平行线间的距离同楞线宽，斜线的角度均为60°，以备六方、圆形构图。这些线暂时均应虚画不要定稿，因为画找头中的旋子花后可能还要调整。之后便要根据找头的高宽比例画各种不同形式的旋子花，如一整两破、喜相逢、勾丝咬等，根据彩画规则和旋子花的详细式样进行构图，参见图6-18。

（5）按等级表示旋子的贴金部位

在找头部位的旋子花画完后，要按等级表达清楚贴金部位。其中大线凡沥粉均为双线，起谱子时即应画有一定距离的双线约1cm，如为墨线可画单线，这样以区分是否贴金。找头部位的旋眼、栀花心、宝剑头、菱角

旋子彩画盒子设计举例

　　旋子彩画的盒子图样给设计者一定的选择空间，常根据具体情况有多种演变，其中整破栀花盒子、龙草盒子为较程式化的设计；较早时期还有整整栀花盒子组合、整破十字别盒子组合、十字别四合云盒子组合等设计；在寺庙还有莲花、梵文、金刚杵等设计。

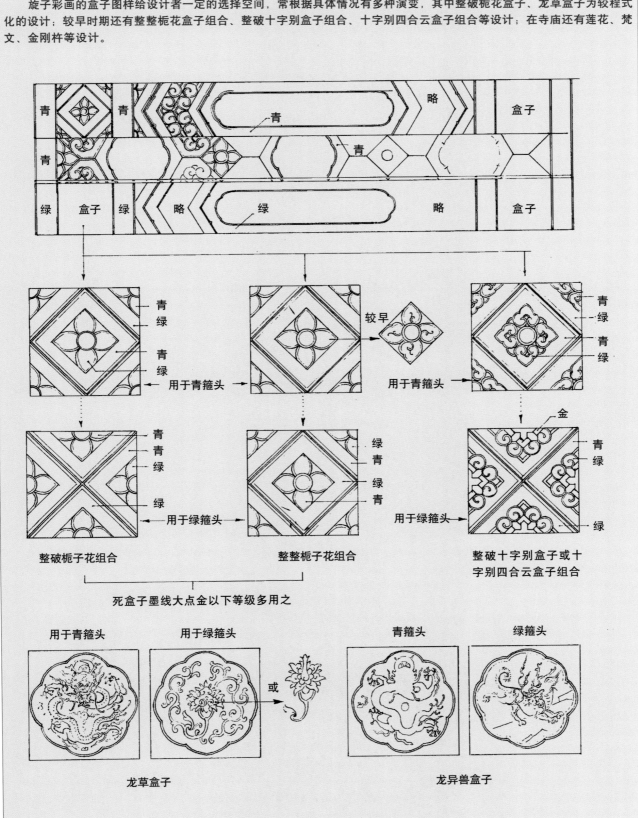

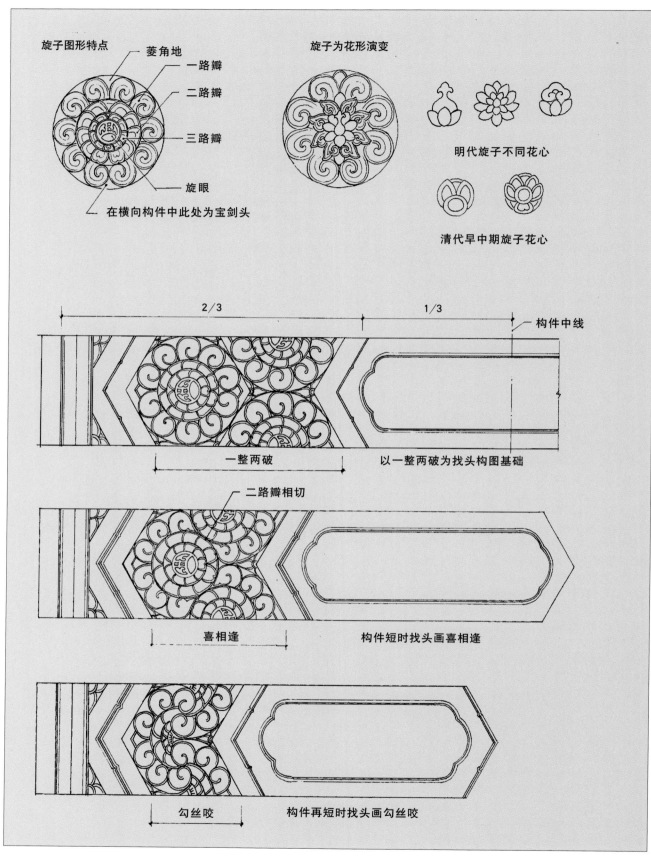

旋子图形特点

菱角地
一路瓣
二路瓣
三路瓣
旋眼
在横向构件中此处为宝剑头

旋子为花形演变

明代旋子不同花心

清代早中期旋子花心

2/3

1/3

构件中线

一整两破

以一整两破为找头构图基础

二路瓣相切

喜相逢

构件短时找头画喜相逢

勾丝咬

构件再短时找头画勾丝咬

▲ 图6—18 旋子彩画找头设计（一）

盒子

▲　图6—18　旋子彩画找头设计（二）

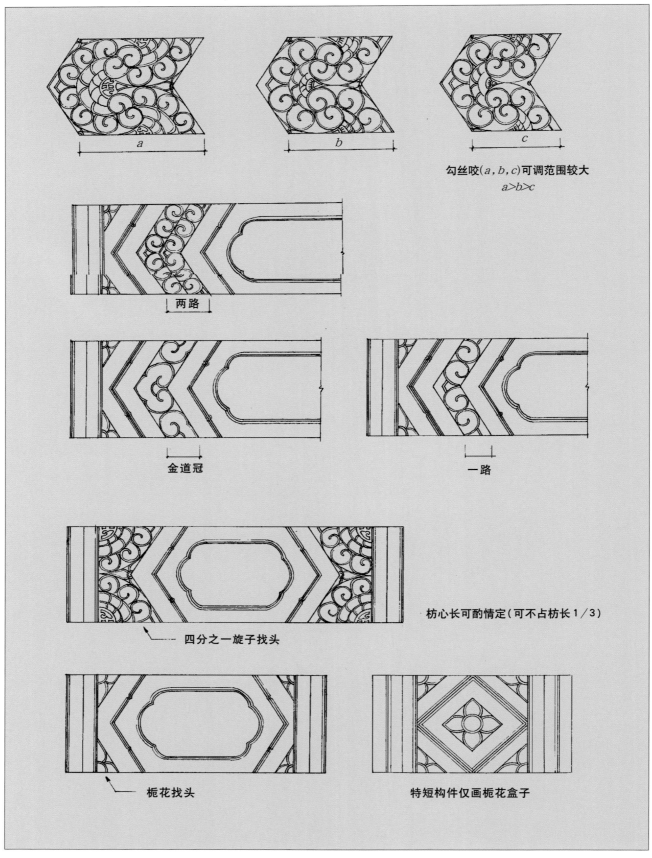

勾丝咬(*a*,*b*,*c*)可调范围较大
a>*b*>*c*

两路

金道冠

一路

四分之一旋子找头

枋心长可酌情定（可不占枋长1/3）

栀花找头

特短构件仅画栀花盒子

▲ 图6—18　旋子彩画找头设计（构件逐渐缩短的处理方法）（三）

地中的小短线，如不贴金则不画线，大点金的一路子旋子花在标注贴金线条后，即使不将旋子瓣一一画出，施工时也可以根据菱角地的多少（事先画的双短线）确定旋花瓣的个数。

（6）画枋心与盒子

大线与找头部位画好后即可画枋心与盒子，在画大线与找头时可不考虑色彩的安排，而在画枋心与盒子时则应考虑色彩，根据色彩来定内容。如枋心，根据彩画规则，墨线大点金以上等级的彩画为龙锦枋心，这时就应先根据箍头排色。枋心色彩确定后再画枋心的内容，如为青枋心则画龙。同样画整、破盒子时也要在箍头色彩确定后，再根据整青破绿规则安排盒子格式。整破盒子的贴金表达方式同找头，各贴金的栀花、菱角地均加双线。以上见图6-19。

（7）画宋锦

宋锦包括在枋心内容之中，青箍头构件的枋心画宋锦。起谱子画宋锦只表示一部分

规则、内容，大部分在绘制过程中完成，其起谱子的程序与方法如下：

1）在枋心中画斜线，形成若干斜正方形。对角长等于枋心高，枋心中线必须画一个完整的方形，再向左右两侧连续排列。两端（在谱子中表现为一端）所余形状（方格大小）不限。

2）在各垂直线相交之外（斜线交点）画小栀花方块，将来贴金栀花体量不要太大，因周围还有色带围绕，其他部分尚有花纹。

3）在各方形中间画云钩形小圆环，体量稍大于小栀花，云钩间距要匀称。

这样的宋锦谱子即可施工。檐檩枋心较窄，可取上述额枋宋锦图案的一半，即取额枋宋锦的下半部，按下半部格式构图，即正中的圆云环在上，方栀花在下。参见图7-1。

在起画旋子彩画谱子时，画仰面的图案应注意与立面连接。主要指额枋，下枋子仰底，因其底面无装修遮挡，可表达完整的旋子图案。但底面相对又比立面窄，这样为保

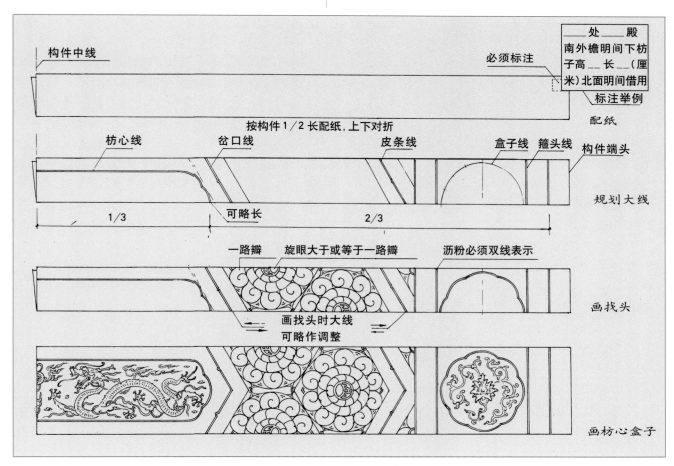

▲　图6-19　彩画起谱子步骤

证图案与立面的对应、连贯，应将其各部分图案画扁，即立面的圆形旋子，到底面为椭圆形，立面画一整两破，底面也为一整两破，各大线也要与立面相接、搭交，这样做称三裹。一般的构件底面均应为三裹做法，特别窄的构件除外（可不起谱子）。起时将纸与立面并联，同时构图，或将大线先对应相接画完后，单画找头，图案同立面样。如果构件底面很窄，可考虑画切活图案，这时可不起谱子，切活图案在施工时默画。对于某些底面较窄的构件，可另行设计纹饰，不与立面线道衔接，如画小池子半拉瓢。

6.4.2 柱头谱子

柱头是表示旋子彩画特点的另一部位，可画旋子花、栀花和盒子，旋子图案多用于大式建筑，栀花多用于小式建筑，盒子运用较少，偶见于大式结构之上。其旋花柱头的特点和放样注意事项如下：

（1）柱头多为竖向谱子，先在下部定箍头，箍头宽等于檩枋大木的箍头宽，之后向上取两个圆的距离定上条箍头，并留一部分副箍头。如果上部不够安排两条箍头（正、副箍头），可只安排一条，即副箍头，大多数大式构件可安排两条。

（2）箍头确定后，画上下箍头之间的旋子花，应画两个相同的整旋子花，上下各一个，花瓣大小应与檩枋大木相同，瓣数可有所增减。应注意旋眼和各路花瓣的走向，即花瓣由中间向两侧向下翻，由于没有一整两破方式的构图，故每个旋子花两端没有宝剑头，各瓣之间均为菱角地。

（3）添栀花：两个旋子花画完后，柱头两侧的空地方添画栀花，栀花的外轮廓即两个旋子的最外轮廓线与栀花瓣线条相切，"随"到一起。

在小式柱头上画栀花，一般下部有箍头，上部无。箍头宽也同檩枋大木，画时先定箍头，剩余部分向左右画等腰三角形，底边为箍头线，最后画栀花，上边两角每个为1/4形栀花，下部箍头之上画1/2形栀花。有些建筑山柱较长，谱子由柱两侧大栀下开始直到顶部，可在上下箍头之间连续画若干旋子；个别建筑

构件体量小，柱子较细长，如某部位的梅花柱，则在箍头之间通画栀花图案，形成一整两破栀花的构图格式。起柱头谱子时，由于内容都一样，故不像大木需事先排色，再根据色彩定各心里的内容，可直接按本身固定的格式画。

6.4.3 小式栀头谱子

旋子彩画栀头谱子图案颇有变化，即旋子的朝向有所变化，分为正面、侧面与底面，其中正面图案花形朝上，在栀头上画一个整圆旋子，栀头四边不加边框，四角分别画栀花，侧面与底面图样虽也为旋子花纹，但朝向不同，花形不是朝上，而是朝前，即朝外，在纸上起谱子时，栀头各面的旋子轮廓的大圆可分别起，但栀花应连起来，即把正面的纸与侧面的纸摆平，同时画栀花，这样用时图样才能连接在一起。

6.4.4 垫板

旋子彩画的垫板（包括由额垫板）常用做法有四种：①画轱辘草；②画小池子半个瓢；③画长流水；④素红油地。前三种需起谱子，其中轱辘草的谱子需起两条（两段），靠箍头一侧的草为阴草，两阴草之间为阳草，阴阳草互相间隔，应计算其长度，使阴草数量与阳草相等，阴阳之间间隔要明显。小池子半个瓢分小池子和半个瓢两部分，分别画，先画半个瓢，剩余部分为池子，池子内的图案依等级而定，如为片金、攒退活等图案需起谱子，可直接起在长条谱子上，也可将"心"替出单起，如果池子内为"切活"图案和画博古、山水等内容则不需起谱子，彩画时临时设计绘制，参见图6-20。画长流水同小池子，也需起一长条谱子，其中各线之间的比例，距离应均匀一致，体量大小一致，开间两端的长流水起止处图样应一致（但不对称，因水向一个方向流，形成的水旋也向一个方向转），参见图6-20和图6-21。

6.4.5 平板枋

旋子彩画的平板枋如加图案多为"降魔云"，降魔云在平板枋上是连起来的，首尾相

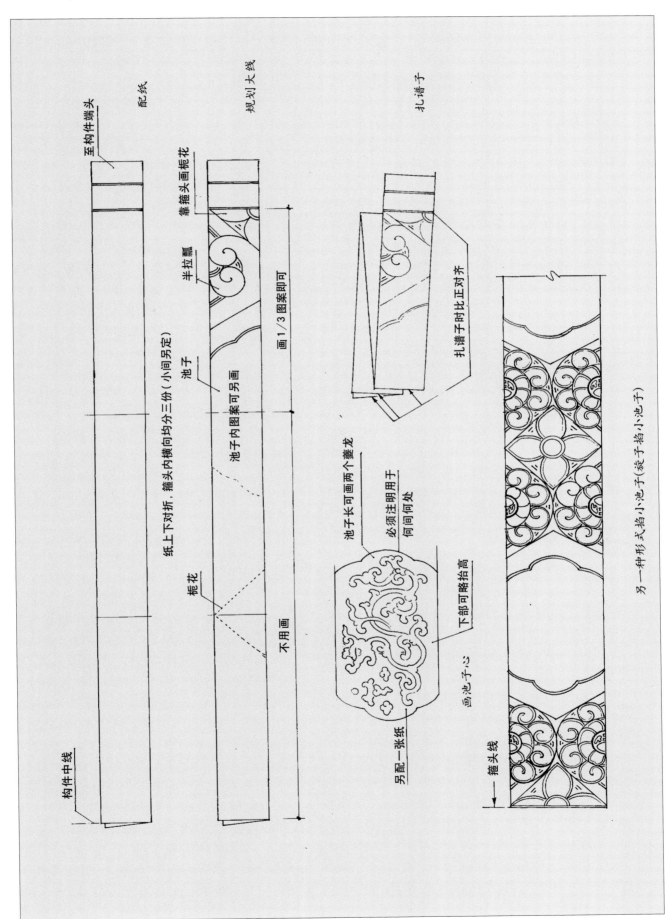

构件中线

至构件端头

配纸

纸上下对折，箍头内横向均分三份（小间另定）

栀花

不用画

靠箍头画栀花

半拉瓢

池子

池子内图案可另画

画1/3图案即可

规划大线

扎谱子时比正对齐

扎谱子

池子长可画两个夔龙

必须注明用于何间何处

画池子心

下部可略抬高

另配一张纸

箍头线

另一种形式描小池子（旋子描小池子）

▲　图6-20　旋子彩画垫板小池子起谱子方法

接，一直围绕建筑物一周。起谱子时，可起一段（一条纸）或两段（两条纸），每段按斗拱攒档距离算，两段的长短略有出入，以适应不同长度的攒档。传统每攒档降魔云的个数不同，有上下各一个云的，也有上下各两个云的，前者简单，后者较繁，采用任何一种均可。另外在平板枋上也可以画栀花，即把降魔云的云纹软线改成人字直线，其余栀花图案不变，如画栀花每攒档应画两上两下，共四个（每个均为半圆形）。另外在平板枋上也可画小池子半个瓢图案和长流水图案，前者较后者运用稍多，多配雅伍墨等级的旋子彩画，池子内画各种图样的切活，小池子半个瓢也与攒档对应排列，取其工整对仗，参见图6-21。

6.4.6 灶火门

较高等级的旋子彩画装饰的建筑物，灶火门内多为沥粉贴金的三宝珠图样，谱子线条除宝珠内的晕色层次不画外，其余各种线条均应表达于纸上，包括三个宝珠的轮廓线，围绕三个宝珠的三环形外轮廓线。火苗的轮廓线，画时应表达出火焰的动势，做到既要生动逼真，又要规整对称。各火焰之间的距离相等一致，不要出现死疙瘩。每侧火苗的个数约8个（包括中间的火苗），一周约15个。画时同样先留出灶火门与斗拱之间的大边，宽同和玺彩画的龙凤灶火门大边，因火焰与大边之门也要有足够的距离，不要离得太近。在庙宇，尤其是佛教的密宗建筑，灶火门也有画佛梵字和金莲献佛的图样，均依设计而定。

6.5 苏式彩画谱子

苏式彩画起谱子与前两种彩画（和玺与旋子）有很大的区别，在配纸时已经按其特点加以注意，即和玺与旋子彩画谱子均以构件半间为单位，按半间起谱子，半间构件上的图案均尽量详细地表达在谱子之上，施工时主要按线添色。进行不同层次的退晕以及沥粉贴金，除个别部位个别情况外，不需再在构件上进行构思和创作。而苏式彩画由于图样具有几方面的特征，所以起谱子的方式与前两种不同。第一，图样由图案和绘图两部分组成，前者规整，重复运用，需起谱子，而绘画部分包括包袱中的各种名目的画和找头聚锦池子、博古等，多按作者的意图而定，这些地方不能起谱子。第二，苏式彩画的某些非绘画的图样变化很大，这也是进行苏画创作的一个规则，比如聚锦轮廓及念头，虽不是绘画，但要求一个一样，尽量不重复，因此不需起谱子。第三，由于图样的调换运用和绘制的简化，为加快整个绘制速度（包括起谱子程序），权衡之后，很多图样可不起谱子，如常用的流云图样，具有图案的特征，但临时定稿比事先起谱子要省时。起谱子按图样的单体形状起，谱子的图样包括箍头、卡子、包袱、托子轮廓、锦格、攒退活等。每条（块）谱子不是覆盖一个构件，而是可以覆盖几个构件的有关部位（如箍头、包袱）或只覆盖构件的一个部分（如卡子）。

（1）箍头

苏式彩画的箍头谱子为单一条纸，与其他图案不相干。纸为竖条，长＝檐檩高＋枋高＋上合楞＋下合楞（或1/2底面）＋垫板高＋余量（3～5cm），箍头宽＝箍头心＋连珠带＋副箍头，一般檩枋高在25～30cm的建筑，整个箍头宽＝8cm（副箍头）＋（9～10）cm（箍头心）＋4.5cm×2（两条连珠），即总宽为26～27cm。构件较大或较小，各部分尺寸可相应增减，但不能按构件比例增减，否则差得太多。箍头宽确定后，将纸条下端叠入3～5cm，开始画箍心内的图案，由于图案的效果不同，在谱子上的表达方式也不一致，以常用的万字为例，分阴阳万字、片金万字、金琢墨万字，其中阴阳万字与金琢墨万字均靠箍头心一侧画，另一侧为"风路"，一般万字谱子均为双线，宽约等于箍头心内径尺寸的1/13～1/12，横竖线道与风路的比例一致，使万字成正方形。金琢墨的万字可只用单线表示，不画晕色线（双线表示晕色宽），单线表示沥粉，在构件上沥粉之后，晕色可按沥粉形状跟画。这两种万字谱子对彩画图案的行粉、切角两项工艺效果均不在纸上表达，只画到以上程度即可。画时应从纸的底端折线外开始，这样在枋底可形成对称形状的万字。另外在规划万字时，同时要考虑万

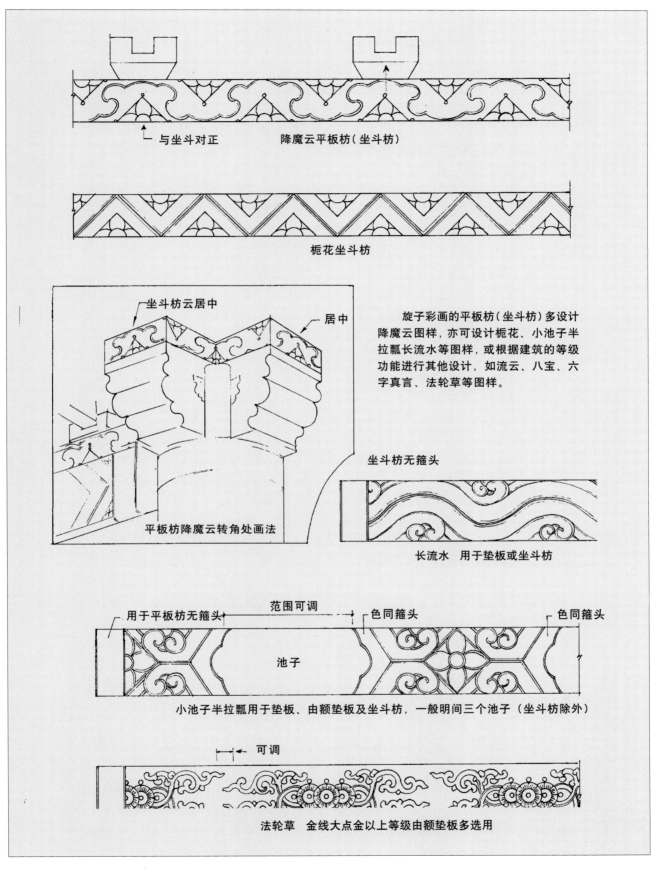

与坐斗对正　　　降魔云平板枋（坐斗枋）

栀花坐斗枋

坐斗枋云居中

居中

旋子彩画的平板枋（坐斗枋）多设计降魔云图样，亦可设计栀花、小池子半拉瓢长流水等图样，或根据建筑的等级功能进行其他设计，如流云、八宝、六字真言、法轮草等图样。

坐斗枋无箍头

平板枋降魔云转角处画法

长流水　用于垫板或坐斗枋

用于平板枋无箍头　　范围可调　　色同箍头　　　色同箍头

池子

小池子半拉瓢用于垫板、由额垫板及坐斗枋，一般明间三个池子（坐斗枋除外）

可调

法轮草　金线大点金以上等级由额垫板多选用

▲　图6-21　旋子彩画平板枋（坐斗枋）与垫板设计

字各线条与构件的关系，即在檐檩与垫板相接之处的万字图案横向线道应为一长线，这样做利于以后各项工序的顺利进行。另外画万字时还要考虑下枋子的万字应起始整齐，起码其中的一个开始或终了应与楞齐，这些都要互相兼顾，统筹安排，必要时调整一下箍头的宽度或稍使万字加长。片金万字用双线表示，字居中，笔道（双线距离）与空档之间的比例在（3：7）～（4：6）之间，万字笔道不可画得太宽，否则沥粉贴金以后图案达不到秀美俊朗的效果。

（2）卡子

苏式彩画的卡子式样很多，变化较大（图6-22），如事先无明确方案，需在起谱子时进行设计。卡子配纸为单块进行的，檩、垫、枋三件每侧三个卡子，共配三块纸（纸高按构件尺寸，长按卡子长每边加一定余量，约每边各余2～3cm，也视构件大小而不同），三件谱子纸高不同，但长度一样。卡子长度依构件而定，一般呈长方形，长大于高，如果构件较短高，卡子也可画成竖向高大于横向宽，但无正方形卡子。卡子有其基本形状和特点，如小腿、卡子箍等。但实际运用时，图案的复杂与新颖度依彩画等级而定，具体画卡子步骤为：

1）先把三块卡子纸各上下对叠，竖向并排在一起。

2）分别在三块纸上同时确定卡子的各个部位，使其各部位长度一致，如卡子箍、大小腿拐弯处上下对应。

3）每块纸分别画，将细部一一勾勒清楚。

在画之前一定要认清卡子所在部位的色彩，从而根据规则确定是起软卡子还是硬卡子。另外一份卡子的个数也因构件大小不同和建筑间数不同而不同。前者三个卡子是以一间为例介绍，一般在三开间的建筑上，檐檩与下枋子均要起两份谱子，即檐檩起一个软卡子，一个硬卡子，下枋子也起一个软一个硬卡子，使用时明次间软硬调换，垫板多固定为一个软卡子，这样一个建筑经常为五个卡子图案（谱子）。如果仰面也有彩画，分两种情况确定使用卡子的情况。第一，如果枋底有装修，这时底面表现为下合楞，露一窄条图案，这时可不单起卡子，用立面的卡子，用时露出一部分，被遮挡多少不计。第二，如果底面无装修，需全部清楚地表达图案，则需单独起卡子谱子。软硬随立面各起一张，另外有时随檩的欠枋很窄也可设计卡子，起谱子时，不需再将纸条对叠，展平画只起半个卡子即可。起卡子谱子还要考虑卡子的做法，是片金，还是金琢墨，还是攒退活，其中片金卡子要细，空档要大，金琢墨与攒退活卡子笔道可适当加粗，以利于攒退。

（3）包袱

包袱的谱子即包袱的两条外轮廓线，根据规则，包袱线分软、硬两种，每个烟云筒又有二卷三卷之分，烟云筒位于构件上，每个构件一般各有两个烟云筒，左右各一个，整个包袱共三组六个烟云筒，特殊情况烟云筒个数可任意增加，主要视包袱大小和形状而定。起包袱谱子应先确定大小，配纸也要在大小确定后进行，包袱的高矮比较固定，而宽窄出入较大，由设计决定，而以高为前题，然后画半圆形，使包袱本身形状适当。如果在画半圆形包袱线时，包袱与卡子发生矛盾，即如果某间开间较小，画包袱时即使形状画得很窄，也与卡子互相重叠，这时应首

卡子分片金做、金琢墨做、烟琢墨做、攒退做等。在设计上片金卡子应疏朗清秀；具有退晕工艺的卡子则应丰硕些，垫板因操作困难一般多设计软卡子。

中早期软卡子

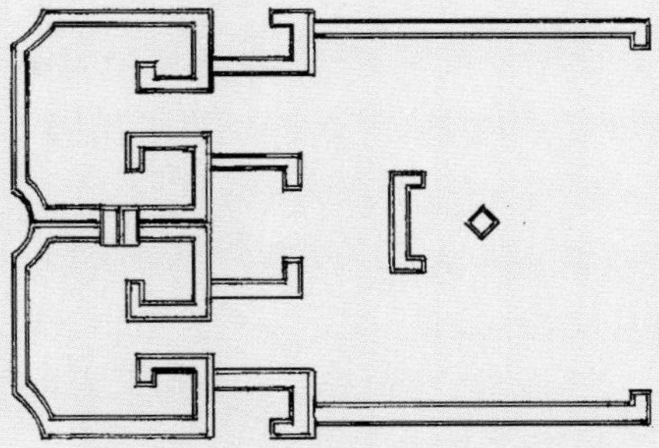

硬卡子

片金万寿字卡子（设计／边精一）

大翻草卡子（设计／边精一）

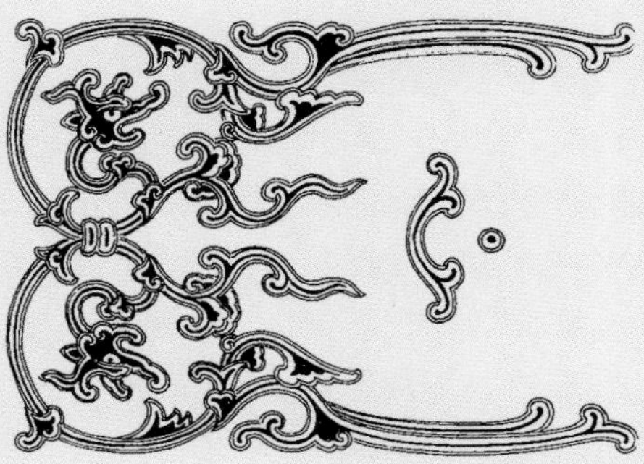

▲　图6—22　卡子设计

先以包袱构图为主，尽量满足包袱的形状，但包袱的大小绝对不可超越两侧的箍头。另外在檩、垫、枋相连的构图中，由于下枋子底面情况不同，包袱的高矮也不同，一般有三种情况：

1）下枋子紧接墙体或有较宽的装修，两者立面基本相平，这时包袱高为檩、垫、枋三件高之和。

2）下枋子底面有较窄的装修，如楣子、坎框，这时底面露有较宽的合楞，包袱高为檩、垫、枋之和，再加上合楞（底面）宽。

3）下枋底面完全露明，无任何遮挡，这时包袱高为檩、垫、枋之和加上 1/2 枋底宽。

另外，包袱在配纸时还应考虑上合楞的尺寸，即垫板下线与枋子上楞之间的距离。这样以第三种情况为例，包袱配纸高 = 檩展开高 + 垫板高 + 合楞宽 + 下枋子立面高 + 下枋子底面 1/2 宽。起谱子时将上合楞部分减掉，方法为将合楞部的纸叠上，使垫板下线与枋子上线重合，即是投影平视的包袱效果。包袱配纸为左右对称的整个包袱，画烟云时将纸左右对叠，然后将檩、垫、枋构件置于纸上（划横线），叠入合楞，即可画烟云筒，每个烟云卷的朝向应与包袱轮廓线相切垂直，各个烟云筒，如果退烟云，灭点不可强求交于一点，各筒烟云大小应一致，距离应相等，其中最下部的两个（左右各一个，纸展开后对比）距离可较上部的稍宽。较大的包袱线或配金线、金琢墨彩画的烟云筒常为三个卷，应注意三个卷大小一致对称，其中中间的卷多向下勾卷。起硬烟云步骤同软烟云，基本要求有三：

1）各个烟云筒的大小一致，各卷笔道之间距离相等，硬烟云由于两卷之间位置不同变化较大，容易形成大小不一致的现象，应注意。

2）连接各烟云筒的直线尽量要少，拐弯不要太多，各直线应尽量简化合并，否则退烟云时易有繁杂感。

3）虽为硬烟云，但仍要呈半圆"包袱形"，即总的外轮廓各点相接仍为半圆形。

不论软烟云与硬烟云，包袱的弧形垂落感均应自然，切忌斗形、大敞口和柿子形包袱。

在起苏式彩画谱子时，如果没有设计方案，为了使各部分图案形状大小适当，美观准确，可先进行小样试排，即先按一定的比例将檩、垫、枋缩小排在同一张纸上。再在各构件之中或之间排箍头、卡子及包袱的位置与大小，使之美观协调，主要指箍头的宽窄，卡子的大小、长短比例，上下风路和距离箍头一侧的风路宽窄，包袱的大小、形状等。一般可按 1:5 或 1:10 的比例设计。在小样上看合适后，再正式放大样（起谱子），当然做小样时，花纹不必过细，如卡子只画四周外框即可，箍头不画心里的内容，包袱只画一条外轮廓线即可。画硬烟云、硬卡子等如果较困难，可用软变硬法，见图 6-23。

6.6 天花、燕尾彩画谱子

天花的种类很多，有图样的变化，也有工艺表达方式方面的不同，其中有些图样固定配某些殿式彩画，有些固定配苏式彩画，有些配庙宇建筑，有些则可灵活运用。另外根据用场不同，天花图样还可临时设计。在大体附合规制的情况下，细部图案可根据需要而设计。设计可直接由起谱子工序同时兼之。天花起谱子较简单，包括天花与支条两部分分别起。目前常用的各种天花，如龙、凤、草、云、牡丹花等，只要是一个图样在天花板之中反复运用均需起谱子，包括"心"里的内容。有些天花圆鼓子心里的内容一块一样。这时"心"里不起谱子，但大线也起谱子。起谱子时先确定大边，之后再确定圆鼓子心大小，使四周岔角体量适当，之后画一个岔角，再由一翻四，最后添"心"里的内容。起天花时注意大边的宽度，应考虑天花板在装上之后，四边被支条遮掩住一部分，起燕尾谱子又分单尾与双尾，分别起（画），双尾包括轱辘，单尾不包括轱辘，燕尾不论是金琢墨还是烟琢墨，谱子均一样，均画一整两破云的轮廓，彩画时区别。另外燕尾配纸宽应为燕尾本身宽的 4～5 倍，起时折叠在一起，画表面的一个，将来一同扎透。

天花及支条图样参见图 6-24～图 6-37。

彩画中软变硬画法

由弧线构成的图样彩画称软××，如软卡子、软烟云、软夔龙；由直线构成的图样称硬××，如硬卡子、硬烟云、硬夔龙等。在表现此类图样时，尤其是表现对应图样时，应先以软图样为基稿，然后按其笔道走向，定稿为直线构成的图样。软变硬画法极易掌握图样造型的准确性，达到设计准确、美观、简捷的目的。

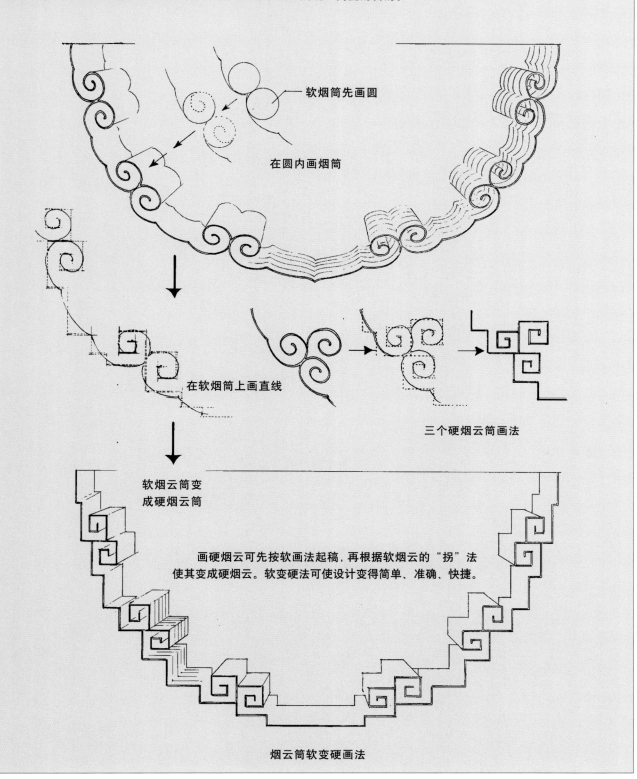

软烟筒先画圆

在圆内画烟筒

在软烟筒上画直线

三个硬烟云筒画法

软烟云筒变
成硬烟云筒

画硬烟云可先按软画法起稿，再根据软烟云的"拐"法
使其变成硬烟云。软变硬法可使设计变得简单、准确、快捷。

烟云筒软变硬画法

▲　图6—23　彩画中的软变硬画法（一）

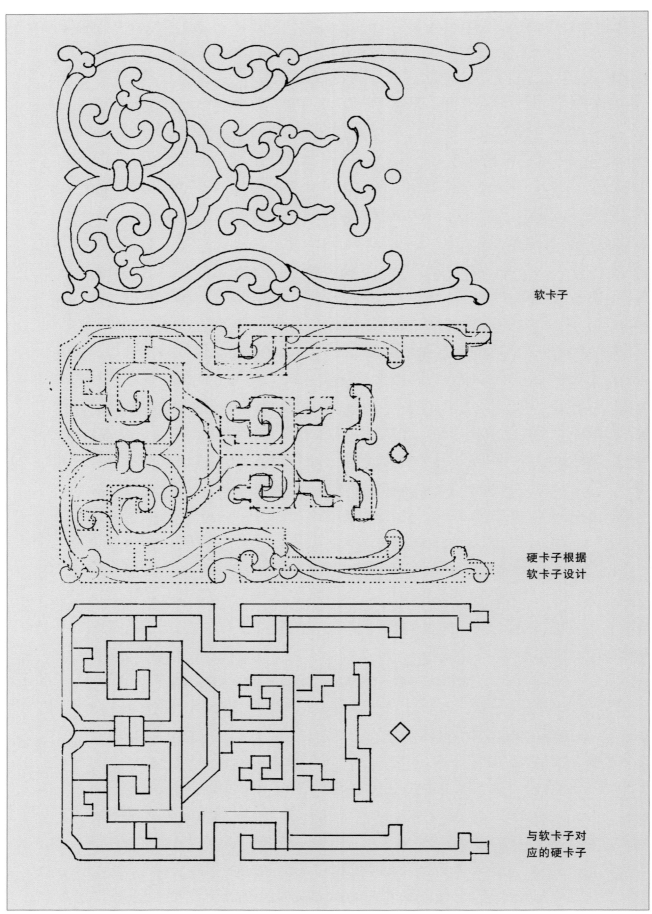

软卡子

硬卡子根据
软卡子设计

与软卡子对
应的硬卡子

▲ 图6—23 彩画中的软变硬画法(二)

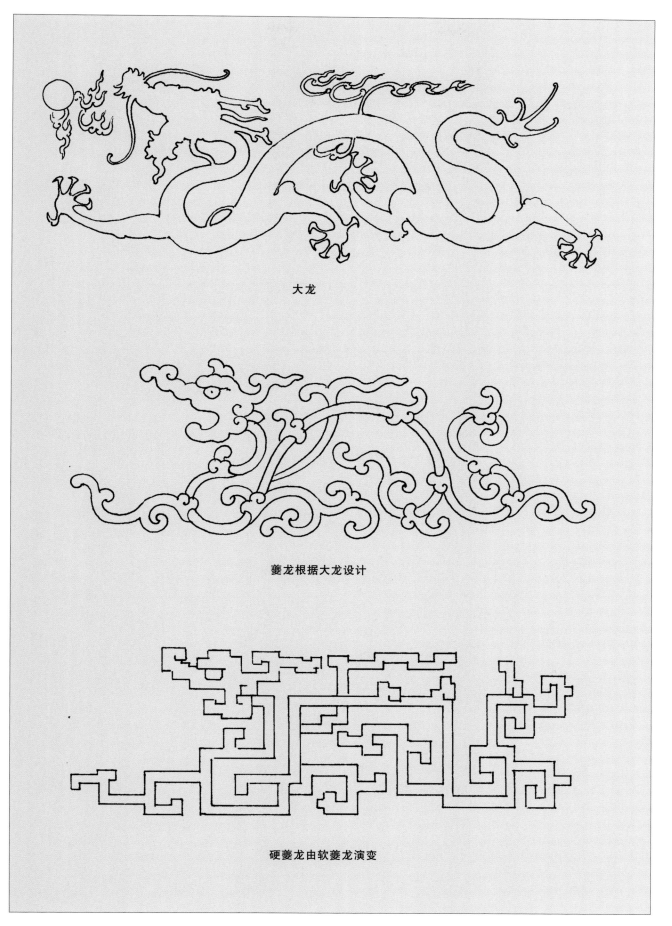

大龙

夔龙根据大龙设计

硬夔龙由软夔龙演变

▲　图6—23　彩画中的软变硬画法(三)

天花图样的设计

　　天花分殿式与苏式两种风格的设计，前者较为固定，程式化，后者则灵活多变。在总体格局确定的前提下，设计主要表现在对圆光内（圆鼓子）和岔角的处理上。圆光内的图样依建筑的形式、功能、等级而定，常见的图样有金龙（坐龙）、龙凤、双龙（升降龙与旋转升龙）、单凤、双凤（或鸾凤）、团鹤（或双鹤）、海水荷花（海宴河清或三宝天花）、玉堂富贵（玉兰、海棠、牡丹）、六字真言、五蝠捧寿、百花图、牡丹花、金莲水草等图样。岔角以云形图样烘托主题为最普遍，做法依等级高低有混金、金琢墨、烟琢墨、玉作等不同表现形式；传统建筑为避免岔角图样过分雷同，常有不同的表现，做法处理亦随之而变，如花卉、仙鹤岔角用作染法、西蕃莲岔角用片金做法等。

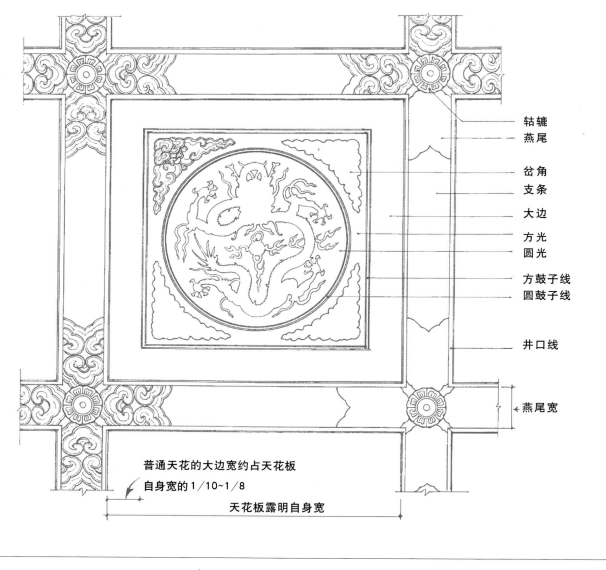

　　　　　　　　　　　　　　　　　　　　　　　轱辘

　　　　　　　　　　　　　　　　　　　　　　　燕尾

　　　　　　　　　　　　　　　　　　　　　　　岔角

　　　　　　　　　　　　　　　　　　　　　　　支条

　　　　　　　　　　　　　　　　　　　　　　　大边

　　　　　　　　　　　　　　　　　　　　　　　方光

　　　　　　　　　　　　　　　　　　　　　　　圆光

　　　　　　　　　　　　　　　　　　　　　　　方鼓子线

　　　　　　　　　　　　　　　　　　　　　　　圆鼓子线

　　　　　　　　　　　　　　　　　　　　　　　井口线

　　　　　　　　　　　　　　　　　　　　　　　燕尾宽

普通天花的大边宽约占天花板自身宽的1/10~1/8

天花板露明自身宽

▲　图6—24　天花图样的设计

▲　图6—25　正面龙天花图样

▲　图6—26　画法具有清代中早期特点的旋转双升龙天花

▲　图6—27　升降龙天花

▲ 图6—28 龙凤天花

▲　图6—29　单凤天花

▲　图6-30　故宫承乾宫鸾凤天花图样

▲　图 6—31　团鹤天花

▲　图6—32　五蝠捧寿天花

▲ 图 6—33 玉堂富贵天花（玉兰、海棠、牡丹）

▲ 图6—34 三宝天花

▲ 图6—35 双硬夔龙天花

六字真言天花

　　六字真言天花在寺庙中极为广见，北京的白塔寺、雍和宫、卧佛寺等处均有其装饰。其格局多遵从传统天花式样，但亦有鲜明的自身特色：一、莲花瓣形组合构图；二、佛梵字；三、金刚杵燕尾配合，形成完整的创意。六字真言天花较规范画法很复杂，现行预算定额特为其设定项目。佛梵字有时直接由高僧大德书法，然后拓至天花或枋心等处。

较复杂规范的六字真言天花

较简单的六字真言天花（未表现支条）

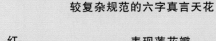

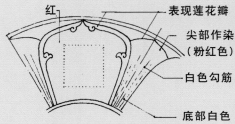

om　ma　ni　pa　dmi　hum

六字真言规范写法参考

hrih

中间字

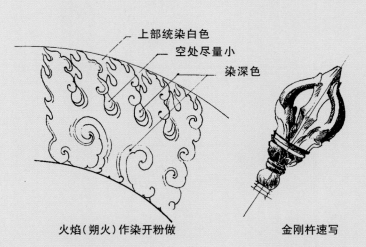

火焰（朔火）作染开粉做　　　金刚杵速写　　　金刚宝杵燕尾（适合金琢墨做法）

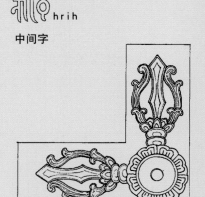

▲　图6—36　六字真言天花

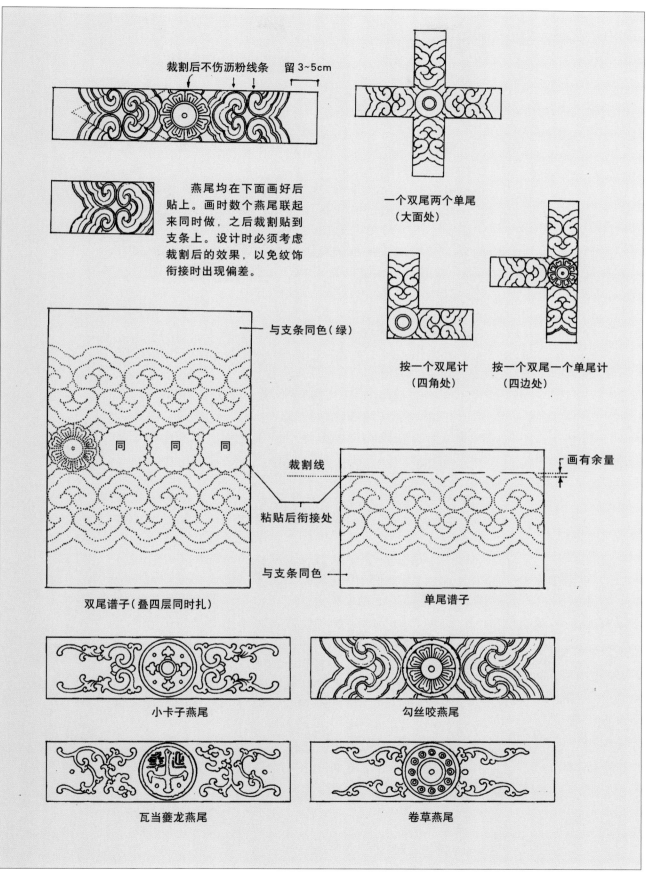

裁割后不伤沥粉线条　留 3~5cm

燕尾均在下面画好后贴上。画时数个燕尾联起来同时做，之后裁割贴到支条上。设计时必须考虑裁割后的效果，以免纹饰衔接时出现偏差。

一个双尾两个单尾
（大面处）

按一个双尾计
（四角处）

按一个双尾一个单尾计
（四边处）

与支条同色（绿）

同　同　同　同

裁割线

画有余量

粘贴后衔接处

与支条同色

双尾谱子（叠四层同时扎）

单尾谱子

小卡子燕尾

勾丝咬燕尾

瓦当夔龙燕尾

卷草燕尾

▲　图6—37　燕尾设计与谱子

6.7　扎谱子

各种谱子起好后，均需扎谱子，使其线条成为排密的针孔，针的孔径在0.3mm左右，花纹繁密可使用细针扎，花纹简单而空旷可用较粗的针扎，针眼间的距离也视图案的繁密情况而定，如枋心中的龙、凤针距离小，大线可适当加大，一般针距在2～6mm之间，主要看谱子轮廓线是否清楚，不清楚俗称"扎瞎了"，即看不出横竖笔道走向，无法确定图案，不能使用。扎谱子应注意，遇有合楞的部分，纸应叠入，一齐扎。扎立面带合楞，但这仅指大线而言，心里的内容需将谱子展开单层扎。又有些图案需反复运用数十次，甚至上百次，扎谱子时应将该图案同时垫几张纸，同时扎，以备代换。

扎谱子是起谱子的最后一项程序，但谱子扎好后，还要对谱子进行统一整理、检查，检查以前各程序中是否有遗漏和误差。最后按份卷捆，把字露在明处，或用牛皮纸捆扎，并在牛皮纸上写明谱子用场。

北方官式建筑彩画由于图案繁密复杂，要求严格，所以均起谱子，但在某些地区，由于要求的不同，以及彩画格式的差别也有不起谱子的例子。将稿直接描绘在大木之上，然后进行各种工艺的绘制工作。这只限于对建筑图案要求不十分严格的情况下进行。北京官式建筑彩画只在极个别情况下不起谱子或只起很简化的谱子，终究准确性差。

早期，由于纸张相对昂贵，起谱子不见得面面俱到，而多采用借用的办法。即使构图严谨的旋子彩画，也常以一个图案借用其他图案，如起谱子时，只起一个"一整两破"纹样，遇需画"勾丝咬"、"喜相缝"图案时，即以"一整两破"借用。拍谱子，谱子收减移位，从而形成"喜相缝"或"勾丝咬"纹样。谱子相互借用，可减少起谱子的工作量，但谱子借用会使图案组合不够严谨，于是就会出现许多在旋子纹中加"阴阳鱼"的例子。

7　彩画的绘制工艺

有了彩画的谱子，即可进行各类彩画绘制，各类彩画的绘制在进行有各自特点的工艺前，均需事先做些准备工作，包括磨生油、分中等工作，有些在基本工艺中已叙述。

7.1　和玺彩画

以金龙和玺为例，龙凤和玺工艺与之相同，龙草和玺略有变化。程序如下：

（1）磨生、过水、分中、打谱子

见彩画基本工艺。其中打谱子程序应注意如下事项：

1）先取明间檐檩谱子，将谱子一端（枋心，画宝珠的一端）纸边与中线取齐，将谱子纸展平，按实于构件，用粉包拍打，粉包依花纹图线逐次拍动。全部拍过后，将纸撤下，翻过，掸净粉末。

2）将谱子翻过后，仍按前述办法拍另一半檐檩的谱子。

3）大额枋的谱子由于有合楞，将纸展开，合楞贴实，拍打。

4）小额枋谱子先拍打底面，拍时要将谱子两侧取齐对正。

5）拍小额枋立面的谱子，有关各线应与底面衔接取直。

6）拍柱头谱子，由于柱头有梁头挑出，故拍时将谱子的次要部位剪开，使梁头挑出，谱子实贴于柱头上，便于拍打。

7）大木拍过后，再拍其他细小部位的谱子，如灶火门、平板枋等处的谱子。

（2）摊找零活的部位

1）枋心正中的宝珠，上下火焰要重新勾画，使其交待有理，生动自然。

2）画角梁、霸王拳，将出头（梁头）的轮廓线与"老"线，根据构件大小宽1～1.5cm。"老"宽占构件宽的1/7～1/6；角梁云重新勾

画。

3）谱子粉迹不清楚的各处用粉笔在构件上描实，有些地方虽然不清楚，但不影响沥粉，所以不要满描。

4）宝瓶如果不起谱子可摊活。

在摊找零活的同时，可用粉笔将有关部位的色彩用数字标清楚，即"七"（等于青）"六"（等于绿）。

（3）沥大粉

和玺彩画装饰的殿宇一般体量均较大，各种线条相应较宽，沥大粉指双条大粉，每条粗可达0.5cm。双线距离1cm，两粉条外径宽可达1.5cm，一座建筑大小额枋上的大粉宽均应一致，檐檩某些线条可适当变窄，但箍头都应同宽。沥大粉凡遇直线条均应用坡楞尺，先沥箍头、枋心，后沥线光子、找头；下枋子（三裹构件）应先沥底面（仰头），将线翻至合楞（滚楞）上，之后再接立面；沥横竖（斜）线搭接之处时，双线只有一条搭接，另一条交叉，应随沥随将多余的交叉线条铲掉；沥檐檩箍头时，为使线条直顺，可分上下两次起手（指粉尖子）中间搭接。沥粉在合楞处多呈现凸凹不均的线条，但立面应直顺一致，线条圆滑流畅。如果是多人沥大粉，事前应分别将各自的粉尖子口径修成大小统一尺寸，逐渐使用，尖口变粗应重新修磨粉尖。

（4）沥小粉

和玺彩画的小粉量很大，凡各"心"里均有繁密的花纹，这些花纹的每一条线均需沥小粉，小粉的口径可在2～3mm左右，也视花纹大小而定，粗细变化较大，其中枋心、找头等部位内的小粉较粗，而垫板、平板枋上的小粉较细，又小粉与内容也有关，同一部位如画龙小粉较细，如画草小粉较粗，为了保证小粉线条的鲜明，突出效果，只要能将图案表达完美清楚，应尽量选择较粗的口径。沥小粉一定待大粉干后进行，可在大粉进行一定程度时开始，也可在大粉全部完成后进行，各个心里的内容不分先后，互不发生关系。在沥岔角云时，粉条不要太粗，以免影响之后的攒退程序。

（5）刷大色

沥粉之后刷色，先刷绿色，按标号刷，如无标号，则先认定某一部为绿色（一般以箍头为准）之后，顺序刷，在一个构件上，把所有绿色的部分全部涂齐，之后再将一间、一座建筑物凡绿色的部分全部涂齐，包括角梁、霸王拳、挑尖梁等部位（这些部位均为绿色）。注意，绿色体沉，随刷应随时搅动容器（颜料小桶）里的颜料，以防沉底，影响色面的均匀和鲜艳程度。绿色干后刷青（群青），直至建筑物上所有青绿两色全部刷完，刷青的部位除进行和玺线构图的大木外，还包括平板枋、挑檐檩。青绿刷完之后刷红色（指龙草和玺）。垫板涂红漆，不涂红胶色颜料。在进行和玺彩画时，刷的很多部位内均有小粉图样，如龙凤等，刷时不要考虑沥粉图形，而将其整个覆盖，目的是使颜色均匀，同时简化操作。如有贯套箍头，其连珠带处先满涂黑色。

（6）抹小色

即涂小面积的浅色，包括贯套箍头内的各种浅色，岔角云的各色云、枋心、找头中的五彩云，均按规则涂各种浅色（晕色）。有些地方刷大色时已被青绿色涂过，这时需用浅色重新涂。有时不易发现应仔细找，并随时观察是否对称。小色涂完之后，构件表面所有地方均被色彩覆盖，不再露有生油地仗，工艺称将色"刷合"。

（7）包黄胶

见彩画基本工艺。

（8）加晕色

主要指加在大线一侧或两侧的青绿晕色，即三青三绿，晕色宽不要超过原色带宽的1/2，其中箍头部分如死箍头，在箍头内侧加两条晕色，两条宽不应大于箍头心宽的3/5（双条），枋心、线光子部分均沿着沥粉线条外侧加晕色，这样龟线部分的横线形成双加晕效果，而线光子心外则无晕，即枋心与线光子这两部分每个各加两条晕色带。除檩枋大木外，角梁、挑尖梁等处的晕色也一并加完，加在大线的内侧，使整个建筑套上一层晕色，层次明显丰富。

（9）打金胶、贴金

包括大线、枋心找头、盒子中的龙；贯套箍头、岔角云、枋心中的五彩云等单粉条贴金处。过油漆做，参见彩画基本工艺。

（10）加白线（拉大粉）

依和玺线外轮廓进行，画在晕色带上，见彩画基本工艺。

（11）行粉

按金琢墨做法时，岔角云、五彩云、贯套箍头行粉，同时画龙眼。

（12）攒小色

按金琢墨做法对已行粉的岔角云、枋心内的五彩云、贯套箍头攒小色。

（13）点龙眼、齐金、压黑老

这些是最后完成的黑色部分的工作，和玺彩画的平行大线比较多，各大线在一侧加晕色和白色，使得贴金大线的一面变得整齐。而另一面加黑线，使金线两侧均变得整齐。除起齐金作用外，也使彩画的层次发生细微的变化。

7.2　旋子彩画

旋子彩画等级不同，工艺有简单复杂之分，其中工艺程序最全的为烟琢墨石碾玉，烟琢墨石碾玉等级之上的彩画（金琢墨石碾玉）只是在个别程序中增加较大的工作量，但并不超出烟琢墨所包括的工艺范围，之下等级的彩画大部分与烟琢墨石碾玉相同，个别工序工作量较少，或有所省略。雅伍墨彩画无金，减少很多工艺。现将各旋子彩画的绘制程序简述如下。

7.2.1　金琢墨石碾玉

（1）磨生过水、分中、打谱子按彩画基本工艺要求进行，并参照和玺彩画相应项目。

（2）沥大粉：就旋子彩画装饰的檩枋大木而言，沥大粉包括箍头线、枋心线、皮条线、岔口线、盒子线。盒子线多为斜交十字形或菱形硬盒子线。其中沥箍头线应先沥三裹栀的底面，之后再接两侧的立面，同和玺彩画。上述线条均为双线，另外由于金琢墨石碾玉彩画所有线条均沥粉，故除上述大线外，大粉还包括找头、盒子中的栀花线，找头部位的两条平行的《形线，这些线可沥双线，也可沥单线，其单线也是相应较粗的单线，同大粉粗。就一座建筑而言，沥大粉还包括角梁、云头、霸王拳、梁头等构件的轮廓单线条，这些均同和玺彩画。

（3）沥小粉：大粉干后沥小粉，就一座建筑而言，沥小粉包括椽头、垫拱板（垫拱板大边为双线大粉）心、宝瓶、檩头、平板枋的栀花（平板枋的降魔云云头线为双线大粉）。檩枋大木沥完大粉后，沥枋心、找头、盒子等处的小粉，其中枋心的龙先沥龙头，包括须发角，再沥龙身、四肢、爪，最后沥龙身上的鳞，以及宝珠、火焰等。沥找头部分的旋子，包括各层旋子花的每个瓣以及旋眼、菱角地、宝剑头、栀花心。

（4）刷色：就檩枋大木而言，刷色先刷箍头，靠箍头的栀花也刷与箍头相同的色，之后隔段刷，为避免刷错，也可在有关部位内先点上标记，否则容易在找头部位出现问题。青绿色涂完后，再刷枋心中的宋锦，为二青、二绿，先刷任何一种色均可。

（5）包胶、打金胶、贴金：包胶按彩画基本工艺进行，打金胶贴金过油漆做。

贴金之后可同时画宋锦和加晕色。

（6）画宋锦：在沥小粉和刷完二青二绿（同时在轱辘心中涂群青色）包胶，打金胶贴金之后进行，也可最后贴金。

1）拉紫色带子，连接于各轱辘之间，根据构件大小，紫带子粗约1.5cm。

2）拉香色带子，连接于各栀花之间，香色带子同时绕栀花四周画，在拉香色带子时，遇与紫带子交叉处时，香色压紫。香色带子沿二青、二绿色块分界线画。粗细同紫色带子。

3）画白别子，画在香色与紫色带子相交之处，压香色，留紫色，别子为白色，一次不白可再涂一次。

4）画红别子，在白别子之上，画两条红线，里粗外细。同时在各带子之间的方块内点一红点，备作红花心。

5）在各条带子外侧画黑线，黑线粗占香紫色带宽的1/5。

6）在各条带子中间画白线，粗细同黑线。同时在各方块内，红花心周围画白色花瓣，每朵花八瓣，四大四小，或同样大小。

7）在白花瓣之间（外端）画黑圈点，并加"须"，俗称"小蛤蟆咕嘟"。宋锦即完成（图7-1）。

(a) 涂底色

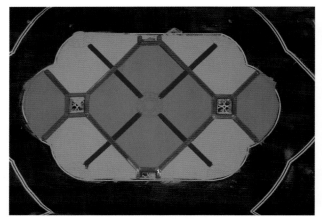

(b) 拉紫色香色带子

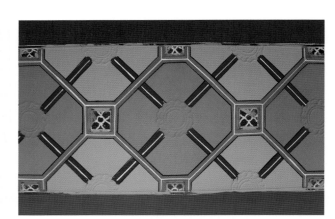

(c) 带子拘黑行粉

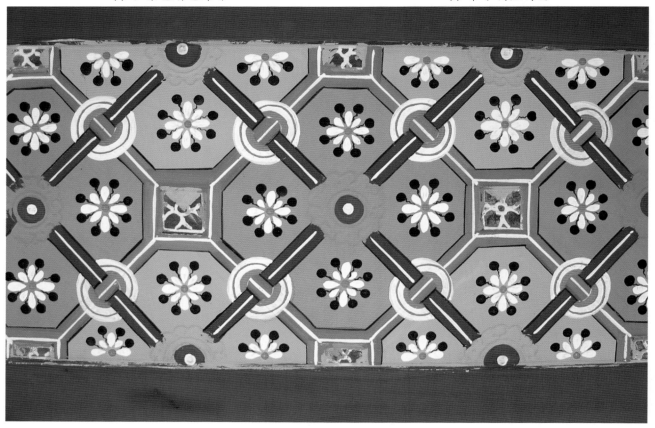

(d) 画别子点花（待贴金）

▲ 图7-1　宋锦主要工艺步骤

（7）加晕色：又称拉晕色，在主要大线之一侧或双侧按所在的底色，用浅色画晕色带，其中箍头中两条，皮条线两侧一青一绿，岔口线一条，枋心线一条，如有十字或菱形盒子，则在十字形和菱形盒子线两侧各加青绿晕色。加晕色与画宋锦各不相干，不分先后，在包胶之后即可进行。

（8）拉大粉：在各晕色上面，靠金线一侧画白线条，但大粉宽一般不超过金线宽（大线），注意皮条线的两侧均画大粉线。

（9）吃大晕：在包胶之后，在各路旋子瓣内，用晕色按旋子瓣形画晕，称吃大晕。大晕色彩同拉晕色的三青三绿，均认色退晕。

（10）吃小晕：即在大晕之上，靠沥粉贴金线条，画一较细的白线，称吃小晕。用细笔勾勒，要求圆润、光滑、洁白、流畅；枋心中画龙，同时将龙眼白画出。

（11）压黑老：同和玺彩画所用方法，同时点龙眼。

7.2.2　烟琢墨石碾玉

（1）磨生、过水、分中、打谱子、摊找零活同金琢墨石碾玉。

（2）沥大粉：五大线沥粉，同金琢墨石碾玉。但找头旋花两侧的《形平行线及栀花线、盒子栀花线均不沥大粉。

（3）沥小粉：同金琢墨石碾玉。但找头旋花的各路花瓣及栀花瓣均不沥粉。仅在各旋花、栀花（包括盒子的相应栀花和四合如意云、十字别图案）的旋眼、栀花心、宝剑头、菱角地处沥小粉，这些部位小粉均为双线，这些线不都平行，而且长短不一，故单尖沥。

（4）刷色：同金琢墨石碾玉。

（5）包胶、打金胶、贴金同金琢墨石碾玉，在有沥粉线条处进行。

（6）拉大黑：即画不沥粉贴金的黑色直线，烟琢墨石碾玉主要画找头旋花外的几条平行线及栀花线。

（7）拘黑：刷色之后，各层旋子花的各个瓣连在一起，此时用较粗的黑色线条重新勾出各瓣的轮廓，称"拘黑"，同时勾出栀花的花瓣，烟琢墨石碾玉彩画的找头由于头路旋子瓣之间有沥粉的菱角地，故虽经刷色，使各瓣连成一片，但利用已沥粉的痕迹，仍可很清楚地进行分瓣，先画头路瓣，之后再画二路瓣、三路瓣，最后添各旋子之间的栀花。

（8）吃大晕：同金琢墨石碾玉吃大晕，但不是靠沥粉线条进行，而是靠墨线进行。色彩同所在底色，晕宽大于或等于拘黑线。在吃大晕的同时或之前之后可进行大线加晕色。

（9）加晕色：烟琢墨石碾玉的大线加晕与金琢墨石碾玉相同，在箍头线、枋心线、皮条线、岔口线、盒子线（素盒子）处必加晕，如果是活盒子，则不在盒子处加晕，也无法加晕。烟琢墨石碾玉彩画，其角梁、霸王拳、挑尖梁头等处亦必须加晕。

（10）吃小晕：同金琢墨石碾玉，但它是靠墨线内侧进行，为了进一步取得整齐的效果，可略压拘黑线条，修整拘黑的不规整之处，不管拘黑是否圆、准确，小晕本身应圆、光滑、流畅，色彩洁白均匀。

（11）拉大粉：同金琢墨石碾玉。

（12）在贴金之后可做宋锦，同金琢墨石碾玉。

（13）压黑老、点龙眼，同金琢墨石碾玉。

烟琢墨石碾玉彩画工艺流程见图7-2。

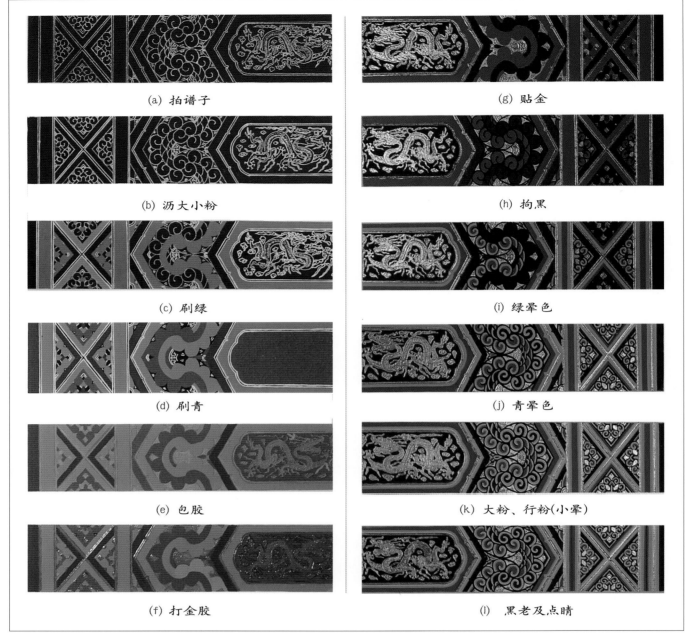

(a) 拍谱子　　　　　　　　　　(g) 贴金

(b) 沥大小粉　　　　　　　　　(h) 拘黑

(c) 刷绿　　　　　　　　　　　(i) 绿晕色

(d) 刷青　　　　　　　　　　　(j) 青晕色

(e) 包胶　　　　　　　　(k) 大粉、行粉(小晕)

(f) 打金胶　　　　　　　　(l) 黑老及点睛

▲　图7-2　烟琢墨石碾玉彩画工艺流程

7.2.3　金线大点金

（1）磨生、过水、分中、打谱子同烟琢墨石碾玉。

（2）沥大粉：同烟琢墨石碾玉，方法、部位完全一样。

（3）沥小粉：同烟琢墨石碾玉，方法、部位、数量完全一样。

（4）刷色：同烟琢墨石碾玉。

（5）包胶、打金胶、贴金同烟琢墨石碾玉。

（6）拉大黑：同烟琢墨石碾玉。

（7）拘黑：同烟琢墨石碾玉，旋子、栀花各瓣轮廓均用较粗的黑线勾。

（8）加晕色：同烟琢墨石碾玉，五大线加晕，如果是活盒子，则盒子线不画晕色（早期金线大点金彩画不加晕，依设计而定）。

（9）吃小晕：在拘黑轮廓内，沿黑线画细白线条，画在青绿底色上。兼在沥粉金龙的眼部点上龙眼，白色。

（10）拉大粉：同烟琢墨石碾玉，何处有晕色，何处拉大粉。

（11）做宋锦：同烟琢墨石碾玉，贴金之后即可进行细部。

（12）压黑老、点龙眼同烟琢墨石碾玉。

金线大点金与烟琢墨石碾玉彩画工艺不同之处有两点：第一，在找头旋花拘黑之后，烟琢墨石碾玉要先"吃大晕"，然后再"吃小晕"，而金线大点金在该部位拘黑之后，不"吃大晕"，直接"吃小晕"，即各路旋子瓣没有晕色，因此风格较素雅些。第二，金线大点金如为活盒子，即盒子里画龙（贴金）、草（贴金），有时画异兽（不贴金）。盒子外侧四角的岔角在刷色时随同刷宋锦刷二青二绿，在贴金、晕色、大粉完成后，压黑老之前或同时可画岔角内的切活图案。二蓝色内画卷草，二绿内画水牙。

7.2.4　金线小点金

工艺完全同金线大点金，只是在沥小粉时不包括各处的菱角地、宝剑头。金线小点金没有早期做法，大线均加晕。此种做法极罕见。

7.2.5　墨线大点金

（1）磨生、过水、分中、打谱子、摊找零活均同金线大点金。

（2）沥小粉：打谱子之后，不沥大粉，如果是龙锦枋心沥小粉还包括枋心中的龙、宋锦纹饰中的个别小体量贴金处及找头的旋眼、菱角地、栀花心、宝剑头。

（3）刷色：同金线大点金，但由于大线没有沥粉线相隔，故刷色时应注意要相对齐整，否则容易串色。

（4）包胶：打金胶、贴金，在沥小粉处进行。

（5）拉大黑：在各青绿色彩相交之处，如箍头、皮条线、岔口线、枋心内外的相交分色之处，用粗黑线分清取齐轮廓，黑线较粗，以60cm高大额枋为例，大黑线粗约在1.2～1.5cm之间，一座建筑的相应部位大黑应同粗，个别部分如檐檩的枋心、找头线可稍细。拉大黑之后，各部位轮廓规划得很

清楚。

（6）拘黑：分出旋子瓣和栀花瓣的轮廓，同金线大点金。

（7）拉大粉：一般墨线大点金无晕色，所以在拉大黑之后即可沿线加白粗线，大粉部位同金线大点金，但不是靠沥粉线条一侧进行，也不是加在晕色上面，而是靠近黑线，直接画在底色上，同时皮条线两侧和岔口线一侧的白线应较箍头线、枋心线细，可为二路粉。

（8）吃小晕：同金线大点金。

（9）压黑老、点龙眼同金线大点金。

7.2.6　墨线小点金

工艺同墨线大点金，以拘黑为主，用黑白线条确定各部分轮廓线；只在旋眼、栀花心两处沥粉贴金，沥粉数量少于墨线大点金（菱角地、宝剑头不沥粉贴金）。心画"一字"，或夔龙、黑叶花。夔龙按攒退活格式画，刷色时，心为章丹色，之后拍夔龙谱子，然后用三青画夔龙，用白线行粉，用群青画中部线条，即"攒色"。

7.2.7　雅伍墨

雅伍墨彩画工艺较简单，无沥粉、贴金（包括包黄胶、打金胶）、晕色等工艺，枋心中也无贴金龙、宋锦图案，全部程序为：

（1）磨生、过水、分中、打谱子。

（2）刷色：不沥粉，直接刷色，青绿两色将构件满覆盖，刷色只将各部位分出来，对于旋花上的各个瓣则统一连在一起，形成青绿层次的色圈，如最外一圈为绿色（头路旋花瓣），里面的一圈为蓝色（二路瓣），最里为旋眼，则画一绿色圆，细部不表现出来。

（3）拉大黑：雅伍墨彩画，所有直线全部为黑色，较粗。

（4）拘黑：同墨线小点金，墨线小点金与雅伍墨的拘黑均在旋子瓣之间没有沥粉痕迹的情况下进行，事前可以再拍一次谱子，将各旋子瓣轮廓走向复现清楚，如果不拍谱子，分旋子瓣数时应事先用笔杆轻轻"打稿"，之后再用黑色定稿，拘黑的粗细不可大于各大黑线。

（5）拉大粉：同墨线大点金、箍头线、枋心线大粉，较粗，但是细于大黑。

（6）拉二路粉：可与拉大粉同时进行，用较细的笔（彩画工具用粉碾子）画岔口线与皮条线，按规则进行，岔口线一侧画白线，皮条线两侧画白线，比大粉明显细。

（7）吃小晕：同墨线小点金。

（8）压黑老、刷老箍头、枋心的一字粗线最后进行。

7.2.8 雄黄玉

雄黄玉彩画的底色用章丹加石黄调。

（1）磨生、过水、分中，同雅伍黑。

（2）拍谱子：凡是备画青绿底色之处均拍谱子，因雄黄玉彩画有时为青绿枋心及盒子，如无青绿色，则先不拍谱子直接刷雄黄色。拍时，将谱子按实于大木，只用粉包拍打枋心、盒子部位即可。

（3）刷色：底色分三色。"雄黄"、青、绿。先刷"雄黄"后刷绿再刷青，分出大的色块、部位。

（4）拍二次谱子：底色干后，为大片单调的色块，看不出箍头、找头和各部分的线条，需重新拍谱子，拍上箍头、找头、皮条线、岔口线等细部线条，以利按线施工。

（5）大线加色：按谱子轮廓，根据彩画规则，进行青绿排色，但这项青绿色彩均画在雄黄底色上面。如为青箍头，则在箍头内的晕色部位用群青画两条色带。其他部位处理方法相同。

（6）拘颜色：在找头的旋子瓣上，按青绿排色规则，用青或绿勾各路旋子瓣的轮廓，空余之处，仍露出原"雄黄"底色。

（7）加晕色：同大点金彩画的拉晕色，即在箍头线、枋心线、皮条线、岔口线青绿色带上，用晕色认色退晕，即青色带用三青退，绿色带用三绿退。

（8）吃大晕：在拘颜色的各路花瓣上，认色退晕。

（9）拉白粉：在箍头线、盒子线、栀花线、皮条线、岔口线、枋心线的晕的上面用细笔画白色线条，基本同雅伍墨拉大粉，不同之处是：①各部分线条粗细相同，均较细（雅伍墨只有皮条线，岔口线线条细）。②皮条线在青绿晕色交界之处，画白线，为单线（雅伍墨为双线）。

（10）画枋心、盒子里的内容：分别按各自工艺进行，如蓝心画夔龙，则在蓝色上用香色画，之后再行粉，攒深色；在绿色心中画黑叶子花，则按画找头花的方法，先垫白，后垫色，再开染，最后插叶。

7.3 苏式彩画

苏式彩画有金琢墨苏画、金线苏画、黄线苏画等。各种苏画在很多部位上图案一致，画法相同。可以以金线苏画（切角阴阳万字或回纹箍头）为例，其他等级的苏画根据需要进行有关工艺方面的增减。

（1）磨生、过水、分中，同前叙各章节。

（2）打谱子：各部位的谱子不相连，分别拍打。

1）先拍箍头：以谱子的副箍头纸边为准，与垫板秧线齐。将箍头谱子上下调直、调顺（垂直），附实于构件上，传统凭眼力吊线，需认真慎重，否则容易歪斜。由檐檩向下顺序拍打，务使底面与立面箍头线处在同一条垂直线上。先拍左面的箍头，拍过后，将谱子翻过，再拍右侧的箍头，方法同左。各间不论开间大小，拍箍头谱子均按此法进行。如果构件为"三裹"做法，底面、背面均有箍头，则应先拍底面。

2）拍包袱：一座建筑的箍头全部拍完后，再拍包袱，先将包袱尖与构件底线的中线对齐，根据构件的不同，包袱尖可分别位于枋底面中线，合楞内秧线，构件下皮之处，同时各烟云筒均应位于构件之中，不能跨于两构件之间，有些在起谱子时已予以考虑，拍时核校。

3）拍卡子：箍头、包袱谱子拍完后再拍卡子，拍时将卡子靠箍头线一侧的纸边与箍头线对齐，在拍之前先确认卡子所在部位的色彩，是青还是绿，再按彩画规则，在青地上拍硬卡子，绿地上拍软卡子，垫板不分色，均拍软卡子。同一间的上下卡子距离箍头线均应一致。拍卡子时如遇包袱与箍头相靠很近，可不拍卡子（指在檐檩）或拍一部分卡子，另一部分由包袱遮挡，这种情况多发生在稍间。以上指片金卡子（金琢墨卡子同），如果是攒退活卡子，则在刷色之后拍谱子。

（3）摊聚锦：聚锦没有谱子，在卡子拍完后，在包袱与卡子之间的面积上画聚锦轮廓和聚锦念头（叶、寿带）。聚锦个数根据找头长短而定，可画一个，也可画两个甚至三个、四个。同一建筑的聚锦式样不应完全相同，但可以有相似的图样，同一视野内的聚锦式样，应有明显的变化。总之一个一样。画聚锦轮廓时，注意与卡子保持适当距离，同时靠包袱处，不应将聚锦一侧全部与包袱线相连，应玲珑剔透，构思出适当空隙，但也不应与包袱线全部离开。画聚锦叶、寿带等，应按攒退活（实做金琢墨）图案要求设计。

（4）摊其他轮廓：以小式建筑为例包括角梁（老角梁、仔角梁云）、三岔头、将出头（穿插枋头）、柁头正面的边框线，这些线均沥粉，除柁头外，其他构件还包括"老"线，均在构件上画出。

（5）沥粉：先沥双线大粉，再沥单线大粉，最后沥小粉。双线大粉指箍头线，方法同前，先沥底面，再沥立面。单线大粉包括角梁等体量较大构件的外轮廓和包袱线、聚锦线、聚锦念头（或用小粉）。小粉包括卡子、聚锦念头和其他小巧较精致的图案，一座建筑沥小粉还包括椽头，如飞檐椽头沥片金万字，老檐椽沥金边或片金寿字等。苏式彩画沥双线大粉，其粉尖子的中心孔距应小于和玺与旋子双尖大粉的孔距，一般在 $0.7 \sim 0.8\mathrm{cm}$ 左右。

（6）刷色：沥粉全部完成后刷色，苏式彩画色彩丰富，除青绿外，还有大面积的红、白等色，刷时先刷青绿两色，也由箍头处开始先刷绿色。以明间为例，绿色包括：檐檩副箍头，垫板副箍头，下枋的箍头心，檐檩的找头（将卡子沥粉线条同时埋入绿色下面）。就一座建筑而言，角梁、云头、将出头等各构件均刷绿。青绿色刷完或干后再刷红色的垫板，黑色的连珠带，柱头上部的章丹色（一小窄条），柁

头帮（侧面及底面）的石山青或香色，包袱的白色，聚锦色，最后刷小体量的聚锦叶、寿带，前者三绿，后者硝红。其中刷包袱时根据预先设计的包袱内容分别满刷白色或"揭天地"，揭天地系指包袱内画风景画（彩画称洋山水）将天空部分染成浅蓝色，方法为：先在檐檩部分刷浅蓝色（白加酞青蓝），占檩部的 $1/2$，之后下部满刷白色，中间交接之处，趁未干时反复搭接，使其均匀过渡。不论满刷白或"揭天地"均将托子与烟云部分满涂白。聚锦色以白色为主，同时配旧绢色、蛋青色等聚锦，一个包袱两侧聚锦的色应有所变化。

（7）包胶：全部色彩涂完后进行包胶，方法同前。

（8）包胶之后可同时进行打金胶、贴金、画箍头、连珠、画包袱、画聚锦、画找头花、画柁头、画柁帮等各项工作，因这些项目分别处于不同部位，操作时互不干扰，可以同时进行，不再进行流水作业。

（9）拉晕色、大粉：在箍头线、角梁部分进行加晕色、加白线工作，方法同前。苏式彩画除角梁部位外，大木（檩枋）晕色较少，因箍头内有纹饰，故仅副箍头认色退晕。拉晕色可与第（8）项程序，即画各细部的时候同时进行，但大粉应在贴金后进行。

（10）包袱画完后退烟云，详见退烟云工艺。聚锦画完后齐聚锦壳，因画幅靠聚锦线处不整齐，用与聚锦不同的浅色，沿聚锦线轮廓，在画面周围勾约 $1\mathrm{cm}$ 宽的色线，使画幅整齐。

（11）做聚锦叶，如所用色彩与其他部位同，则与其他部位同时进行。本身为金琢墨程序。

（12）切柱头，在柱头箍头之上的章丹色上，用黑线画"切活"图案。宝瓶一般为金宝瓶，个别场合画红宝瓶，红宝瓶事先刷章丹色，之后切花纹。

（13）用黑色压老：包括刷檩枋大木的老箍头（副箍头中，紧靠构件端部的部分），画角梁等处的金老和檩枋之间的交线，即"掏"。其中刷老箍头应满足两点：① 青绿色彩留有足够宽度；② 以最短构件为准（垫板），老箍

头应有一定宽度，其中最窄的垫板处不应窄于1～2cm。各件老籤头由上至下通顺垂直。

7.4 苏画细部做法

7.4.1 包袱（枋心同）

包袱，即包袱画，内容包括各种画题的绘画，与绘画技法有密切的关系，但它又不同于在纸上绘画，它是在用底色处理的构件表面上进行与各种国画技法、西画技法相似的绘画，主要分以下几种：

（1）硬抹实开

即传统工笔重彩画在构件上的运用，主要适于表现人物和线法，线法是表现中国传统园林建筑的风景画，画面除山石、树木、水景外，均加有各种建筑，并以此为主景，如亭、廊、轩、桥等，画面各种建筑物均用线条勾勒轮廓，画时用尺，类似界面，这也是得名线法的另一原因，方法为：

1）先用炭条在白底色上轻轻打底稿，彩画称摊活，不适之处可用布撣掉重摊。

2）落墨：炭条打稿只能经营位置，确定构图，细部不可能表达清楚准确，因此需用细毛笔沿炭条痕迹重新勾勒，并填清补全细部，如画人物，需准确地勾勒出人物的面部、手部、衣纹、服饰等细部，墨色要淡，不宜浓重。

3）垫色：在淡墨勾勒的各线条之间，按需要平涂底色，彩画称抹色，如大红衣服可用章丹垫底色，绿色衣服可用二绿、三绿垫底色，均平涂。

4）染色：根据最后确定的颜色，染在已垫好的底色之上，染分平涂罩染与分染两种，均用透明线半透明的颜料，前者如在章丹之上罩染洋红或曙红，可使红色鲜艳而浓重。后者可加强各部分的立体效果，如使衣皱明显。

5）勾线：彩画中称开，在平涂和染色之后，原墨线已不清楚，或已不存在，用与原墨色相同或较深的色勾线，使得各部分之间轮廓清楚。

6）嵌粉：在勾线之后，为了表达光亮部分，在最亮的部分勾染白线，这部分所占比例极小，彩画称嵌粉，如建筑瓦条的受光部分。

（2）落墨搭色

指画人物与山水用的技法，也适用于翎毛花卉。主要突出墨的效果，包括线条与各种笔法形成的明暗面。

1）起稿：用木炭条打稿。

2）落墨：即勾墨线，为最后的定稿，之后线条不再更动，在墨线上满罩色彩，不压盖线条，因此要求勾线要清楚有力，线条准确，形象潇洒俊美，如人物的衣纹，山石的皴法，树木枝干的笔法等，均用墨绘制，形成层次分明、交待清楚的图画。

3）罩色：根据景物、衣着的色彩，将色彩满涂于墨色之上，所罩染的色彩应淡而透明，不影响墨的光润鲜明效果，也可在罩色时避开墨线处，罩染时也可分出浓淡，以加强立体效果和分出主次虚实。

（3）洋抹

这是清末以后兴起的画法，以西画的用光用色与透视为基础来画风景及建筑物的画种，所画建筑物也多为西式建筑，画面开阔，有山景或树林的田园风光，层次清楚，立体感强，很富于装饰性。现画中的建筑多为中国古典式建筑，画法同前；为使画面具有质量感，明暗的反差明显，画时每对建筑物、地坡、石树等事先涂成黑色，之后再画受光部分，俗称找阳，所以洋抹又可称"阳抹"。前者是指历史原因以西画技法表现风景画，后者是指画时的技巧、方法和程序，概念略有不同。

传统彩画在包袱中没有写意画法。

7.4.2 退烟云

退烟云包括退"烟云"与"托子"两部分，在包袱内的画面画完之后进行，退烟云是为美化包袱画和为"齐"包袱画而设计的程序，本身又是很优美的图案，如同将包袱画装在一个很深的框子里，而且框子的形状起伏有变化。

退烟云要先准备"老色"，烟云是由浅至深层层排列的，各种浅色都是用深色加白而成，根据加白的多少，深浅层次不同。未加白的色即为"老色"，根据苏式彩画常用烟云色彩，老色为黑、紫、青（群青）三种，其中黑、青为原材料，紫色需事先用银朱加群青调和适当色谱。烟云的各个层次加白均用统一的老色调对，不能以其他相近的色作为老色加白再用，如群青退晕层次中，其深度有近似湖蓝的，也有浅于湖蓝色的，但不能用湖蓝色作为某一层次，也不能用湖蓝色加白作为群青色退晕的某一层次。

常用烟云有五道、七道之分。退晕时，先退烟云的第一道（层）晕，第一层晕为白色（各道烟云，如五道烟云、七道烟云均包括白色本身），因事先刷底色时已随刷包袱的白色部分将烟云同时涂全，烟云中已包括白色，故不需再画第一层白色层次，而直接画第二层。在画第二层时，将第一层留出，使第一层留下宽窄形状整齐的一道线条。留白的宽度要宽于以后各逐渐深的层次，一般宽在1.5cm左右。退第二道烟云用老色加白，第二道烟云色彩浅于第三道，但要与第一层白有鲜明的反差，调色加白要多，老色要少，退烟云时，色形与白相交之处的边缘要齐。后部不必太齐，但烟云筒的两侧（两肩膀）一定要准确整齐，并适当向里收，形成透视效果，第二道烟云可宽一些，约可等于两倍本身的宽，以后再压。退第三道烟云也用老色加白，与第二道烟云色彩要有明显的差别，深于第二道，方法同第二道。将第二道烟云的多余部分压盖，使其所剩宽度小于白色。之后再退第四道，方法同第二、三道，其中第三道窄于第二道，第四道又窄于第三道（画第五道时才能确定第四道宽）。最后画第五道（退五道烟云），用老色画，画时不但需找齐第四道，也同时要求老色第五道前后整齐，第五道又窄于第四道。退时大面与烟云卷内同时退，即第二道时，要同时卷入烟云卷内，但退第三道时，由于卷内迎面线（立粉线条之间的距离）较窄，故在卷内可不画第三道色和第四道色，但第五道色（老色）应勾入卷内，可放在卷内的第三道色根部为一窄线。退完烟云后退托子，退托子只有三层晕，也是用深色加白，但黄色托子中间色为黄色，深色为章丹色，不是用章丹色加白退晕，其他托之，如红托之中间色用红加白，绿托子用深绿色，本色绿加白。

7.4.3　画博古

博古是彩画最受欢迎的画题，也是装饰效果较好的画题，它与整体图案、内容均协调一致。博古的内容很多，是一切古董的统称，如各种造型的青铜器、各种色彩的瓷器、书卷、画轴、笔砚、玉翠、珊瑚等均是博古常用的画题，关键在于组合构图。博古可用于柁头、垫板（可通画也可画在小池子中），前者较有代表性，在柁头上画博古的程序为：

（1）柁头磨生油后沥粉（沥边框线），如黄线苏画先摊柁头边，暂不刷黄线，待掏格子后进行。

（2）沥粉干后起稿，可用粉笔直接在生油地仗上打稿，起稿包括画博古和画格子线，格子线即造成一摆博古的空间，呈仰视效果，看顶、侧、后三个面，底和另一侧面"看不见"，博古也应仰视效果，与格子透视统一，但实际由于构件和构图的限制不可能完全一致，所以格子只是一种象征性的装饰。画格子时三面相交的窝角，不应被博古遮挡。

（3）博古与格子画完后，添画格子的色，上（顶）、侧、后三面的色分别为二蓝、三蓝、白，其中顶部较深，二蓝之中可略加灰黑色。三面形成明显的差别，工艺中俗称"掏格子"。

（4）掏格子后，画博古，即涂抹色彩，可采用借鉴油画静物写生的技法，使博古得到极强的质感和立体的效果，在彩画中非常强调博古的质量感和亮度。

博古可以画得较简单，也可画得很精致，其精致之处表现在博古本身的有关纹饰和格子的效果上，其中格子可以画成印花锦缎的效果，即用比格子原色浅的色，在各面画花纹（各种锦格）。也可在格子前面加花罩，但仅占迎面高的1/8~1/6，不可太大，否则遮挡博古。另外在起稿画博古格子时，应由建筑物明间向左右两侧分，使格子方向左右对称。常见青铜器造型见图7-3。

中国古建筑油漆彩画

▲ 图7-3 青铜器造型参考图样(一)

232

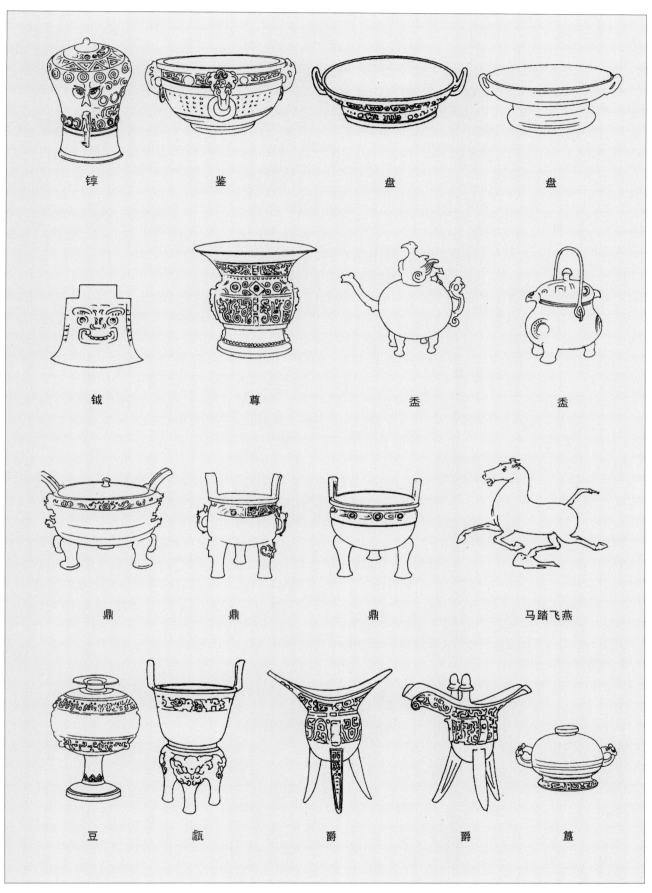

7.4.4　画流云

指五彩流云，与片金流云相对而言，片金流云用在殿式建筑上，五彩流云为苏式彩画常用的画题。多用在构图中不画包袱、枋心的构件上，画在蓝色构件的两箍头之间，其箍头为绿箍头，步骤如下：

（1）先垛色

画流云多不用谱子，直接在构件上构图。先用笔杆等硬物将各组流云的位置均摊于构件之上（在青地上画出痕迹即可）；用白色在各组云朵中画小椭圆云朵，每组云朵中包括四、五个小云朵，每个小云朵呈扁形，各扁形云朵相连接，之间不露青地即不露空隙，外轮廓参差不齐，各云朵形成自然的变化。一个构件的云朵均画完之后，再将各组云朵用窄的云纹横向连接起来，称云腿。

（2）重色

一层白色不均匀，常露底影，需用白色再在原处重画一次。

（3）垫色

也称染云。对每个小云朵分别染出大体明暗、上部浅、下部深，垫色用原色（矿质材料）加白，涂染下部，上部留白不画，之后以水笔润开。一组云朵的颜色不同，垫色为硝红（浅红、粉红）、粉绿、黄、粉紫几色，每组云可选其中三色或四色，视云朵多少而定。

（4）开云纹

即勾云纹，使各朵云精细、清楚，也是认色开云纹，粉红云用深红开（银朱加洋红或曙红），粉绿用草绿开，黄云用章丹开，粉紫云用紫色开。每个小云朵的上部线条少，下部线条多，连同云腿同时勾出轮廓线和云纹线。

目前使用的白色颜料多为白乳胶漆。颜料中的化学胶粘剂可使颜料在干后具有较强的牢固性，不怕多次渲染，而传统多用铅粉加骨胶调和白色，干后如在上面染色，容易将底色翻起，因此在垛、重色之后，还需加一道胶矾水，固定底层的二道白，之后再在上面进行任何加工，都不会将底色翻起。如使用乳胶漆作颜料则不需过矾水。

7.4.5　画找头花

找头花俗称黑叶子花，找头花均画在绿色上面，但绿色上面不能画绿叶，所以叶为黑色，花仍为本色（红花、黄花等）。偶也可在画找头花的部位事先画一紫色池子，再在里边画找头花，这时花叶可为绿色。找头花一类装饰画种，不仅用于找头，也可用于檩枋的一通间构图，如海墁苏画就以黑叶子花通画于檩枋之上的两箍头之间。画找头花的程序如下：

（1）垛花头

在画找头花时，事先不起稿，更不起谱子，因为各找头的找头花内容，构图各有所异。先用白色在适当部位画一花头，内部不分瓣，均为一片白色平涂。根据找头部位长短和构件高低不同，在找头部位可画两朵花，三朵花，也可画两朵花和一个骨朵，如画海墁苏画，画黑叶子花的面积长大，花头可画四五个或更多。

（2）重白色

一层白色如果不能将绿底色覆盖均匀，需再重涂一层，之后加胶矾水一道。

（3）垫色

即大体分出花的明暗，不是指每瓣的明暗，是指整朵花的明暗，用浅色在已勾好的花轮廓内，染一半，用水笔润开，方法同染流云，垫色的另一个作用还可以烘托花的鲜艳程度。

（4）过矾水

在垫色之后画花头还有两道程序，均影响已垫色的花朵，因此用胶矾水将花满刷一遍，胶矾水不宜太浓，如果刷后干好、花头满反白"星"，说明矾量太大或胶矾水过浓，需重新调对。

（5）开花瓣

用深色勾勒花的每瓣线条，随想随勾，根据花的外形，使花分出层次，粉红花可用银朱勾，大红花可用老红（墨加红或曙红）勾，花瓣的线条应深于花的本色。

（6）染花瓣

即对每个花瓣进行分染，暗处染重些，垫

色的部分也染重些，使花具有鲜明的立体感。

7.4.6　画切角万字

这是指箍头心里的图案。回纹、万字均用同一种方法。

（1）写万字

在已刷好底色（青或绿）的箍头心内用晕色（三青或三绿）按规则画等线粗的万字图案称写万字。方法有两种：

1）先拍谱子：在已刷好底色的箍头心上面拍上万字谱子图案，之后按谱子轮廓添画万字。由于有谱子，所以容易画得准确，大小均匀。

2）不用谱子，直接画万字，传统多用此法，故称写万字，默写，需技艺熟练。

（2）切黑

又称切角，因万字为立体图形，尤如用一定宽度的带子折叠成的图形，在侧面看，带子的拐弯处会形成三角形的空"点"，但为绘制方便，这部分在刷底色及写万字时被底色和晕色涂满，为突出万字立体效果，需将空点画成黑色三角形。所以这步程序在写万字之后进行，画三角形黑块同时抹去晕色一角。另外靠深色部位边缘也需画一细线，使立体感突出。先画线后抹角。

（3）行粉

切黑之后在晕色上面画白线条，各白线条相连接，切角万字便全部完成。如做阴阳倒里金琢墨万字箍头，则事前必须拍谱子，谱子拍在生油地上，按谱子沥单线粉条，之后分别涂倒里色彩，根据彩画规则进行，即绿万字配红里，青万字配章丹里，"倒里"色干后，认色加晕，同写万字，之后切角，行粉。由于沥粉贴金，所以在倒里分色之后，即可进行包胶、打金胶、贴金各程序，切角行粉必须在贴金后进行，否则图样不工整规则。

7.4.7　碾连珠

连珠均画在黑色连珠带上，除用于苏式彩画箍头外，还用于和玺彩画的贯套箍头两侧，均用同一方法。

（1）在连珠带部位满涂黑色，这步程序在各部位刷色时进行。

（2）黑色干后，为防止以后的程序将原底色（黑）勾起，需加一层鸡胶，传统用蛋清（生鸡蛋除去蛋黄，用蛋白液部分，称鸡胶）满涂连珠带，把底色固定。拌鸡胶，连珠带色黑而鲜艳，而且色彩延年不易风化。

（3）碾连珠：碾连珠分几层，先碾最深最外层的大圆，各连珠之间略有空隙，两侧也略有余量，不要紧靠金线。连珠的色根据规则而定，如箍头为蓝色。可用深香色碾，如箍头为绿色，用紫色碾。深色大圆碾过之后，用浅色在大圆上部画第二道圆。最后在各晕色圆之上半部点小白圆点，使连珠分出层次，这是传统表示圆球体图案的一种方法。

7.4.8　画锦上添花

锦上添花图案用于苏画箍头心两侧的连珠带部位，所以又俗称锦上添花连珠带，实际上不是连珠带。工艺步骤为：

（1）在连珠带部位事先刷白色，在刷包袱白色时可同时将此部分也刷上。

（2）白色干后拉方块，在此之前，各色之间的分界线均应包黄胶。拉方块，用晕色（同连珠的晕色）拉（画），先画两侧竖线条，较窄，之后再画横线条，将带子内分成若干方格子，横晕色宽于竖晕色（约为1.5倍晕色宽）。

（3）方格画完后，抹方格的四角，使每个方格呈"亞"字形，抹角有方角圆角之分，圆角较容易，方角较复杂。

（4）攒深色：即挤出方格四框的晕色，使其具有深浅层次，横竖线条宽窄可相同，四角也同时攒色。

（5）画花：在白色方块内画花，花为八瓣，每瓣呈枣核形，又称枣花，用章丹色点画，一排枣花点完后，分别在每个花心之处用绿色或黄色点花心。

7.5　斗拱彩画

在有关规则中，已介绍了各等级斗拱的特点和分色规则，彩画施工应按有关规则进行，具体施工程序如下。

7.5.1　金琢墨斗拱

（1）磨生过水同处理前叙各生油地仗，之后掸净斗拱结构之中各角落中的灰尘浮土。

（2）沥粉：前叙各章节的沥粉程序，均为在已拍好谱子的线条之上或用粉笔摊画的线条之上进行，即按线沥粉，但斗拱沥粉却是在没有线条痕迹的情况下进行，直接沥粉。斗拱沥粉均在各构件的边框，所留贴金部位宽依构件大小而不同，应按有关规则进行。粉条粗细也视构件大小而定，一般为二路粉与小粉。粉条直径在3cm左右，与斗拱边的距离约0.6～1cm，视斗拱大小而定。

（3）刷色：按规则进行，斗拱刷色包括各层拽枋与正心枋和灶火门大边，先绿后青。掏里部分（斗拱等各构件的背面）一般不刷色，特殊情况例外。

（4）包黄胶：同前述各章节包黄胶程序，按斗拱边框同时将沥粉线条满涂严，即包严、包到。

（5）加晕色：在各青绿色之上，认色加晕，青色上用三青色加晕，绿色上用三绿加晕，同前叙各章节，晕色也是靠黄线（包胶线）画。晕色宽约为黄边（包胶边）宽的2～3倍，视构件大小而不同，构件大，晕色可等于三倍黄边宽，构件小晕色宽为两倍黄边宽，因为晕色之上还有大粉（白线），而大粉宽基本等于黄边宽，所以晕色不能太窄。但拉晕色之后各构件所剩的青地应不窄于1／2构件宽，否则斗拱做完后效果虽华丽，但颇显得浅淡、不稳重。

（6）打金胶、贴金：在晕色之后进行，贴金后余边不齐没关系。

（7）拉大粉：靠金线在晕色上边画齐整的白线，这是最后修整图案使之齐整的工序，有关部位必须用直尺进行。

（8）压黑老：分两部分，一是单线条画在拱、昂、翘的正面及侧面，线宽3mm左右。二是在各斗、升之中画小斗升形黑块。线条与黑块均画在构件之中，其中拱件外端的黑线末尾多画"乙"字形头，以使"老"线形与构件形吻合一致。压黑老在各昂件侧面的形状

为两条相交的八字线，线型呈"人"，俗称"剪子股"。

7.5.2　平金斗拱（金线斗拱）

平金斗拱与金琢墨斗拱相比，不沥粉，不加晕色，其他相同，是最常用的贴金斗拱。

（1）先刷色：即磨生过水，掸净浮尘后按规则刷绿、青两种色。

（2）刷色之后包黄胶，由于事先没有沥粉，包黄胶时，同时确定贴金的宽窄，因此需整齐。

（3）打金胶、贴金同前述各章节。

（4）拉大粉：在贴金后进行，也同时起齐金作用。

（5）压老黑：同金琢墨斗拱。

7.5.3　墨线斗拱

墨线斗拱不贴金，用墨线代替金线斗拱的贴金线条，方法为：

（1）磨生过水，刷色同平金斗拱。

（2）画黑边：即在金线斗拱包黄胶的部位画黑边。

（3）拉大粉：沿黑边进行，大粉等于或细于墨线粗。

（4）压黑老：同平金斗拱。

7.5.4　黄线斗拱

黄线斗拱除边线的色彩与墨线斗拱不同外，其余均同墨线斗拱。但是因黄线斗拱为黄边效果，黄边系由颜料胶色调和，故色彩的浓艳与遮盖力十分重要，要做得均匀一致。

7.6　软天花做法

天花分软硬两种，这与卡子、烟云以线条效果（直线、曲线）区别软硬的概念不同。硬天花是指直接在天花板上画彩画的方法；软天花是指将彩画画在纸上，之后再贴到天花板上的做法。硬天花及工艺同大木各类彩画图案做法，根据图案所需工艺不同而分别选用相适应的工艺做法。软天花的做法如下：

（1）矾纸：软天花所用纸张均为拉力强的

高丽纸，纸洁白、薄，且有韧性，纸面干净无杂质。但高丽纸渗水，直接沥粉或上色会渗浑，折皱严重，未干时纸不坚固。所以需先将纸"熟化"，即过矾水，之后便可以解决上述问题。矾纸的过程为：

1）矾纸均用整张高丽纸，不裁开，先将纸的一边抹上糨糊，平贴于墙上，使纸垂下，墙为木面、纸面、灰面均可。实际中需矾纸若干张，所以抹糨糊口时，可把数十张叠在一起，错缝达1cm，一并抹糨糊同时贴在墙上，将高丽纸贴上称"上墙"。

2）纸上墙后，当糨糊干后即可矾纸，刷矾水用排笔，将纸满刷湿。

3）晾纸：纸过矾水后，很湿，并贴附于墙面，还有好多皱纹，需将纸由下面拉起，离开墙面，使皱纹展开，纸自然垂平。

4）封口：纸略潮干时，将其余三边抹上糨糊封固于墙面，在封口前在纸边的一侧先留出约2cm的小口，将纸内充气，可叠一纸筒向纸内吹气，使纸脱离墙面，之后再封上小口，阴干。

（2）拍谱子：在纸上拍谱子与在灰地仗上不同。生油地仗拍谱子，粉料为白色，粉包内装大白粉或滑石粉，地仗发黑，拍上谱子后线条为白色，而在高丽纸上拍谱子，粉包内的大白粉之中还要加适量佛青，白色看不见，也不能用纯群青。比例为大白粉2，群青1，拌和均匀后拍在纸上，线条为浅蓝色，仍能看得很清楚，抹色时粉迹也不影响色彩的鲜艳程度，如用群青则会出现混色的现象。

（3）沥粉：天花拍谱子后，按彩画规则在有沥粉处沥粉，大多数天花不论鼓子心中是否沥，方圆鼓子线均沥粉，方圆鼓子线为双线，用双线口径粉尖进行，其中沥圆鼓子线应仿圆规画圆方式进行，在圆心处钉一小钉，之后在粉尖处用一适当长度的铁丝将其与圆心小钉相连，然后挤沥，可获得很规整的圆圈。沥小粉方法同沥大木，按线沥，不走谱即可。

（4）刷色：沥粉之后刷色，鼓子心、岔角、大边部分的色彩均刷上，这与做硬天花不同，做硬天花最后刷大边（砂绿），软天花则需满刷，之后连同岔角云的晕色（小色）也补齐。

（5）包胶：刷色之后包胶，程序同大木彩画，包胶也可在纸下墙后进行，但在墙上较为方便，尤其是包方圆鼓子线。

（6）将纸下墙：刷色包胶之后，为绘制方便，之后的程序可将纸由墙上揭下，在桌案上进行，但不可在沥粉后未刷色前将纸揭下，否则在下面刷色纸容易焦皱，不利于以后程序的进行。揭纸时注意从纸的一端或一角处开始，要在色彩完全干后进行。

（7）打金胶、贴金：在下面进行，也可在墙上事先进行。

（8）根据天花的内容，其他程序如攒色、行粉可在下边进行，如果为团鹤、牡丹花天花，在垫白色时最好在墙上进行，开染花瓣，勾叶筋在下面进行，直至全部完成。

彩画的谱子决定其纹饰，彩画的做法决定其表现效果，在彩画绘制时，按其有关设计说明施作是很重要的。

8 彩画设计

8.1 彩画设计的目的和意义

建筑彩画设计的目的是为了控制彩画的形式、等级、纹饰特征、段落比例、色彩分置及工艺做法等。

彩画设计的意义：

（1）在一群组建筑中，如一座庙宇，一座四合院，一条古式街道，彩画设计可以统筹考虑，确定主从关系，功能差别，使彩画在某一视野空间内既有变化又和谐统一；在没有统一设计的情况下，往往有"画一段，说一段"的情况，因此常造成很多不尽人意的情况，甚至出现附属的、次要建筑的彩画等级高于主要建筑的情况，或出现彩画形式与建筑功能不相符的情况。

（2）彩画设计有利于工程的概预算。从图纸及说明上便可以一目了然，识别彩画的部位形式、面积、工艺做法。有利于确定工程量，套用定额及估工估料。

（3）彩画设计为施工放样（彩画称起谱子）提供有针对性的工作。使放样规范化，避免出现由放样人左右彩画图样、做法的情况；在没有正规设计的情况下，常出现这样的要求："按传统做法，金线大点金彩画"。岂不知金线大点金在枋心、盒子、平板枋、垫板等处又有多种变数。以盒子为例，同是金线大点金就有活盒子、死盒子之分，死盒子又有整破之别，破盒子又有栀花与十字别的不同。这都由建筑物的功能和时代特点所决定，笼统地要求必然产生很多不确定性。

（4）有利于施工中的人员组织。根据设计，可以安排有利于设计内容、要求的人士去完成有关工作；在建筑彩画行业中，每个人的特长往往不同，也有些人怀有尚佳绝活，他们分别在不同场合、不同要求中展示个人才艺。如画不同题材的包袱画、画博古、画找头花、沥粉、切活等；有效地组织将使彩画的质量和水平大大提高，从而创作出优秀作品。

（5）有利于对传统优秀彩画纹样、做法的继承。在现行体制中，彩画的概预算没有给施工方设计的费用，而在古建筑总体设计中则包括彩画设计的费用，但在古建筑总体设计中又常常不对彩画进行具体设计，因此施工方便以最熟悉、最简单的图案、做法完成之。在很长时间内这是一项缺陷、空白，因此传统上有很多优秀的设计、很精美的纹饰、很有特色的做法无法继承，以至现在所见到的一些彩画大多千篇一律，虽然花花绿绿，但失掉很多精华与内涵。进行彩画设计不但有利于继承发掘传统彩画的优秀作品，同时会促使高水平的创新设计出现，使建筑彩画的发展进入一个新的阶段。

（6）彩画设计有利于文物保存。这里的文物指文物建筑上的彩画，它们或残损十分严重，或已斑浊不清，或早已荡然无存，而彩画又有时代的特点，如果在文物修缮中没有彩画设计，修缮中就会按通行做法做，而改变彩画的历史原貌。设计包括相应的考证、调研，甚至论证，可为彩画复原提供可靠的依据。

8.2　彩画设计的范围

彩画设计包括新建彩画设计与文物古建彩画设计。新建彩画设计包括现代建筑与仿古建筑的彩画设计。现代建筑包括具有传统外观形式的外檐彩画设计和室内彩画设计。仿古建筑彩画设计包括传统彩画设计与创新形式的彩画设计。文物建筑彩画设计包括复原设计与文物修缮设计，文物修缮设计又包括彩画保留与重做设计等。

彩画设计重要的工作是理清思路和掌握方法。

虽然彩画设计包括很多方面，但归纳起来主要是现代建筑的彩画设计、仿古建筑的彩画设计与文物建筑的彩画设计。

现代建筑的彩画设计，其建筑形式一般多指民族形式的建筑，比如高楼大厦加大屋顶、加须弥座、加栏板望柱；或有斗拱，或室内有明梁、明柱。虽然是现代建筑，但融入了一些传统形式。

现代建筑彩画设计的特点是：

（1）色调与建筑总体色彩协调相近，现代建筑外墙一般较明亮，彩画色彩多以浅淡为主。现代建筑彩画设计始于二十世纪五十年代，当时也有一些较深的色调，但比传统彩画已降下许多。色彩无大青大绿，中性色调往往占很大比例，如紫色、香色、栗子皮色(熟褐)。

（2）图案设计多承袭传统的三段式，即横向长顺构件分成枋心、找头、箍头式构图，枋心长占三分之一，有时加盒子。图样多简洁、流畅、舒朗。大多数枋心内不加纹饰，而纹饰多集中用于找头部位。

（3）表现形式不受拘泥，或沥粉贴金，或退晕。沥粉贴金多寡，退晕层次多少均无定则。也有只沥粉贴金装饰于深色和浅色地子上的设计。沥粉贴金是新式彩画设计表现的重要手段。

（4）内檐(室内)顶部彩画设计往往围绕灯位进行，俗称灯花，它能与各种形式的顶灯(吊灯、吸顶灯、宫灯)完美结合，灯花设计是室内彩画设计的首选形式。

新式彩画设计可以完全不受条条框框的约束，纹饰、色彩、构图、表现形式完全由设计人决定。以美观、协调、富有节奏感、简练为追求目的。

仿古建筑一般是按古代建筑或按古代法式临摹设计的建筑，它可以是木构，也可以是钢筋混凝土结构，也可以是砖、木、混凝土混合结构。它可以仿唐、仿宋，也可以仿明、仿清。既是仿，某些地方就可以结合使用需要而有所改变。仿古建筑大到仿古一条街，一座"城"，一座园林；小到某一单体建筑，如公园中的一座亭，街衢中的一座牌楼，门面房的一部分出檐等。现大多数仿古建筑多为仿清建筑。

对于仿唐、仿宋的彩画设计，大多数为概念性设计，因已没有可借鉴的具体参照物。唐代建筑彩画已无资料可寻(洞窟、墓葬除外)，宋代彩画可参照宋法式图样，但"法式"对其图样使用介绍不尽翔实，所以现代人们的设计往往又不自主地呈现出明清时的彩画特征，

但必定要有宋代的风格或遗传。

仿唐彩画设计相对较困难，为了减少偏差，在以下几方面应予以注意：

（1）色彩及主调。我们知道清代彩画以青绿为主，明代彩画每在青绿图案之间加少许红色，宋代彩画从"法式"中有较多的红色运用，由此推断唐代彩画不能只以青绿为主，甚至红调子可占较大比例。

（2）关于彩画的总体布局，段落划分应从清、明、宋向前推，寻找其变化规律。清代彩画段落多，构图严谨，工整对仗。明代彩画段落划分少于清代，如副箍头直接收边，梁枋端部没有正副箍头之分。在宋法式中没有关于箍头设计的举例。因此对唐代及以前的彩画构图、总体布局即有线索可循。

（3）贴金不要多，或不贴金。金的运用必须在生产技术、金箔制造达到一定程度时方可应用，又由于当时沥粉技术尚不成熟，所以它绝无清代和玺、大点金彩画那样金碧辉煌之作。

（4）以洞窟、墓葬之纹饰为参考。仅为参考。

（5）以遗存古器皿、丝织品、绘画纹饰为辅助参考。

（6）以藏地彩画为参考。现藏地彩画遗存往往能为汉地彩画专业人士看懂，说明渊源出自一脉，这无疑和大唐盛世之文化融汇分不开，而藏地古庙众多，人烟稀少，空气稀薄，天空湛蓝，无甚污染，古迹保留持久，应遗存一部分唐风。

明代彩画没有留下以资参考的理论，所以设计仿明代彩画亦相对较困难。但现尚有幸存一定数量的明代彩画遗存；在某些重绘的彩画中，也有注意保留明代彩画风格的实例。因此设计仿明彩画可以根据：

1）现有明代遗存；

2）已有仿明代彩画的设计；

3）前有宋、金、辽、元，后有清代纹饰，研究其演变规律，就可以做出大致正确的判断，设计出明式风格的彩画。

仿清建筑彩画设计，因有大量清代彩画遗存，可供选择的方案较多。同时在设计中加入"传统做法"。传统做法是指彩画流传至今的式样、做法。传统做法有多种设计和繁简之分。如金线苏画为传统做法，但同为金线苏画，有卡子贴金者、有箍头与卡子同贴金者，可以做檩枋枋心式，也可以做檩板枋包袱式；可做硬烟云，也可做软烟云；烟云可五道，也可七道、九道；包袱内可设计硬抹实开线法山水，也可设计花卉、墨山水、洋抹山水。有时设计仅写"金线苏画，按传统做法"，未免太笼统，无所针对。同理如包袱式苏画的找头部分，绿地上可画黑叶子花，也可画异兽；也可在绿地上掐一斗方，涂成紫色，在其内画异兽；也可画"灵仙祝寿"。一言以蔽之曰"按传统做法"则易形成千篇一律的设计，无形之中丢掉许多传统彩画的优秀表现形式。

文物建筑是指历史上确有遗存的建筑或在遗址上经考证复原的建筑。文物建筑彩画设计分为彩画复原设计，纹样保留设计，彩画保护设计。文物建筑需要不断的修葺，文物建筑上的彩画往往涉及保护、保留与重做、重绘的选择。彩画复原设计有两种情况：

1）建筑上没有彩画纹饰，包括复建的建筑与经多年风化，彩画已荡然无存的建筑。

2）建筑上虽有彩画，但它不是初始时的设计，也不是历史上某个时期根据建筑的形式、功能重绘的彩画，而是改变历史原貌，不符合规则的彩画，在形式、等级设计上都很盲目的彩画。如现有些王府均改为苏式彩画，而按清王府制其正殿、中路都应设计等级不同的旋子彩画，除特殊情况如改为庙宇或潜龙邸，也不能设计和玺彩画，故在修缮时必须重新设计。更有甚者，历史上曾有将园林彩画的某些部位改画成齿轮麦穗的设计，既不美观又与建筑风马牛不相及。文物建筑的彩画设计与仿古建筑彩画设计有相似之处，但"根据"应更为翔实、充分、确凿。

纹样保留设计是指建筑尚有彩画痕迹，但已斑浊不清，或偶有残存也仅专业人士可以推断原彩画为何特征、何形式、何等级，彩画本身已没有观赏、装饰建筑、保护木件的作用。经专业人士考察，确定彩画的形式、等级、特点，并规定严格的做法；其后将原残损彩画通过工艺处理，去掉残存表皮，做地仗，重新按原形式、原等级、原纹饰描绘。这样可将原彩画的纹饰保留下来，以文物法为准绳，不走原样。

彩画保护设计是指在古建筑大修或古建筑油漆彩画修缮中，是否保护、保留，以及保留的范围和深度、保留方法的设计。彩画保留设计主要针对建筑上的彩画是否有历史价值，即文物价值。一般历史久远之彩画遗存绝对要采取各种方法保护。对于有价值的彩画遗存，即使木构已经腐朽，皮已不存，毛亦要"附"之。这就要采取相应的办法和措施。对于彩画的保留与取舍，除文物价值外，其艺术价值也应予以充分考虑。即：

1）彩画绘制极为精良，可为后人承袭之范本。

2）有创意设计的彩画，如苏式彩画的创作空间很大，不仅指绘画，在图样设计上往往有匠心独具之处，构思巧妙，艺术水准极高。

3）名人之彩画作品，这种情况几乎不存在，行业习惯在彩画完成之后从不落款、署名。但凭流传，凭记忆，凭其遗存作品之水准，现已开始注意到这一问题，这些人的艺术水平往往不逊于某些艺术大师。历史上曾有张大千学习壁画并聘请画工临摹敦煌壁画的事例。现颐和园保留的一些老彩画，其人物造型、神态、笔墨俱佳。

彩画保留设计是要确定该彩画是否保留，因此与设计人的专业水准、艺术修养联系密切，是一项需要十分审慎的工作，有时需要论证后做出决定，否则文物将不复存在。

彩画保护是确定彩画保留的前提下，为延长其寿命，所采取的技术措施，它有传统办法与现代科技运用之分。它要针对保护对象的现状，提供相应的材料与方法。

在一组建筑群中，往往同时涉及彩画的复原设计，纹样保留设计，彩画现状保留保护设计，也有可能仅涉及其中一至两项设计，均视具体情况而定。

8.3　有关彩画年代的鉴别

在彩画设计中，尤其针对有关文物建筑，常涉及对现有彩画年代进行鉴别的问题；对于复原某一时期的彩画，也应掌握其相关的时代特征。

进行彩画年代鉴别是一项繁琐而复杂的工作，它不仅涉及历史，而且也涉及因彩画是"艺术"所带来的其他相关问题。现仅就有关项目、内容做初步提示性介绍。涉及具体项目时，还应针对具体情况一事一议地做有关考证。

8.3.1　根据彩画的新旧程度确定彩画的年代

以新旧程度确定彩画的年代，是很重要的环节。一般外檐彩画二三十年必旧，金饰基本失去光泽，但彩画附着基本完好，纹饰无损，金色虽已没有光泽，但金属感尚存。这时的彩画大有古香古色之气。按传统习惯，在不考虑文物保护的前提下，很多已进行重绘。

五十年时限的彩画，已有脱落掉皮之现象，色彩逐渐模糊，淡化或变黑，各色之间的色相及明度差别不再明显。彩画基本丧失对建筑物的美化装饰作用，其观赏价值和保护木构件之作用已大打折扣。

百年以后的彩画大部分已风化得十分严重，酥裂卷翘，残破不全，或退色变黑变旧，纹饰难以辨认。多处木筋裸露，纹饰也只有专业人士根据推断来辨认。但对于掏空（廊内）部分及檐内深处，如檩部，彩画纹饰却时有遗存。可作为脱落部分恢复原貌的依据之一。

一般外檐彩画残损、老化次序如下：

（1）椽头先于大木；

（2）枋件（檐枋、下额枋）先于檩件；

（3）前檐先于后檐；

（4）两山先于正面，尤其悬山受西晒影响甚大；

（5）檐头先于掏空；

（6）出头构件如角梁、椽柁头、檩头、柱头等处，损毁必先于隐蔽处构件。

新旧程度是确定彩画年代的重要依据，但由于受绘制时材料、方法、地仗条件、环境因素的影响，结果常有不同，甚至差异较大，有时二百年以上之彩画尚有残存，而百年之内的彩画却脱落殆尽。因此按实际情况作具体分析十分重要。

内檐彩画遗存可追溯到宋辽时期，明代

彩画可以完整保留至今，但由于所处地理位置及使用情况不同，彩画新旧及完好度也有很大差异。内檐彩画在外檐彩画重做时，常保留不动，因此历史的痕迹相对久远。在如下情况下，内檐彩画虽然历史久远也会保持很新：

（1）天花板上之明间脊檩及板枋彩画，系因常年封护，不受污染、风化，故一二百年的彩画仍会金饰亮泽，色彩鲜丽。

（2）顶部先为天花，后改加一层白樘槾子吊顶，满做裱糊且按时见新。其后恢复原貌，彩画鲜丽如故，干净整齐，完好如初。

8.3.2　根据有关史料记载确定彩画的年代

以新旧程度确定彩画的年代固然很重要，但仍会有很多漏洞甚至不足。史料记载为确定彩画的年代提供了相对充分的依据，两者结合起来，相互对照，可得出相对正确的结论。

（1）对于史料记载可以分为两种情况：

1）对彩画年代有直观反映的记载，如宫廷史志、王府史志、县史志一类的史料，其中有明确的文词记载彩画修缮年代，以及用工用料及支出情况。这里大部分为官方文档，翔实可靠。

2）虽没有直接提到彩画绘制年代，但记载中有大修、落架重修、檐头揭宽、屋面挑顶等词语描述，在此情况下，也应理解当时彩画必然需要重新绘制。

（2）碑文记载：尤其是庙宇，常立有功德碑，以记录有关建庙情况。北京西山模式口法海寺的碑文详细记载寺庙建筑年代、用工情况，以至当时画士、画士官的人数、名称。这里应说明一下，在美术界这些人一直被认为是壁画的绘制者，其实是很片面的。

（3）梁枋上的笔书：按建筑彩画的传统习惯，做任何形式的彩画均不署名落款，但有时画工却有意无意地用彩画的工具和颜料在木料的背面，在天花板背面，在天花板的梁架之上，留下极有价值的题记。有些题记相当具体明确，不但署其年号，画士名称，为何方人士，还有工钱银两，当时米价及赡养人口等内容。有些是书在木板上，而后又钉至梁枋上，是最

翔实的记载。

应特别注意，有些彩画当时史料记载确实翔实无误，但若干年以后，又有重绘或改动的情况，这时反而没有记载，因此误导了对彩画年代的判断。

8.3.3　根据彩画纹样特征确定彩画的年代

以彩画纹样特征鉴别彩画年代是又一有力佐证。从史料记载（如宋"营造法式"）到大量实物遗存，鉴别较大时限范围的彩画相对较容易，如宋代彩画与明代彩画，明代彩画与清代彩画的区别，相对较容易。而鉴别时限距离较近的各时期彩画则相对较困难，如明中期与明晚期的纹样区别；清早期与中早期、中期与中晚期；或乾隆年与嘉庆年；道光年与咸丰年等相近年代的彩画纹样特点则相对困难。因为它们的特征极相近，又由于彩画牵涉继承问题和地区手法、门派、个人取向等问题，往往错综复杂。对于外檐彩画绝大部分乃至百分之九十以上为清中期偏晚以后的作品，真正清早期之原始遗存已很难见到或仅为百分之一。这些彩画外观、总体纹式等特征几乎没有太大的区别，它们的区别常在微小之处，或隐蔽在某个局部，因此需要仔细辨认。本书对于清早、中、晚时期的各类彩画纹样特征做提示性介绍，以便读者掌握对彩画年代的划分。由于清早期彩画遗存的罕见，以及后来环境条件等因素的影响，清早期与中期彩画风格变化更为微小，故将其合并，遇到实际情况可做进一步细分。

（1）对于清代的和玺彩画，早（中）期与晚期的主要区别主要有如下特征：

1）和玺线：早中期的和玺线的段落过渡多呈曲线排列，竖着看有明显的莲花瓣状，类似石雕的仰覆莲造型，说明纹饰之造型取之于传统，取之于自然。这种线型与明代很多彩画图案柔美的段落，风格相近，说明为初始时的设计。晚期段落线则呈直线分割，工艺上有所简化。

2）龙凤纹饰：早（中）期仍保持一种写生风格，龙鳞、凤毛、龙脊的表述，笔道相对具体，龙周边的宝珠、云纹画法颇为慎重；晚期龙凤

画法趋向简单、干练，注意外形，在贴金后基本看不出细部特征的变化。

3）龙与底色的关系：早(中)期并不十分强调什么底色，必须配什么姿势的龙，而是尽量考虑纹样在一个构件上，或上下构架的对应部位姿势不重复，这样就有可能在绿的底色上出现升龙的设计。晚期很多彩画形成升青降绿的模式，盒子不分青绿均画坐龙。

4）线光子：犹如石雕仰覆莲之花心，早(中)期在此处的纹饰设计相对考究和富于变化，纹样较丰满；晚期多固定成为套路化的灵芝草与菊花纹样，画法相对简单，但不影响贴金后的大效果，时常不引起人们的注意。

5）晕色：早(中)期和玺线边上并不加晕色，主要靠鲜明的金线分割色彩和构成段落；晚期晕色大量使用，在箍头、找头、枋心处均有加晕色出现。它使彩画变得鲜丽，过渡自然。但并没有明显增加工艺的难度。

6）岔角：早(中)期岔角形式较多，有岔角云也有切活岔角，工艺精湛。其岔角云及枋心中的金琢墨云，退晕层次可达四道；岔角的切法也较写实，现仍可见很多精美的写实水牙实例，很有艺术水准。而画草纹，大多没有相互压折的区分。晚期岔角的切(画)法形成固定模式，尤其浅青地切草纹，其走向有相互折压之别，以至在行业形成规则。晚期枋心或岔角的金琢墨云退晕最多为三道。

7）柱头：早(中)期和玺彩画很注重柱头的设计，并有明代遗风，样式很多，颇具匠心。而晚期，除继承外，很少见有创新设计，这与工料的限时水平逐渐提高有密切关系。

（2）旋子彩画早(中)期与晚期主要区别：

1）主要枋线线段造型：早(中)期在旋子彩画的枋线构图中，其皮条线、岔口线的线型常随枋心头略呈弯曲；更早的枋心头也有直线相交的设计。线段与构件的夹角多呈45°，靠箍头处的栀花较大，由于线段呈45°夹角，故在找头处的旋花夹缝中多不加小栀花，晚期枋心段落多呈直线段排列，体现节奏的连续性，也使工艺变得简单。线段与构件的夹角多呈60°，因此在找头的旋花夹缝中，空出的体量较大，故在此处多补小栀花。

2）晕色：早(中)期金线大点金等级的彩画，大多不加晕色，仅以清晰的金线分割段落和色彩；晚期在箍头线、枋心线、皮条线、岔口线等处的金线一侧必加晕色。加晕色增加彩画层次，色彩变得鲜丽，同时也使构图更加严谨有序。

3）枋心：早(中)期枋心画题多于晚期。有龙、凤及各种锦纹，各种锦纹明显承袭宋、明彩画遗风。枋心的做法时有不受等级约束的设计，如雅伍墨或小点金之枋心亦可见有金龙、宋锦的设计。而晚期则多以墨线大点金为界，其等级之上画龙锦枋心，等级之下，按大小式之分，或画"一统天下"(一字枋心)、"普照乾坤"(空枋心)或画夔龙、黑叶子花枋心。

4）旋眼与栀花心：早(中)期彩画的旋眼与栀花心，常保留明代写实画法，旋眼为明显的花瓣形，栀花心虽与旋眼不同，但也近乎花型。而晚期的旋眼则变成固定、较抽象的图形。栀花心也仅以一圆圈代替。两者外观并无明显区别。同样说明晚期彩画只注重大效果的风格。

5）找头：早(中)、晚期虽然都画旋子，但早(中)期大多有借用谱子的痕迹(这是一种彩画工艺)。因此，各种形式的找头，如狗死咬(勾丝咬)、喜相逢等处图样衔接并不严密，时有勉强，因此不得不在空白处加一"阴阳鱼"图形。当然，这也牵涉个人手法，晚期也有例子。但晚期纸张相对普及，谱子量相对较大，较大殿座需要数十张，数百张谱子也常见，因此构图相对严密。

6）小池子半拉瓢：早(中)期小池子的半拉瓢纹饰，可见半个旋子花图样，也有在一个建筑中同时使用半拉瓢与旋子的设计，目的是为了避免图形的过多重复，如在横向构件的垫板上用"半拉瓢"，而室内纵向构件则用"旋子"。

7）包袱式：早(中)期旋子彩画不一定都在中部设枋心，也有将檩、板、枋相连构图，成一"包袱"，但包袱内绝不画苏式彩画的画题，多为庄重、严谨的图案，如沥粉贴金双龙、工整的锦纹。包袱边也为有变化的、多层的、工整的沥粉贴金图形。而晚期则多为枋心式。

（3）苏式彩画时限区分线索：

关于苏式彩画起源，人们往往和乾隆下

江南相联系，据此认为清早期应无苏式彩画。但事实并非如此，苏式彩画在清早期即已出现，至于为何称为"苏式"，却无考评。

1）早（中）期苏式彩画以没有旋子纹饰为设计确认基点。其他方面如大线布局、枋心、找头等处的龙凤锦纹饰选用，均具有殿式彩画的风格。后人称有这种彩画为"花红高照"。也有按时限，将其游离于三大类彩画之外，而列为其他类。以后逐渐融入少量的绘画风格，但当初还不十分明显，体量也非常小。以后逐渐加入带有喻意象征性题材，如"寿山福海"、"一统万年青"、"海屋天畴"、"玉堂富贵"等类似图案又类似绘画的题材。至清晚期绘画内容大量充斥其间，而形成人们今天对苏式彩画的概念。

在以包袱为中心的设计中，苏式彩画的主题纹样变化规律应为：龙凤锦纹—喻意装饰画—绘画—融入西画技法的绘画。其底色变化则由深至浅，使其绘画犹如在白纸上一样。由此，行业称为"白活"。

当然，以上之变化，在清代各时期的区别不一定十分明显，但总的趋势如此。

2）檩、板、枋布图中，横向段落的不断增多是区别早（中）、晚期彩画的另一标志。同其他形式彩画（如和玺、旋子）一样，苏式彩画在总体构图上，横向段落不断增加，这也是自宋以来，彩画演变总的规律，以至清早（中）期有大量的、不同名目、不同设计的"海墁"类，说明当时彩画设计的"大气"风格。之后，段落不断增多。如清早（中）期苏式彩画虽有箍头，但大多为素箍头，虽有"贯套"箍头出现，却居其次。"贯套"箍头大多见于"和玺"彩画上，而后苏式彩画箍头内逐渐加入回纹、万字、西蕃莲等图样；而后又加入连珠带；而后又加入双连珠带；而后又加入卡子。卡子由仿石雕的束腰设计方式，应用在檩、板、枋凹陷构件的垫板上，到檩、板、枋上下相应部位整齐排列卡子。以后烟云又必然加入"托子"，都说明横向段落的增多。

3）清工部《工程做法则例》的对照：该则例对苏式彩画条目的罗列不同于和玺和旋子彩画。和玺时称合细，体现做法之精良程度与品级之高低，并不含有纹饰特点；大点金、

小点金、雅伍墨，也未后缀"旋子"，其名目也没有描述图形特点。而苏式彩画的名目中却有形象的图样介绍，如"寿山福海"、"福缘善庆"，这使我们可以用来借以对照。

从现存实物和文献记载可看出，清早（中）期苏画设计大多从实际出发，充分发挥设计者的想象，并尽量和建筑功能保持亲和，不受定法的约束；纹饰、内容、样式层出不穷。

8.3.4 根据彩画的颜料确定彩画的年代

以青绿为主调的彩画，自宋代"碾玉装"一直沿传至明清，以至成为清代彩画色彩之主流。在颜料的使用上，清早（中）期大多使用天然矿物质颜料；青绿色以石青、石绿为主，其色彩沉稳有余而艳丽不足，且十分昂贵，故和其他色配合使用。其锅巴绿为优质人造石性颜料，品相纯正，故被经常采用。清晚期"洋货"涌入，彩画量增大，群青和各品牌之"洋绿"大量使用，成为彩画颜料的主体。

8.3.5 根据地仗条件确定彩画的年代

北京城大量宫殿、庙宇、王府、园林为明清遗物，始建时其木料完整，表面平整，加之大多为上好原材料，所以没有必要做很厚的地仗，有时彩画直接画于木质表面。经年日久，有些构件上的彩画虽完全脱落，但颜色已入木三分，纹饰仍然可辨。以后由于不断修葺，彩画不断重复，地仗之作用也越发重要。地仗的薄厚、工艺和材料等可间接说明彩画时代。

8.4 彩画设计的形式与内容

彩画设计包括方案设计、纹样设计、做法说明、做法表、小样、照片及效果图设计。

为了达到彩画设计的目的，任何一种设计方式，只要能清晰、准确、简练、有效地达到设计目的，便可不拘一格，采取有针对性的各种设计项目与内容。这里的很多项目，在现行设计中都是普遍存在的程序，如方案设计、照片、说明等；但也有特殊情况，由于采用一般的设计项目和程序，不能表述设计意

图，不能引起人们感官的充分认知，因此需另有小样设计、效果图设计。但涉及具体的设计对象，并不一定都用所有的设计项目，一切根据需要，从实际情况出发。

8.4.1　方案设计

方案设计是对设计构思、想法的初步体现。应有对建筑形式、功能、历史沿革、年代等的有关概况的分析和认知，进而提出所要设计的彩画的形式、等级与风格特点，完成方案设计所需的依据部分。

一般方案设计不需要对构件纹饰进行设计，其所构思的彩画形式与等级可借用有关资料予以参照，虽没有针对具体的建筑个体，但资料（如照片）却可反映该建筑彩画的形式、等级、做法及彩画的各种特点，使人们看后产生认同感。

方案设计常遇到单体建筑与建筑群的方案表述问题，群体建筑如一座院落，它包括各向房座，可能有不同形式与等级的彩画；又如一条街，可能包括多种形式的建筑，彩画也会有不同形式不同等级的表现。遇此情况，其表述方法也不完全一致，在让图说话的情况下，一般用平面图表述。标注平面图中的各个单体建筑的彩画形式与等级。为了便于浏览，建筑物简化成方框图即可，去掉干扰视线的柱网线、尺寸线、台基、踏跺等图线及文字。方框图可以使人一目了然地看出群体建筑中的各个单体建筑上的彩画形式和等级，以比较其主次关系，并加深对总体彩画的印象。

8.4.2　纹饰设计

纹饰设计是针对建筑物的具体构件，进行形式、等级、尺寸、内容、做法及纹饰特点表示的设计，这是彩画设计中最重要的一环，它完全控制着彩画绘制的每一个环节，尤其对传统图案选用的控制。例如某建筑采用旋子形式，金线大点金等级彩画，构件设计包括枋线的划分，箍头的宽窄，枋心的长短，盒子的大小，找头的高宽比，同时也必须对各个部位之间的色彩及内容予以确定，如箍头、楞线是青还是绿，枋心画

龙还是画锦，找头画"一整两破"还是画"喜相逢"或"勾丝咬"，盒子是活盒子还是死盒子，活盒子是画龙，还是画凤，或西蕃莲或异兽，画龙是大龙，还是夔龙，如果是死盒子，是整盒子还是破盒子，整盒子是栀花盒子还是四合云盒子，破盒子是栀花盒子还是十字别盒子等都应规范明示，同时还应对各种图案，如龙、凤、云、锦、栀花、旋子等各有何特征予以明示，如果在梁枋的规划线段之中无法反映精细的纹饰特点时，则应附以局部详图。

纹样设计是在准确掌握构件尺寸的情况下进行的，并且正确地预留出副箍头的位置后进行。对于开间中，上下对应的构件，应排比同时进行大线分布，以使图案工整对仗，并可直观看出调整（如果有调整）的幅度是否在范围之内，是否与总体协调一致。

纹样设计包括建筑物的所有开间，所有构件。对于重复出现的图样，即尺寸、色彩、内容、做法完全一致的图样的开间设计，不必重复表现，附之以说明及如何借用即可。

彩画设计虽有传统规则，但它不是单靠尺寸、模数完成的。彩画设计在多方面属艺术范畴，它有很大的美学内涵渗透与切入，所以对彩画设计应以美学的观点，反复审视，反复比较、平衡，最后决定优选方案。所谓尺寸、模式定死反而不成其为彩画，而没有尺度、比例又无根据可循，如传统对枋心长短、三停的划分定位，常有"里打箍头外打楞"之说，或有"大三停小三停"之变即证明如此，因为它给了构图很大的变化，而且为其设定理论。

8.4.3　效果图设计

效果图设计是彩画设计的高级表现形式，它不但要有纹样设计的尺度、纹饰特点等概念，还要加上做法、工艺的表现。效果图是带有色彩的纹样设计，所以它所展示的纹样特点、做法更为翔实、具体、确切。它为施工放样提供极为直观的依据，也是事先对建筑及色彩效果审视的最详尽、直观的图画。彩画效果图设计不完全同于彩画小样，彩画小样只能对建筑的局部装饰，如一个构件、某一间的彩画，详尽表现，而

效果图设计可以全方位展示整个建筑的美学关系，并且可以和建筑图同时合为一体表现，起到小样设计无法表现的作用。

效果图设计对某些建筑，如牌楼、室内新式彩画有极高的表现力，它可以画成带有透视的效果，也可以画成与构件垂直投影的效果图，后者可使彩画放样者直接通过测量效果图的比例、尺度进行放样。用效果图对彩画进行全方面设计、表现，需要两种技术或技法：

（1）详细掌握彩画的纹饰、工艺特点；

（2）具有效果图的表现力，它涉及传统绘画技法的表现。

彩画效果图是实地对具体建筑的彩画进行精细、详尽的临摹与写生；它的表现方法可以用水彩，也可以用水粉画技法完成。

8.4.4　小样设计

小样设计是对彩画详尽纹饰设计的一种辅助表现手段，单一的小样并不能称其为真正意义的设计。小样设计只能表示一部分构件的实际情况，但不能代表整体建筑的纹饰。

小样设计一般是用彩画的真实颜料、真实工艺，对原大建筑彩画进行缩小，例如真实建筑彩画用何种青、何种绿、何种金箔、何处沥粉、何处退晕，因此小样比真实彩画更为精丽。同样，小样的工艺难度也更大，不可能面面俱到。小样设计的比例一般掌握在1:5～1:10。

小样设计仅在特殊情况下使用，它直观体现建筑彩画的真实性。如果已有纹饰设计和相关说明，已能有效控制彩画绘制，就没有必要进行小样设计。彩画小样犹如建筑设计中的模型制作，而且是真实反映建筑细节的模型，因此此项工作常另行确定。

8.4.5　做法说明

做法说明是彩画设计中必不可少的重要组成部分，它控制着彩画施工的程序和方法。做法说明大多数是针对建筑彩画的总体要求设置，它完全根据彩画可能发生的实际情况而定。举例如下：

（1）对施工中的彩画颜料有何要求，必须使用何种颜料，如巴黎绿；不得使用何种颜料，如用砂绿刷大色；是否需要先做一样板；在苏式彩画的绘画及退烟云中，为确保彩画在一定时期或短时期内不发生明显褪色，是否有必要提示或禁止使用何种小色（某些国画颜料），如果必须用应如何处理。

（2）是否要求彩画完毕后罩油，罩于何处，罩油的品种和浓度如何控制。

（3）对彩画做法的时代特点有无要求，如清代各时期同等级的彩画，不仅纹饰有所差异，在做法上也有区别。

（4）对于彩画贴金有何要求；如发生贴两色金的做法，库金、赤金各自贴在何部位，是否有必要并采取何种措施以保证赤金的光泽持久延年。

（5）在程序上，是否要求谱子完成之后需经审定后方可施工；如何审定。

（6）对文物建筑彩画复原，是否要求描拓原样，是否需要对原样检验核实。

（7）对文物建筑的旧彩画是否需要保护；保护的范围和方法；以及材料的品种、配方比。

（8）包袱画如遇到长廊，几种形式、题材相调换，如何间隔。

8.4.6　表格设计

表格设计是把相关项目有序排列，以利于比较和查阅的表现形式。表格设计分群组建筑的综合有序排列和单体建筑相关项目的综合有序排列。前者只包括各个建筑的彩画形式、等级、做法特点、枋心、盒子内容等；从大的范围对建筑群内各个单体建筑的彩画形式进行比较。后者是在前者确定的情况下，对单体建筑各开间、各构件及各构件构图中的各个部位中的做法、画题、比例、尺度进行比较。表格设计是纹饰设计的补充与诠释。

9　中国古壁画绘制技法

▲　图9-1　永乐宫壁画残片（边精一临摹制作）

古壁画的绘制在宋代"营造法式"一书中已有记载，这是建筑彩画工作的一部分。在彩画行业界过去也有一些人专门画"墙皮子"。著名的甘肃敦煌壁画、山西永乐宫壁画（图9-1）、北京的法海寺壁画（图9-2和图9-3），现都是国家重点文物保护单位（壁画所在寺观）。这些壁画场面宏大，绘制精良，色彩经久延年，工艺细腻，技法娴熟，充分体现了中国古代画师的高超技术。古壁画的内容不拘一格，大多不外神话传说、佛道故事及人物、生活情节等。由于壁画内容和题材在一些寺观要重复出现，所以古人十分重视对底稿（粉本、谱子）的设计与保存，并应用得十分巧妙，致使我们今天亦可从中受到启发。

古壁画的绘制，可以分为：

① 墙体处理，即制作泥壁。

② 稿本设计（指可重复运用的图样），如山西永乐宫、北京法海寺，稿本设计又称粉本设计。

③ 材料调配，在大型壁画中有专人调对颜料，以掌握其性能，使全部壁画色调和谐统一。

④ 描绘工艺，这里重点介绍古壁画的描绘工艺（关于色彩调对，见本书前述有关章节）。

（1）起稿

完全同前述大木彩画的起谱子程序，选用的纸张必须耐揉搓，经现代选材（纸张）性能比较，90g以上的牛皮纸最理想。古人没有牛皮纸，要将棉纸（高丽纸）处理好后再用。起稿用炭条，大的轮廓、关系确定后，用狼毫尖笔（如衣纹、叶筋）定稿，定稿只描画画面的分色部分，对于人物衣饰等细腻纹饰则在绘制过程中解决。起稿并不是一面大墙有多少人物都连起来画在一张纸上，而是不同人物分别画在各自的纸上，一般纸高约2m。

（2）过稿

完全同彩画的拍谱子，但这要由"总设计师"去做，他要掌握人物的位置，排列的顺序，主次地位，前后关系等。寺庙的墙壁高低不同，壁画高有三米多、四米多不等，拍谱子时（过稿时），由画师掌握，先拍前排的人物，拍

▲　图9-2　水月观音(一)（边精一绘制）

完后，根据空间（上部）所剩的大小，再确定后排人物，虽然稿子大小固定，墙壁高低不同，但采用此法，即可满足不同高度墙壁的构图，所以我们看到，有的墙面有三排人物，有的有四排人物，有的则有两排人物，此法极妙。

（3）沥粉

北京法海寺、山西永乐宫的壁画，均有沥粉，完全同建筑大木彩画的工艺技法，最早沥粉（凸起线道）的产生是用毛笔蘸取稠浓、不易塌落的颜料分次描绘而成，传统用"锭"粉，即铅粉多次描覆后，线条即可高起。大型壁画是众人操作的项目，设计者的意图同样也是众多描绘者所熟知或必知的，一般人物饰佩、盔甲、神器、法器都沥粉。为确切表达设计者意图，在谱子（底本）描线和扎眼时已有区分。沥粉的材料亦完全同前述有关章节，有时就

地取材，如用细黄土、香灰、豆面等，只要可挤出线道、明显凸起即可。

（4）平涂各种色彩

均为矿物质颜料，遮盖力要强，整组墙面以绿色为主，红色为辅，蓝色最少，均是纯颜色，如需调节深浅，以后渲染时再处理。人物的面部、肤色，依角色不同亦有深浅老嫩的区别，这里涉及人物画技法（从略）。除人物外，天空、云气等也一并涂齐，无有遗漏。对于各处涂何色，有经验者自行掌握，或由"总设计师"标注，标法同大木彩画，如七（青）、六（绿）、工（红）等。黄色以金饰代之，在有金饰的壁画中，多忌过量的黄色或黄调子。涂底色的颜料中，有时加微量光油，作用极妙。

（5）打金胶贴金

自宋代以后，由于制金箔的技术日臻成

▲　图 9-2　水月观音(二)（边精一绘制）

▲ 图9-3　北京法海寺壁画——帝释天(一)（边精一临摹）

▲　图9-3　北京法海寺壁画——帝释天(二)(边精一临摹)

熟，壁画的金饰逐渐增多。北京法海寺明代壁画，是壁画贴金成就的典范，十分气派，壮丽辉煌，具皇家风范。贴金一定或最好在描绘细部纹样之前进行，否则会增加很多麻烦。打金胶贴金的材料工艺亦同前述有关章节，但金胶油的调对，亦可用光油加适量蜂蜜代之。

（6）开染

即勾勒轮廓和施以人物衣着、面部等立体感、层次感。勾勒衣纹用重墨勾。永乐宫长大的衣纹线条用碾子（捻子）勾，扁型工具，含胶色，可"拉"很长的线道，续接也不易看出痕迹。勾勒面部用赭石加墨。传统用赭石块，现场研磨，随用随研随加胶，比现市售之国画色、广告色等均好用。染按不同底色分别处理，如绿色用老绿或花青染，粉红色或浅紫色用银朱或胭脂染等。在开染之前应加矾水一道，以使渲染极均匀、润泽，不易将底色"翻"起或染"花"。

（7）画细部纹饰

如衣服边、裙带，衣服上的图案、珠宝、饰佩等。画细部花纹均不打稿，亦分成若干程序，如垛色、拘黑、行粉、攒色、"切"作等，前述有关章节已备述。

古壁画的色彩必须十分浓重，即所谓的"匠气"，这样在庞大的空间内才有震撼力与威严感，当然也包括流畅的线条和有序的布局。

古壁画长大的线条往往被人们所称道。均匀、流畅又有风动感，历来是体现中国绘画美感和特征的主要方面，永乐宫（元代）、法海寺（明代）壁画都把这运用到了极点。这主要得益于画师的功力和对工具、颜料的熟练掌握。

以上为绘制传统壁画之主要工艺程序，对于不同形式之壁画可灵活掌握。壁画见图9-1～图9-11。

▲ 图9-4 北京法海寺壁画——爱子母（边精一绘制）

▲　图 9—5　北京法海寺壁画——功德天（边精一绘制）

▲ 图9-6 敦煌壁画（边朝晖壁画工作室供稿）

▲ 图9-7 飞天(边朝晖壁画工作室供稿)

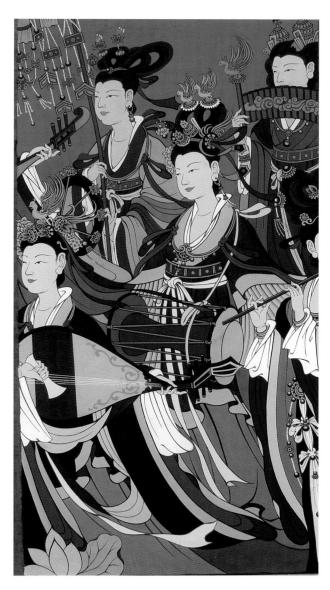

▲ 图9-8 奏乐图(边朝晖壁画工作室供稿)

▲ 图9-9 韦驮（边朝晖壁画工作室供稿）

▲ 图9—10 法海寺壁画——辩才天（边朝晖壁画工作室供稿）

▲ 图9—11 法海寺壁画——天王（边朝晖壁画工作室供稿）

10 新式彩画

新式彩画是汲取传统彩画的工艺形式，根据现代建筑的空间环境特征，所设计的另一种风格的彩画，他不拘泥于传统彩画题材、构图、色彩等固定模式。

新式彩画在外檐设计上有两种风格：

（1）在较深的底面上只做沥粉贴金线条图案，在上世纪六十年代初首现于钓鱼台国宾馆，现时琉璃厂一条街、潘家园旧货市场亦继续沿用。见图10－1。

（2）在较浅淡的底面上沥粉贴金。

新式彩画在内檐设计上，多采取浅淡、明快的色调，图案纹样以简约或超简约为追求。常彩画的部位包括灯花（图10－2）、天花板（图10－3）、混凝土梁柱等（图10－4）。新式彩画的装饰往往使室内形成辉煌明亮的效果。

油底沥粉贴金型彩画

▲ 图10－1 外檐新式彩画（一）

深地沥粉贴金型彩画（蝠寿枋心）

深地沥粉贴金型彩画（汉瓦包袱）

▲ 图10—1 外檐新式彩画（二）

▲　图10-2　灯花彩画

▲ 图10—3 天花板彩画

▲ 图10—4 混凝土构件的新式彩画

第3篇

油漆彩画问答

1．彩画是否可用广告色？

答：应根据具体情况，不是绝对不可以，这要看某些广告色的具体品质。一般作为彩画颜料主要有两项要求：①它必须耐晒、耐风化。因为一般彩画均要暴露于室外三五十年，如果经不起风化或不耐晒，则很快就要褪色。②它要有足够的遮盖力，因为彩画多画于地仗上，且具有多层色相互覆盖的特点。广告色、国画色其中也有很多矿物质颜料，亦有很多具备上述两项要求，但广告色的制作工艺不同于彩画颜料，其中入胶则存在很大问题(与彩画工程现场入胶相比)，所以往往涂刷后不均匀，因此达不到装饰效果。另外，在实际应用中经常发现各种广告色的纯度往往比不上彩画自调色，其色彩不够饱和，以群青为例，虽然也是矿物质颜料，但相比之下发暗、发黑或发灰，纯度不够。广告色中的矿物质颜料，如土黄、赭石、群青、土红、黑、某些红与彩画颜料成分相同，并非绝对不可用。商品的广告色，厂家多在标签上标有星号，即一个星、两个星、三个星，其中三个星为耐晒品。又，彩画颜料用量非常大，在工程中往往用盆调色，如果用某些广告色，从成本上考虑，得不偿失。

2．什么是上架？ 什么是下架？

答：这是油漆彩画工艺流程中自然形成的行业术语，使用频率很高。在古代匠作中，油漆与彩画是两个行业，但它们之间的关系却十分密切，由于施工的关系，它们既需要相互穿插、交替进行作业，但又不得相互干扰，于是就形成上下架之分。它们的分界线一般以各檐枋下皮为界，其上为上架，其下为下架。上架大木多做彩画，下架多做油饰。在工艺流程上，油漆行业必须先做上架，包括地仗和椽望的油漆，给彩画行业打底和留出作业的时间与空间；而油漆行业则翻做下架和上架椽末道油，如刷绿椽肚(绿椽肚不刷至根部，即考虑不脏污画活)，而当彩画行业进行到刷色合拢后，油漆行业又及时插上，在彩画图案之间打金胶贴金。穿插枋虽位于分界线之下，但因做彩画亦列为上架。另外，同是大木，但上下架做法可能不相同，即使做法相同，要求程度也不一样，相比之下，下架对地仗平整度要求会更高，故用上下架区分。

3．什么是深三绿、浅三青？

答：这是彩画在调配晕色时，对三青、三绿深浅程度的把握的经验谈，也是核校实际工程晕色深浅的参考。其目的就是使晕色掌握在：既与本色(青或绿)有明显的差异，又与白有明显的区分，看上去层次分明。在实例中石碾玉最容易出现上述问题，以至使旋花瓣中的晕色不明显。在没有经验的情况下，最好先做样板，以避免事倍功半。

4. 为什么用砖灰做地仗中的填充材料?

答:古建油漆彩画的地仗包括砖灰、血料、面粉、灰油、石灰、麻、布等,其中砖灰为成型的骨料,其他为防腐材料、粘接材料、防水防潮材料、拉结材料等。砖灰具有很好的亲油性,使用时虽然把它们碾碎分箩,筛成不同细度的颗粒,但颗粒中仍有细微的孔洞和缝隙,与灰油等粘接材料调和,灰油可渗至其中,从而使地仗结合成牢固的整体。又,青砖由黏土烧成,性能稳定,材料易得,故地仗多用砖灰。

5. 什么叫"黑红净"?

答:就是用黑漆、红漆两色完成对大门的油饰。这是对民宅大门关于油漆做法的传统设计。清代以前多用之,以后逐渐淡出,被以红色为主的色彩代替。古时大门亦可以全涂饰成红色,但这仅限于一定品位,一般民宅则受到限制。故古有诗云"朱门酒肉臭,路有冻死骨"的诗句。朱即红色,朱门即指权贵大门。因此民间出现黑、红两色油饰相间的设计。一般黑色用于凸出部位,红色用于凹陷部位,如门框是黑色的,凹陷的鱼塞板为红色的;大门为黑色的,门心写条幅对子处是红色,其上常用黑漆书刻"忠厚传家久,诗书继世长";"发福生财地,堆金积玉门"等祝福诗句。在凹陷处施以红色的设计,也见于大式或小式建筑的油漆彩画用色设计,如垫板多红调子,由额垫板全涂成红色,垫拱板(灶火门)、盖斗板、斗拱中的荷包(拱眼)亦多做红色设计。其设计理念是完全一致的。

6. 什么是白活儿?

答:白活儿泛指包袱或枋心等处的传统绘画,如山水画、花鸟画、人物画、线法画等。因为绘画需要白纸,故彩画前需将预定部位涂成白色后再画,故称白活儿。白活儿在苏式彩画中所占体量极大,故与周围图案色调的协调也十分重要,传统中的白活儿具有稳重、深沉、凝重感,这样既耐人寻味,又庄重大方。切不可把白活儿理解成浅淡的画面。

7. 包袱边有哪些形式?

答:在传统上,如清代早期、中期,基本上分为殿式彩画包袱边和苏式彩画包袱边两类。殿式彩画包袱边设计较复杂、繁密,三层、五层、六七层都有,图样包括云边、连珠、转法轮、火焰(又称朔火)等。这种包袱边多用于建筑的主梁之上和天花板上面的明间脊檩板枋上,两者都反搭,三裹做(构件两侧加底面连做);其中和玺彩画尤为多见,个别旋子彩画也有在开间中部搭包袱的设计。

苏式彩画的包袱边在早期形式多样，均由设计者发挥想象而定，如各种锦纹包袱边、回纹包袱边、攒退活包袱边、切活包袱边、硬杠子加翻草包袱边、拆垛包袱边、烟云包袱边等。晚期除烟云包袱边外，其他包袱边逐渐淡出，从而形成以烟云为主的包袱边的设计，这也使苏式彩画在某一含义内，更趋向程式化、套路化，而逐渐变得千篇一律。

8．彩画是否应罩油？

答：这要从两个方面考虑，一是要保证彩画的质量，即经久延年，不被风雨侵蚀；二是彩画要保持胶粉色的特点、质感，即大面积色彩平涂后，其色彩有绒一样的感觉，而没有散射的亮光，很"稳静"的胶粉色与耀眼的沥粉贴金相互映衬，形成明显的反差与对照，从而更突显彩画的魅力。彩画罩油在宋代亦有之，如《营造法式》即有记载曰："彩画罩油用乱线揩擦之……"。现彩画罩油多用于牌楼和易受风雨侵袭之处，罩油多把油稀释，使油能渗到胶质颜料中，其效果近似用油调和颜料做彩画。现彩画颜料多用乳胶调对，胶量适当的乳胶颜料干后不怕雨水，故不需罩油。

9．如何保证贴金的亮度？

答：在实际工程中，有的彩画或其他部位贴金后，金色饱满，光亮照人；而有些则亮度不够，虽然也能辨认出是贴金，但似乎更像是刷上的金粉，呈现一种均匀散射的暗亮。其主要原因不在金箔，而在金胶油的质量与贴金时间的掌握。要保证贴金光亮，关键是金胶油要亮，在金胶油抹上后，直到贴金时，如果一直很亮，侧着看如镜如水，这时贴上的金必然很亮；如果金胶油表画已发污或失光，或表面泛"白霜"，表示金胶油的结构已发生变化，已不十分亮，贴金后必然不亮。又，贴金必须掌握适当的时间，即"火候"，其经验是，感到金胶油快贴不上时(但必须能贴上)，贴出来的金越亮，金色越饱满，如同新镀金的首饰一样，但这有一定的风险，易出现"花贴"现象，这就要求根据实际情况掌握。总之，金胶油亮，贴金就亮。

10．何谓二朱油？

答：①朱，即红色之意。二朱即两种红色相混合之油，一种是银朱，一种是土朱，亦称广红土、红土、铁红、氧化铁红。②二朱指调对时广红土占20%的比例。在传统古建油饰工程中，纯用银朱，色相过于亮丽；纯用土红，色调又过于沉闷；用二朱，使其色调既亮丽又稳重，所以现设计多选之。但由于二朱中的土红品质不同，即使同样比例调对，结果(色泽)也会不同，故实际发生中

应事先打样板，而且应是两道油的样板，确定后再行施工。这里二朱的概念与彩画乃至国画中的二青二绿概念不同，后者二色比原色浅，或在原色中加入白色，而二朱色则比银朱色深重。

11. 彩画中的线法山水与传统中国画中的界画山水有何共同之处与区别？

答：相同之处是：①二者表现的对象、主体均为建筑物，如楼台殿阁、亭轩廊榭、塔石桥树等，且都以水景为主。②两者在绘画技法上都需要界尺，从而线道工顺整齐，画面极精湛细腻，一丝不苟。不同之处是：线法山水采用西画焦点透视技法（尽管个别处不太合理）；而界画是用中国传统的山水画的散点透视技法。线法山水画基本始于清末，由于受西方绘画影响，除清水线法外，还有硬抹实开线法和洋抹线法。线法画更像风景画，而界画更近似中国传统山水画。

12. 1g 黄金能出多少张金箔？ 贴多大面积？

答：按 9.33cm² 见方库金计，每 1000 张用金量为 17.8g（理论用金）计算得：

1000 张 ÷ 17.8g=56 张／g

每张金面积（0.0933m²）=0.00870489m²

每克金所贴的面积为 0.00870489m²／张 × 56 张／g=0.487m²

实际生产有时用 20g 金，这时每克黄金出 50 张金箔。

13. 一两黄金的金箔能否贴出一亩三分地大的面积？

答：行业界数十年来一直存有此误传。

按 16 两一斤计，每两黄金折：500g ÷ 16 两 =31g／两

按 10 两一斤计，每两黄金折：500g ÷ 10 两 =50g／两

按计算得出每克黄金出 56 张金箔。

计算：小两每两出 56 张／g × 31g／两 =1736 张／两

大两每两出 56 张／g × 50g／两 =2800 张／两

每张库金按平米计：0.0933m × 0.0933m=0.00870489m²／张

每小两折合面积：0.00870489m²／张 × 1736 张／两 =15.11m²／两

每大两折合面积：0.00870489m²／张 × 2800 张／两 =24.37m²／两

而一亩三分地合 800 多平方米，故相差甚远。

14. 地仗中各种材料的功能与作用是什么？

答：地仗是保护木构件并填补其缺陷，使其棱角整齐、大面光洁平整的一种材料。它由骨料（填充性材料、体制性材料）、黏结材

料、防腐材料、拉结材料等组成。其中骨料有： 砖灰、石灰。砖灰分别筛成大小不同的颗粒后使用；早期地仗及现偏南或南方地区有用石灰粉或多用石灰粉的做法。

黏结材料有：白面粉、血料、灰油、光油、生桐油。

防腐、防潮材料有：石灰、生熟桐油及灰油。

拉结材料有：麻、布。防止地仗灰层因过厚而开裂。

这些材料及相应的工艺组合，对塑造地仗(构件)的完美外形，并使之坚固耐久起着重要作用。

15． 地仗中的灰油、"满"、石灰、面粉、血料等，它们的关系是怎样的？

答： 地仗中除砖灰外，黏结材料为"满"和血料，满包括灰油石灰水与面粉，灰油又是生桐油与土籽、章丹熬炼成。简示如下：

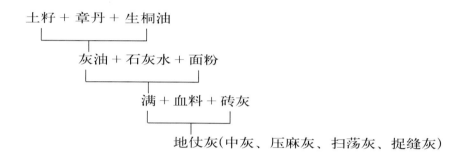

16． 如何将旋子彩画分为高、中、低等级？

答： 应从效果、功能、做法几方面着眼。应以墨线大点金级别的旋子彩画为确定等级的分界线，即： 墨线大点金等级为中级，其上为中高级或高级，其下为中低级或低级。因为旋子彩画的很多做法都是由墨线大点金开始演变或变化，如枋心的设计，略抬高一些可设计为龙锦枋心，略降一些可设计为一字枋心。垫板的处理同理，可画相应的纹饰，也可刷素红油漆，而不画彩画。斗拱的做法也是由墨线大点金开始降为墨线，由是分析排列如下：

金琢墨石碾玉——高级

烟琢墨石碾玉——次高级

金线大点金——中高级

墨线大点金——中级

墨线小点金——中低级

雅伍墨——低级

尚有混金旋子，应为特高级做法，但极偶见。雄黄玉亦为另类

低等级的旋子彩画。

历史上北京大量的街衢牌楼多为墨线大点金等级的旋子彩画，现因人们喜欢辉煌、华美，多将其做成金线大点金等级的旋子彩画。

17. 什么是官式彩画？

答：简言之，京城及其辐射地区的彩画即为官式彩画。官式彩画一般多受一定制度或一定规程规范的制约，等级严格且鲜明。官式彩画多较为成熟、定型，甚至模式化、套路化。官式彩画用于宫殿、庙宇和一些官属建筑之上。

北京为明清建都之地，存有大量宫廷建筑、坛庙建筑、皇家寺庙建筑、陵寝建筑以及园林建筑，这些建筑上的彩画均为官式彩画。由于人力物力所致，官式彩画从设计到绘制更为精良，它具有构图严谨、段落清楚、工整协调、节奏鲜明的特点。很多作品，其辉煌程度相对一些"地方"彩画而言是无可比拟的。官式彩画的类别及名称可见于一些重要史书的记载。

但官式彩画又包括一定历史时期的含义，古之官式彩画，现可能被称为"地方"彩画，承袭的古时官式彩画的做法、设计，现可能被列为地方彩画或民间彩画。如宋代官书《营造法式》里面的彩画图样无疑为官式彩画，但现民间承袭之做法或图样，人们常称之为地方彩画或民间彩画。

官式彩画体系庞大，种类繁多，分类有序，功能各异且协调大度是其主要特点。

18. 宝瓶是否应贴金？

答：宝瓶做法有两种，一种是混金宝瓶，一种是丹红宝瓶。两者上面都有花纹，前者为沥粉贴金花纹，后者为切活做法花纹。宝瓶贴金与否应根据所在建筑的等级或根据斗拱是否贴金而定。凡彩画在金线大点金等级以上，斗拱为金边的(平金斗拱)，宝瓶均应贴金；反之墨线大点金彩画，斗拱为墨线、黄线者，宝瓶均不应贴金，这既符合传统，也适应人们的审美观念。现可见到个别建筑上金线大点金或更高级别的彩画，而宝瓶为丹地切活图案，纠其原因，可举一例说明：二十世纪八十年代初，北京福佑寺牌楼重新彩画，原宝瓶为混金宝瓶，因缺少金箔而改为丹红宝瓶。问之曰：这么高谁注意！？果然以后再无人问津，但如果作为文物，若干年后再次彩绘，根据文物法"修旧如旧"的原则，"不得改变原样"，恐怕红宝瓶做法要永远保留下去了。

19. 根据什么确定椽头是否应贴金？

答：根据彩画装饰理念，椽头是最重要、最抢眼的部位。一座建筑是否彩绘，首先考虑的是椽柁头，如简单的"掐箍头"，更简

单的只画椽栌头，连最低等的刷饰做法，在椽栌头部位上也要有所表示(尽管无纹饰)。所以，凡大木贴金，椽头必然要贴金，因此应从墨线小点金等级的彩画开始。某些个别建筑，包括文物建筑，小点金彩画椽头并不贴金，其各种原因应另当别论。

20．为何大式建筑下架油饰多一片通红？小式、园林或民居建筑下架多红绿相间或其他色？

　　答：宫殿、坛庙、庙宇的大殿，乃至配殿、庑房等建筑下架油饰均为红色，这是从整体装饰美学来考虑的，也是极成功的设计，它既稳重也与周围环境相协调。又，大式建筑下架各个部位轮廓有金线分割，槛框、大门、心屉、樘板被分割得清清楚楚，这种做法(设计)，既使下架不至于呆板，又达到金碧辉煌、统一协调的效果。

　　园林或小式建筑以变化、形式活泼为主，但色彩也不宜过多，故以红绿相间设计。又，小式建筑下架贴金不多或不贴金，红绿变化，可以从色彩上分割建筑的各个部位，如红槛框、绿仔屉。

　　传统老式街门，多做"黑红净"，即黑红两色油交替，黑大门、红对子心。其装饰效果既稳重又靓丽。

21．如何理解建筑彩画的艺术属性及其与技术的关系？

　　答：艺术是有创造性的，是有个人风格的。彩画中的包袱画、局部图案的设计乃至龙、凤、博古、找头花的构思、描绘都具有上述特性。

　　建筑本身就是艺术，中国古建筑彩画又是其中最华美的部分，称之为艺术无可非议。

　　但完成艺术作品要有一定的技术、技巧、技法的保障，如沥粉、刷色、包胶、贴金、拉晕等，它们必须按一定的规范重复操作，不允许有个人风格和创意，并接受相应的监督、检验与管理，因此更体现技术的内涵。

　　就从业者而言，高明的画师，可称为艺术家。称之为工匠，其原因是他们只能进行套路化操作，但一些人身怀某些绝技，这也是整个建筑艺术体系中不可缺少的部分。

22．何谓"见色过色"作？

　　答：这是彩画的一种做法。顾名思义，就是在旧彩画上，遇到什么色再刷什么色。如原彩画箍头是绿色则刷绿，枋心是青的则刷青。仅在修缮中使用。

　　"见色过色"应有两个前提，第一，地仗应坚固完好，或基本完好，不应有断条、脱落或翘皮现象；第二，凡"见色过色"之前均应操底油一道，使其底层固定，涂色时不易刷花。必要时，对个

别破损地仗亦应进行局部修补。

"见色过色"的做法省去传统彩画的起谱子及磨生、过水、分中、打谱子、沥大小粉的工艺。其他工艺则完全按部就班进行，如刷色、包胶、打金胶、贴金、拉晕色、大粉、拘黑、吃小晕等。

23. 怎样设定(设计)包袱中的绘画内容?

答: 第一，要与建筑物协调。建筑为古代(古式)建筑，中国民族形式，故构思不要超越"古代"、"中国"的概念。第二，内容要雅俗共赏，明白易懂。第三，画意要吉庆、吉祥。第四，画师可以实施操作。

一般的包袱画，在数量较少的建筑群体中，可以选两至三种画题，如山水、花鸟相互调换，或山水、线法山水、花鸟相互调换，或人物、花鸟、山水相互调换等。不能把所有画题、技法都充斥在一个体量不太大的建筑中，以免杂乱，排列应对应、对称、间隔有序。

24. 地仗中的油水比指什么?

答: 指灰油与石灰水的重量比。地仗中的灰油、石灰水、面粉的混合体是构成地仗中"满"的元素材料，"满"又是调和地仗灰的主要材料。"满"中的油水比决定地仗灰的强度，"油"越大，地仗灰强度越大，越坚固、耐久，防水防潮性亦佳。传统打满有二油一水、一个半油一水、一油一水不等。在重要的地仗工程中，都十分强调"满"的油水比，尤其在捉缝、垫找、通灰层都以1.5(油):1(石灰水)为起线，有时达到二油一水，其目的是确保地仗的强度与耐久性。

25. 贴金有几种方法?

答: 基本有干贴法、湿贴法和静电吸附法(笔者注释名称)。干贴法即北京地区所用的贴金方法，这种方法事前不对金箔进行任何处理，只即时按照纹饰大小，线条宽窄将金箔撕成适当宽度，用竹夹子(金夹子)将金箔连带一层护金纸同时贴至构件上，纸自然脱落。这种方法速度快，质量好，且准备工作少。湿贴法又称贴水金，需事前将金箔与托金纸用水粘到一起，晾干后，金箔与护金纸合为一体，不会飘离，可在有风的环境中作业。但此法易漏贴，尤其在双线沥粉的粉条之间(沟槽内)，不易贴到，但十分省金。静电吸附法是事先将护金纸摩擦产生静电，然后将另一张金箔过到上面，由于纸有静电，瞬间金箔即被吸牢，这时贴金也不怕风吹，贴金质量相对优于水贴法。后两种贴金都可不用金夹子，但速度较慢，因事前均需对金箔进行处理。后两种方法通过剩下的护金纸的多少，可以准确地核实金箔的用量。

26. 天花彩画图样的方圆鼓子分别代表什么？

答：大量的天花彩画设计都为同一固定模式，中心为圆形，称圆鼓子或圆光；外围为方形，称方鼓子或方光；最外是大边。彩画图样的变化、主体的设置主要表现在圆光之内，如画龙、凤、牡丹花、仙鹤等。但几乎所有圆光均为蓝色(群青)，四周均为绿色，最外为深绿色。这种设计源于古人天圆地方的宇宙观，天是圆的，蓝的；地是方的，绿的。虽然彩画形式不同，花纹设计各异，但天圆地方却多贯彻始终，这与建筑中藻井的设计理念同出一辙。

此设计不但形式完美，而且寓意深湛，堪称绝佳之构思。

27. 天花板彩画中的牡丹、玉兰、海棠花组合喻为何意？

答：喻为"玉堂富贵"。牡丹花绚丽而雍容，向来被人们称为富贵花；玉兰洁白而高雅，尤其与圆光内的深蓝底色组合，被衬托得更加美丽醒目；海棠花主要借其谐音，有满堂之意。这种天花也可用于王府、民居、庙宇乃至宫殿。除美观外，其喻意尤为人们愉悦与乐道。

"玉堂富贵"题材也多见于传统包袱画中，但有时也不一定必须画海棠花。

28. 降幕云为何意？

答：实际应称之为"降魔云"，但"降幕云"一词在文献中出现已有数十年历史，故已习惯通用了。"降魔云"与"降幕云"为同样一种图案，它始见于明代壁画上金刚力士的铠甲边的纹饰上。金刚力士手持法器，面目很厉害，是护法的使者，降魔的天神，故应称之为"降魔云"。庙宇的天王殿、大雄宝殿等平板枋上的纹饰多画"降魔云"，其画法亦有一定的规范要求。

29. 建筑彩画何以经久延年？

答：主要取决于两个方面，即材料和工艺。第一，建筑彩画所用的颜料必须是矿物质颜料，现有人亦称之为岩彩。这些颜料大都具有很好的稳定性，耐晒、耐风化。这些一般由经验确定。第二，彩画工艺往往很重要，而且要根据不同彩绘对象致宜：① 在大面积涂色时(往往是底色)，胶量均很大，且注意掌握施工季节，如果天气寒冷，传统骨胶易凝聚，还要将颜料不断加温；② 有些颜料不但要入胶，还要加入适量熟桐油，以使涂后更坚固稳定；③ 在表现传统绘画内容方面，颜料不但入胶要适量，而且还要层层加

胶矾水封固，俗称"三矾九染"；④对于一些鲜艳而耐久性差的植物颜料，涂前均用矿物质颜料打底，在渲染植物性颜料后，亦加矾封固。以上这些方法使我们至今能见到百年以上的外檐彩画和千年以上的室内彩画（包括壁画）。

现彩绘之前均做地仗，地仗的坚固耐久程度直接影响彩画的年限，否则皮之不存，毛将焉附。

30."硬抹实开"为何意？

答：这是彩画中表现绘画题材的最精道的技法或工艺，是真正的工笔重彩画。"硬抹"指对底色的垫色而言，彩画中无论画线法还是人物，都要事先垫很浓重的底色，这与将色调稀，在纸上做画完全不同，彩画称"抹色"，因为色稠，遮盖力强，抹色时有时还要用小刷子，故谓之"硬抹"。"实开"指勾线时线道必须将底色覆盖住，故此色要"实"，"开"即勾勒之意，故谓之"实开"。"硬抹实开"具体工艺如下：①起稿；②落墨定稿；③抹色（平涂）；④罩胶矾水；⑤渲染（罩染或分染）；⑥勾勒不透明的各色线条，包括墨线；⑦高光处实色提亮，如嵌粉。"硬抹实开"彩画具有古朴典雅，沉稳凝重的风格。北京法海寺为明代遗存皇家壁画，其技法为标准"硬抹实开"画法。当然上述之某些程序，根据具体情况也可调整或有所增减。

31."合细"与"和玺"彩画是否为一种？

答：和玺彩画是彩画中最辉煌、华丽的一种，且以装饰皇家建筑为主。"合细"一词见于清早期（雍正年间的文献记载），记载中没有标注彩画的式样，但从彩画的做法、用料，尤其是用金量上比较，它是彩画中最辉煌的一种，现存清代早期或较早期的彩画，只有现称"和玺"的彩画，与记载中"合细"的做法相符，尤其是用金的数量，几乎与现行预算定额中"和玺"的用金量相等。故"合细"彩画即"和玺"彩画无疑，只是后人在描述上采用不同含义的文字，使其更为"雅致"而已，这是对同一种图样的不同叫法，在不同文本、文献中亦多有出现，正如"狗死咬"称"勾丝咬"，"降魔云"称"降幕云"等。

32. 什么是青配香色、绿配紫、大红配大黑？

答：这是彩画行业界对色彩配伍的长期经验总结并定格的口诀，也是民俗、民族色彩观、审美观在建筑彩画中的体现。这三对色相配在建筑彩画中多有见证，如箍头为青，则两侧的连珠为香色（近似土黄）；箍头是绿，则两侧的连珠为紫色；又如找头为青，则

上面的卡子(如不贴金)为香色或以香色为主；如找头为绿色，则上面的卡子为紫色或以紫色为主；又在烟云的配伍中，紫色烟云固定配绿托子，蓝色(青)烟云固定配香色托子，黑色烟云固定配红色或紫色托子。某些相邻构件，如檩子如果为蓝色，则随檩枋为香色； 如果檩为绿色，则随檩枋为紫色，并在香色与紫色上面各自约定画不同图案的彩画。习俗中大红与黑相配层出不穷，如对联、喜贴的红纸黑字，传统大门的"黑红净"做法。很多匾额为蓝地金字，金与香色为同一色调，是青配香色的旁证。

33． 退烟云应选用何色？

答： 应选用稳重而非娇艳的颜色，托子可适当明丽些。彩画演变至今，烟云与托子的配色已成定式，烟云主要是青、紫、黑三种，退晕可五层、七层、九层，以至最高可以退到十三层。托子分别为香色、绿色和红色，退晕在三至五层，多为三层。选择青、紫、黑作为烟云，主要是这些色较深重，可以退至以上要求的层数，而香色、绿色、红色相对较浅淡，不易做过多层次的退晕。

彩画虽然很艳丽，但却十分强调整体的协调性和沉稳感。烟云所占的体积较大(宽)，如果用过分艳丽的色彩退晕，往往使彩画整体效果过于娇艳，粉脂气太浓，且也很难做到。

34． 如何使铜箔贴后光泽延年？

答： 铜箔的造价仅为金箔的几十分之一，甚至只有几百分之一。从传统至现在均有用铜箔代金的做法。用铜箔代替金箔传统称为"顶真儿"，贴后真假难辨，但严重问题就是不延年，几个月后即明显氧化，变黑变绿。为防止氧化，传统做法贴后常在表面罩优质透明光油，使其在室外能保持三至五年。现代各种高科技涂料不断出现，用在飞机上的丙烯酸树脂清漆在代替传统光油、清漆封固后，极大地提高了延年程度，有时十年仍有金的光感。

封固铜箔，掌握其时限非常重要。铜箔出厂，为防止氧化，包装内多加带抗氧化剂。使用时，铜箔与空气接触立即开始氧化(虽然表面很亮，目测不能分辨，因此常不引起注意)，所以贴金后应立即封固。在室内铜箔代金封固处理其金感可达二十年左右。

35． 彩画有贴两色金之说，如何运用？

答： 彩画贴两色金，分别指赤金和库金。因库金与赤金的含金量不同，所以在光泽、色感等方面也不同。库金含金量占98%，黄中偏暖，称红金，宝色明显；赤金含金量为74%，多呈黄白，调子偏冷发青，宝色不足。两色金相互映衬，可使彩画发生微妙变化，极耐人寻味。习惯做法是：①梁枋彩画按框线和画心区分，如和玺框线为赤金，则各"心"内的龙、凤、灵芝为库金；箍头线为赤金，

则箍头心内的片金花纹为库金。 ②室内的柱子如为混金作，也常贴两色金，其做法是：柱子上的主体花纹一色金，衬地又为另一色金，如盘龙柱子，龙可贴库金，衬地可贴赤金，西蕃莲柱子同理。其效果既主次分明，又协调统一。

贴两色金一定要掌握足够的时间间隔，否则极易贴混、贴乱。由于赤金的成色不足，延年程度不如库金，故应有相应的保护措施，如将赤金封固，使其在室内能保持三五十年左右（按现行金箔质量估计）。

36． 永乐宫壁画中长达两米多的线条是如何画成的？

答： 原因较简单，一是工具，二是功力。古壁画技法与彩画相同，大多数古壁画与梁枋彩画均为同时完成，且多为同一组人绘制。第一，彩画有一种工具，名为"碾子"，是专为画描长顺线道设计的工具，由画师自行制作，其形扁平，毛细而弹性佳，且内可含大量胶色，故可拉成（描画成）足够长的线道。第二，是传统功力与技法的体现，画师从艺时即不断加强训练，使之线道一气呵成，即使有衔接也能做到天衣无缝。

37． 如何看待苏式彩画的等级？

答： 苏式彩画的金琢墨苏画、金线苏画、黄线苏画（含墨线苏画），均指等级不同，效果也有差异，有的辉煌，有的精细，有的素雅；大体布局，图案设置多有相似之处。海墁苏画指构件分段设计的不同，即无枋心式或包袱式，由是在同样材料限定下，工艺相对简单，但海墁苏画亦可大量贴金，从而突破了等级的概念。现在的彩画名目、做法都与用工、用料、取费有关（自清代早期各种名目的彩画文献均与此有关），因此对突破现有彩画模式的设计、作品，定额也在不断跟踪、完善，增加新的子目，其他方面，如工艺规程，也如此。

38． 为什么磨细灰后应立即钻生油？

答： 细灰的强度很低，打磨时会大量掉灰粉（在调料时即以考虑到要适当打磨，所以灰层的强度、拉力都不大）。表面磨穿后，细灰极易风裂，出现"鸡甲"或"激炸"（类似冰裂纹样的不规则裂缝）；风干时间越长，龟裂就越明显，因此在实际操作中，往往前面的人刚磨过，后面的人便立即钻生油，使其封固，其组织结构不发生变化。

细灰中灰料的配比，尤其是细灰粉的密度决定细灰是否易干裂，密度大、油多，不易干裂，但干后不易打磨，且操作也很困难。反之细灰较稀软（行业分别称"棒"和"塘"），且油少，虽操作较容

易，但易裂。

39． 彩画中的"软变硬"，"硬变软" 是什么意思？

答： 彩画中的图案有软硬之分，如软卡子、硬卡子；软烟云、硬烟云；软贯套箍头、硬贯套箍头； 软夔龙、硬夔龙等。在设计这类图案时，尤其是"硬"图案，非常困难，它的线道之间缝隙大小，位置确定，有时需反复敲定，即便是临摹，也不易准确到位。传统在设计这类硬图案时，高明画师先画出软图案的虚线稿，如软卡子、软夔龙、软烟云，然后再在软线条的基础上，按原位置，将曲线、弧线改为直线。这种画法省时，也易到位，尤其是设计相对应的图案时，如上面的构件是软卡子，下面构架是硬卡子，两种卡子笔道的位置，走向应对应一致，按由软变硬的方法画，即可使上下卡子对应部位保持一致。同样，已有硬图案在变成软图案，亦用此法。

40． 常见彩画中沥粉贴金的凤翅膀 呈条状分开，像骨头，为何？

答： 初看上去似乎这种画法(设计)很不美观，类似的画法还有龙头、龙爪和其他图案。一切设计都出于对形式的最佳表现力。彩画对凤翅膀的设计，要考虑以后沥粉贴金的效果，如果翅膀下面的翎毛连成一片，虽然写生，但贴金连成一片，且显体量过大，并不美观。反之呈条状设计，其贴金后的效果却能与整体图案保持一致。画五爪龙爪，呈车轮状分开，也基于同样理念。

41． 中国建筑彩画的色调是否协调？

答： 中国建筑彩画的色彩搭配是把很多鲜艳明丽甚至很刺激的色彩组合在一起，其大胆思维常令持有西方美学观的人感到瞠目和惊讶。

但中国建筑彩画并不令人感到生硬、呆板，甚至不协调，反而由于得体的设计，使各种色调形成了非常默契和有机的联系，从而形成了中国建筑彩画的特有风格。

使中国建筑彩画图案色调协调美观的方法有：①各色之间常加黑线道，使反差很大的色调有了统一的色彩轮廓，它使彩画变得凝重；②沥粉贴金，其金色的辉煌夺目，更加统一了相互不同色调的各种基色，使基色变为衬托；③晕色的运用(包括白线道)，使各种色都趋向一个浅调子过渡，进一步统一协调了各色之间的差异。这些设计方式与手段，冲淡了原有相互不协调的底色的作用，使彩画形成了一种沉稳而明丽，凝重而辉煌的风格。彩画充分体现了中国古人驾驭色彩的能力与胆识。

42． 苏式彩画与殿式彩画有何区别？

答： 殿式彩画适合于装饰宫殿、庙宇和一些等级严明的官属建筑，因此彩画常以严谨、严肃的面孔出现，或以华丽、辉煌的风格展示。殿式彩画有严格的规程规范限制，有严明的类别与等级观，对用法用场有较苛刻的要求。

苏式彩画以贴近生活，令人轻松的风格出现。它由图案和绘画两部分构成；早期更强调图案方面的设计，并在其中夹带很多传统文化中吉祥喜庆的画题与立意，赋予了作者很大的想象空间，因此创新不断涌现，很多彩画都是在画完后才会有更合理的命题。在强调绘画的重要性后，其图案变化及总体布局设计逐渐单一化，而追求时代感的各种技法的绘画倍受青睐，因此在某些方面形成了千篇一律的构思观。

43． 如何看待地方彩画？

答： 所谓地方彩画是具有一定的地方特点，同时也具有一定功力与底蕴的彩画。有些地方彩画具有丰富的想象力和高超的表现技巧，具有相当高的艺术水准。"地方彩画"无疑是和"官式彩画"相对而言，更准确地说是和"京式"彩画相对而言。此两种彩画既有很深的内在联系(如画题和表现技巧)，又有各自的风格品位。地方彩画如果从形式、构图到工艺都模仿"京式"彩画，就无地方而言。官式彩画犹如京剧，地方彩画则犹如川剧、越剧、豫剧、梆子等，它们都抒发着几千年的华夏文明道德观，只是形式与风格不同而已。

44． 在混凝土上做油漆彩画，是否要做地仗？

答： 视混凝土的质量(外观)而定，如果外观平整光洁，无缺陷(如孔洞)，楞角整齐，自然可以直接在上面涂饰油漆或做彩画。但混凝土拆模后，外观很难达到上述要求，如有板缝、孔洞、麻面等缺陷，施工前传统的"砍活"也常有之，因此需要做相应的地仗处理，根据拆模后的情况，可做三道灰、四道灰、二道灰的设计，一般多为三道灰，因混凝土不胀缩开裂，故不需使麻。地仗做到细灰层，也应磨细灰钻生油。混凝土所用模板与脱模剂不同，有些材料与油漆彩画材料、颜料不能很好结合，故事先应予以处理，最简单的办法就是除铲、洗掉。

45． 中国建筑的屋檐(檐头)色彩有何特征？

答：用现代美学观点，即冷暖相间，一红一绿(或青)相互调换，以至丝毫不差。以构件顺序证明如下：连檐瓦口（红）、飞椽头（绿）、小连檐（红）、檐椽头（青）、椽身及望板（红）、椽肚（绿）、椽根（红）、下接檩部彩画（青、绿）。所以在观察彩画色彩上，不应将红色的油漆排除在外，它们是统一设计考虑的。同样，斗拱是青绿彩画，而垫拱板（灶火门）则是红色；斗拱构件，拱、昂、翘、斗是青绿色，但荷包眼边是红色，将其分割。压斗枋是青的，盖斗板是红的。檩枋彩画是青绿色，分割它们的垫板、由额垫板（腰断红）是红的或夹带红色。其他部位，如吊挂楣子、棱条是青绿色，大边（外框）是红色的。雀替雕花大翻草是青绿色，凹陷落地部分是红的。

传统将青、绿、红相间的设计称"差色"或"叉色"。中国建筑油饰彩画最忌两种近似的色靠在一起，从大调子的设计到局部处理都体现这一设计理念。

46．斗拱做法有几种？如何确定斗拱是否应贴金？

答：　斗拱做法有墨线斗拱、黄线斗拱、平金斗拱、金琢墨斗拱和混金斗拱，其中墨线斗拱与平金斗拱为常用。斗拱是否贴金，应视大木彩画而定，凡大木彩画为金线设计，如金线大点金、石碾玉、各种和玺、金线苏画，斗拱均应贴金；反之大木彩画为墨线，如墨线大点金、墨线小点金、雅伍墨等，斗拱均不贴金。黄线斗拱为墨线斗拱的衍生做法。金琢墨斗拱由于有沥粉的工艺设计，施工很困难，故很少使用。混金斗拱主要用于高级彩画的最重要部位，如带有和玺彩画建筑的藻井。室内斗拱贴混金，可以增加亮度，从这一目的出发，大木、梁、柱也有贴混金的设计。在平金斗拱的昂头端面贴混金，可使之更加高档，这由设计确定。

47．彩画工具中，刷子与碾子有何区别？

答：　刷子与碾子均用兽鬃毛绑制，圆形为刷子，扁形为碾子。刷子可画较宽的线道，碾子适合画较窄、较细的线道。刷子、碾子均有大小不同的规格型号。大刷子径约 3～4cm，小刷子径约 1cm，中型径约 2cm；碾子大者厚约 3～4mm，宽约 2cm，小碾子厚约 1～2mm，宽约 1cm。碾子可以拉（画描）很长的线道。刷子、碾子在使用时都要根据线道宽窄现场修做。

现刷子多用不同规格的油漆鬃刷代替，碾子用型号不同的油画笔代替，均需加工修制后使用。

48．什么是大三停和小三停？

答：　这是彩画在放样时控制梁枋各段比例的一种方式。一般"三停"即常见的找头（加箍头）、枋心、找头（加箍头）各占三分之一，这种分段比例可称为大三停；而小三停是在分段比例中，减掉两

端盒子所占的比例、尺寸后，再向里分三停，这样枋心的尺寸适当减小了。小三停在设计中一般不常用，只是在特殊情况下使用。

49．为什么在早期彩画设计中，往往会出现更多的形式？

答：早期很多彩画的设计是画师与业主(或代理)交流的结果，画师不但要有一定的表达技巧，还要有较深厚的文史、民俗、宗教方面的修养。成功的画师在理解建筑的形式、功能与应当采取何种形式风格的构想后，其具体画题、画意，甚至构图往往要与业主协商，投其所好，因此设计的形式与题目逐渐增多。而后由于列入工程造价、统计与管理范围，逐渐被一些条目捆束(形式与价格需准确对位等)，画师也以追求条目上的要求为己任，而不再探索。因此现在很难见到类似如旋子彩画在开间中部搭包袱、苏式彩画的各种包袱边、苏式彩画在枋心中画卡子的设计，以及类似创意等。

50．发音是"学子"的彩画，为何在文本中多称"旋子"？

答：古建筑彩画理论一向以口传心授为主。清代工部工程做法则例中也未见到"旋子"一词。以后由于需要见诸文字，必应有相应的词汇表述，于是就出现"旋子"一词。但其发音应为"学子"。梁思诚在清式营造则例中特别谨慎注明："旋子"北京发"学子"音。由于"旋子"一词与该类彩画特征十分贴切，故一直延用。

清工部工程做法则例中有大点金、小点金、雅伍墨、石碾玉的记载，行业界统称这类彩画为"圈活"或"学(音)子"彩画。查汉语字典中有"罘子"(音学子)一词，意为将粮食围起来，并一圈一圈往上绕的萧子，这与此类彩画特征更为贴切，故"罘子"应是当初彩画称谓的初衷。现"旋子"一词已通用，但行业界一直发音为"罘子"。

51．在古建中，对于同一构件，为何油漆彩画行业却另有叫法？

答：这是各个行业对构件和工艺认识的不同。彩画施做于木件上，所以主要体现在对木构件的不同叫法。如：平板枋称坐斗枋，挑檐枋称压斗枋，垫拱板称灶火门，拱眼称荷包、眼边，昂称拱嘴，拱翘称纱帽翅、烟袋锅，溜金斗拱称琵琶斗拱，还有飞檐、老檐、道士帽等。这些称谓是基于建筑完成后，对构件的外形认识而言，同时也与彩画的表达方式有关，如垫拱板称"灶火门"，不但其外形与古时的灶火门极相似，而且涂之为红色，其中很多还画有火苗的图案，极形象又便于记忆。这些叫法来源于现实，植根很深，感染力很强，有些叫法还很巧妙，以后必然会继续下去。

52．如何设定箍头的宽窄？

答：在设计中，箍头的宽度是必须首先确定的。而且一座建筑的所有构件的箍头宽度必须一致。

传统箍头曰：三寸、四寸、五寸。清代营造寸：一寸 =3.2cm，即：三寸 =9.6cm；四寸 =12.8cm；五寸 =16cm。以此为基数进行调整。

一般小式建筑的箍头多为三寸，大式建筑多由四寸起设定箍头宽，五寸的箍头只用于大式建筑的活箍头做法，如箍头内画片金西蕃莲、贯套图案等。北京天坛祈年殿的箍头宽为 16cm（五寸）。

在小式建筑中，箍头宽也可按枋高的三分之一或略强取值，以便在箍头内可以设计两个半到三个单元的图案（回纹或万字等）。

箍头宽应与皮条线、岔口线、楞线相对照处理，即：两条皮条线宽之和要明显大于箍头宽，箍头宽又要明显大于一条皮条线宽。

53．什么是法轮草？

答：法轮草又称轱辘草、吉祥草、阴阳草、公母草等，是中间有法轮形圆形图案，两侧对应排列卷草的图形。法轮草源于石雕须弥座上的图形，工整严谨，富有节奏感。

在彩画中法轮草有各种变形的设计，主要见于"龙草和玺"彩画的枋心、找头、盒子部位。大点金以上等级的旋子彩画，其由额垫板处也多有法轮草的设计。法轮草的画法做法有单层、双层、金琢墨、片金、攒退活、金搭瓣等。天花和其他处也有法轮草的设计。

54．何谓"一柱香"？

答：这是油漆工艺相对大式隔扇边抹的"两柱香"而言的装饰线。是油漆做地仗中最常用、最重要的轧线工艺。线型表面多贴金，对建筑物的装饰起着重要作用。"一柱香"传统规范叫做"混线"，多位于大门槛框、鱼塞的阳角处。做地仗时用中灰、细灰两次轧成，线型有一定规范，如"三停三平"；看面和斜度也有一定比例。

55．什么是雄黄玉彩画？

答：雄黄玉是一种既有黄调子，又有青绿旋子花纹的彩画。雄黄是石黄的一种，是矿物质颜料，色彩偏暖，重者呈桔黄色相，有毒，成分为硫化砷。古人利用其既亮丽又有毒的特性，将之涂于需防虫、防腐的构件上。工艺是：先涂满雄黄，再用青绿画旋子彩画。由于彩画用的大部分矿物质颜料都有毒，现用品相相同的颜料代替的做法亦有出现。

56．怎样记忆八卦的写法？

答：在古建中，室内明间的脊檩、板、枋上，常将前后面联系起来，构成一个反搭包袱的图形，在枋件的底面（正中）及在向上翻一定范围，画有八卦图形。用以表示人们"驱凶避邪"、"镇宅祈福"的意愿。传统为便于记忆，根据图形特点，分别叫做乾三连☰、坎中满☵、艮俯碗☶、震仰盂☳、巽下缺☴、离中虚☲、坤六断☷、兑上缺☱。但这些仍比较复杂难记，现有一简便方法，更便于记忆，即记住以下八个字：王米求反未平非半。写八卦时，只要把这八个字中间的竖道去掉，即成八卦的☰、☵、☶、☳、☴、☲、☷、☱。八卦及太极图在运用时要按一定方位彩画。

57．在旋子彩画等级排序中，有无金线小点金等级的彩画？

答：情况是这样发生的：在口传心授的传统艺术进入学术范围以后，凡事都要起名定义。在旋子彩画的排序中，一般由高至低，往往按如下顺序排列：①金琢墨石碾玉；②烟琢墨石碾玉；③金线大点金；④墨线大点金；⑤墨线小点金；⑥雅伍墨；⑦雄黄玉。将旋子彩画纹饰线路全部沥粉贴金，而无色彩的彩画现亦有称之为最高一等的旋子彩画，即混金旋子彩画，由是出现八个等级。在学术排序中，因有金线大点金，墨线大点金，墨线小点金，从对仗上看似乎缺少金线小点金，于是有些文本也将其作为一个等级，由是旋子彩画出现九个级别。实际上很多彩画都是在发生中定其名目，金线小点金在清代可能不见踪影，现仅故宫太和门东西翼后檐为此等级彩画（为以后做），行业界认为金线小点金的纹饰特点（枋心、盒子等内容，画题），与金线大点金无异，只不过是特意取消某些贴金部位（如菱角地、宝剑头），大效果还与金线大点金相同，故索性将其排出。但作为历史，将其列为一个级别也不为错。

58．做地仗没有砖灰、血料、灰油用何代替？

答：做地仗的材料，是为达到某些目的或作用而设计。不同地区，不同领域所选择的地仗材料与工艺也各异。如在中原或偏南地区用石灰粉加光油做地仗；而汽车、机电的"地仗"，则由性能优异的"原子灰"做成。其目的都是为了达到：①对构件、物件的保护；②外观平洁美丽。由是在传统古建作方面，目前亦有其他考虑与尝试，并取得经验，如用水泥粉加白乳胶，并仿传统地仗不同灰层的用料配比，逐层"撤劲"，最后亦钻生油，达到预定目的。但应特别指出，传统地仗中各种材料及配比已形成固定程式，其经验的总结已形成规范，故可靠性较高；又，古建地仗常用于文物建

筑的修葺，按有关规定，应必须使用原地仗的材料与工艺，以体现文物的延续性，这一点很重要。

59．什么是一贴三扫九泥金？

答：指对同样大的面积，采取三种(贴、扫、泥)不同金饰工艺，所用金箔的数量比。即如果贴金用一张金箔，扫金就需要三张，而泥金则需用九张(或十张)。不论扫金或泥金，其金料来源均为金箔，只是采取施做的工艺不同，而效果又略有出入。

60．如何泥金？

答：泥金是一项缓慢而细致的工作。①先根据需要确定所用金箔的多少；②将金箔置入瓷碟中，碟的大小依金箔多少而定，最少应以十张为起限，置入四寸碟中；③滴入适量胶液或蜂蜜（禁用乳胶）；④用手指轻轻碾展，反复研磨，使金箔与胶液合为一体；⑤逐步碾展，如胶干，适量滴入清水少许，直至黏滑细腻；⑥加入少量清水，静置，金粉沉淀，倾出脏水杂物。其中第⑤⑥项需反复操作，即可得纯净、细腻、闪亮之泥金。

61．如何识别彩画的对错？

答：①彩画图案不对称，以旋子彩画为例，如果构件左侧旋花个数为四个，而右侧画成五个，尽管画得都很好，但其中必有一侧是错的。

②不符合传统规则，即行业界普遍不予认同，设计也没有特殊要求的做法。如万字的方向，虎眼的画法，构图的段落比例、色彩排列的规律等。

③如有设计，不符合设计要求或规定的项目和做法。错误的彩画基本都没有道理，也不美观。